Wolfgang Patzwahl

WASSERMANAGEMENT UND BEWÄSSERUNG IM WEINBAU

31 Farbfotos
46 Zeichnungen
31 Tabellen

Inhaltsverzeichnis

Vorwort

Gestern wie heute ist es das Ziel der Winzer, mit hochwertigen Trauben stabile Erträge bei der Weinbereitung zu erwirtschaften. Die gezielte Bewässerung, ggf. gekoppelt mit angepasster Düngung, kann hierzu einen nicht unerheblichen Beitrag leisten.

In den letzten 100 Jahren haben sich die Rahmenbedingungen für die Weinerzeugung stark verändert. Ein durchschnittliches Ertragsniveau von 80–90 hl/Hektar bei entsprechend hohem Zuckergehalt der Trauben war um das Jahr 1900 eine undenkbare Größe. Heute kann durch den Einsatz der entsprechenden Technik sowie Dünge- und Pflanzenschutzmaßnahmen mit deutlich weniger Arbeitskraft und auf kleinerer Anbaufläche ein viel höheres Ertrags- und Qualitätsniveau erreicht werden.

Dass diese Entwicklung auch ihre Spuren hinterlässt, kann in der weinbaulichen Fachliteratur über die Jahrzehnte hinweg nachvollzogen werden. Oft treten die Folgen der intensiven Veränderungen am Bewirtschaftungssystem aber auch erst nach einigen Jahrzehnten ins Bewusstsein, wie sich bei manchen Flurbereinigungen oder dem zunehmenden Technikeinsatz und dessen Einwirkung auf die Bodenqualität zeigen lässt. Nicht selten ist die Bodenqualität dergestalt beeinträchtigt, dass aufgrund von Bodenverdichtung und mehr Oberflächenabfluss die betroffenen Standorte zunehmend trockener werden. Inzwischen zeigen sich aber auch in anderen, der weinbaulichen Traubenerzeugung nachgelagerten Bereichen, wie z. B. bei der Trinkwassergewinnung und der Hochwassersicherung, zunehmend Auswirkungen dieser Intensivierung der Traubenerzeugung.

Weiterhin ging bzw. geht mit der Intensivierung der Traubenerzeugung offensichtlich auch eine Abnahme der Anpassungsfähigkeit des Systems Weinberg an extreme Wettersituationen einher. Ein Umstand, der vor dem Hintergrund einer prognostizierten Zunahme solcher Wettererscheinungen immer mehr ins Bewusstsein rückt und sich mancherorts auch schon mit Qualitäts- und Ertragseinbußen durch Bodenerosion, Trockenschäden, Beeinträchtigung der Beerenhaut (Sonnenbrandschäden an Weinbeeren) und plötzliche Fäulnis bemerkbar macht.

Eine großflächige Anpassung des derzeitigen Systems Weinberg und der Traubenerzeugung an die veränderten klimatischen Rahmenbedingungen ist notwendig, um längerfristig qualitativ hochwertig und nachhaltig wirtschaften zu können. Welchen Beitrag hierzu der Einsatz von Bewässerung bzw. der Aufbau von Bewässerungssystemen leisten kann, soll Thema des vorliegenden Buches sein.

Da die Bewässerung der Rebanlagen eine Veränderung der betrieblichen Abläufe und Investitionen bedeutet, ist es von Vorteil, die an die Traubenproduktion angrenzenden Bereiche Trinkwasserversorgung, Hochwasserschutz etc. bei der Planung mit einzubeziehen und gegebenenfalls brachliegende Potenziale zu nutzen.

Sulzfeld am Main
Wolfgang Patzwahl

1 Allgemeiner Teil

Der Anbau von Kulturpflanzen ist abhängig von einer regelmäßigen Wasserzufuhr und von einer Bewirtschaftungsweise, die auf eine möglichst gleichmäßige Versorgung der Kulturpflanzen mit Wasser hin ausgerichtet ist. Die Wasserzufuhr erfolgt entweder über die Niederschläge oder über vom Menschen geschaffene Bewässerungssysteme. Die Hochkulturen der Antike z. B. wären ohne den Einsatz von Bewässerungssystemen nicht denkbar gewesen. So berichtet Platon in seinem Dialog *Kritias* über den Einsatz von Bewässerungssystemen, die exakt parzellierte Felder durch künstliche Kanäle mit ausreichend Wasser versorgten. Durch die Ausnutzung des Wassers aus den Niederschlägen im Winter einerseits und des Wassers aus den Kanälen im Sommer andererseits seien sogar zwei Ernten pro Jahr möglich gewesen. Verfielen derartige Bewässerungssysteme der Hochkulturen, folgte bald darauf deren Untergang.

Auch die Bewässerung im Anbau von Weinreben ist nichts grundlegend Neues. Sie ist wohl so alt wie die Kultur des Rebenanbaus selbst. So wurden in der alten ägyptischen Gartenkultur auch Weinreben zur Weinbereitung kultiviert. Im Zentrum des Gartens wurde dazu in einem Becken das Wasser gesammelt, welches zum Gießen Verwendung fand.

Der Wasserversorgung der Reben wurde auch in europäischen Weinbauregionen schon immer große Aufmerksamkeit gewidmet. Jedoch spielte die zusätzliche Bewässerung der Weinberge über viele Jahrhunderte hinweg eine eher untergeordnete Rolle. Die Kulturmaßnahmen zur Sicherstellung der Wasserversorgung der Reben waren in diesen Gebieten überwiegend die Bearbeitung des Bodens und eine intensive Humuswirtschaft. Dies zeigt sich auch deutlich an den Flächenanteilen der bewässerten Anbauflächen. Im europäischen Weinbau werden derzeit ca. 10 %, in Anbaugebieten außerhalb Europas ca. 82 % der Rebflächen bewässert.

In jüngster Zeit gewinnt das Thema Bewässerung im Weinbau wieder zunehmend an Bedeutung. Befördert wird diese Entwicklung durch den Umstand, dass in den letzten Jahren offensichtlich mehrere Jahre mit verstärkter Trockenheit aufgetreten sind, in denen es in einigen Regionen und Weinlagen zu qualitativen und quantitativen Ertragseinbußen kam. Aber andererseits waren in den letzten Jahren in den Sommermonaten aufgrund hoher Variabilität der Wettersituationen – heute Temperaturen von ca. 23–25 °C und noch relativ kühl, am nächsten Tag Temperaturen von 30–35 °C und damit sehr heiß – auch immer häufiger Starkniederschlagsereignisse festzustellen, in deren Folge es in den während der Vegetationsperiode offen gehaltenen Rebgassen auch nicht selten zu stärkeren Bodenerosionsereignissen (siehe Abb. 1) kam.

Bei Neupflanzungen traten in den letzten Jahren in vielen Regionen der deutschen Weinbaugebiete zunehmend Probleme beim Wachstum der jungen Pflanzen auf: die noch jungen Reben mit ihren noch nicht voll ausgebildeten Wurzelkörpern zeigten auf-

Abb. 1 Bodenerosion in einem Weinberg (Hangneigung ca. 19 %) der Weinbergslage Sulzfelder Maustal nach einem Starkniederschlagsereignis am 9. Juli 2021.

grund fehlender Bodenfeuchte im Oberboden ein schlechteres und ungleichmäßigeres Wachstum. Nicht selten musste die fehlende Bodenfeuchte durch Bewässerungsmaßnahmen ausgeglichen werden, wobei das Wasser in der Regel mit dem Traktor, Wasserfass und Tropfschlauch unter hohem zeitlichem und finanziellem Aufwand in die Neuanlage verbracht wurde bzw. wird.

Obwohl der Einsatz von Bewässerung auf den ersten Blick als logische Antwort auf derlei klimatische Entwicklungen und daraus sich ergebenden Folgen erscheint, werden von den verschiedensten Akteuren der Weinwirtschaft die Möglichkeiten und der Nutzen einer zusätzlichen Bewässerung von Weinbergflächen noch immer sehr kontrovers diskutiert. Da gibt es auf der einen Seite Winzer, die die Bewässerung von Weinreben als absolut nicht notwendig erachten. Sie argumentieren, dass die Rebe mit tiefgehendem Wurzelwerk sich schon ausreichend Wasservorkommen im Boden erschließen kann und ansonsten eben durch das Verkleinern der Blattfläche, das Anpassen (Reduzieren) des Ertrages und teilweises Entfernen der Begrünungskonkurrenz der Wasserkonsum der Rebanlagen entsprechend begrenzt werden kann, und so die Herausforderungen des Klimawandels zu bewältigen sind. Manche gehen dabei sogar soweit, dass sie durch Bewässerung das spezifische „Terroir“ einzelner Lagen oder ganzer Weinbauregionen gefährdet sehen.

Auf der anderen Seite gibt es aber auch Winzer, die die Notwendigkeit einer Bewässerungsmöglichkeit sehen, um die Herausforderungen aufgrund des Klimawandels und den dadurch wahrscheinlich folgenden Strukturwandel zumindest einigermaßen gestalten und meistern zu können. Sie sehen durch Bewässerung auch nicht das „Terroir" einzelner Lagen und Weinbauregionen gefährdet, sondern für sie ist Bewässerung ein Baustein von vielen, um bestimmte, die Kulturlandschaft prägende Weinlagen trotz des Klimawandels in ihrer qualitativen und quantitativen Ertragsfähigkeit so gut es geht zu erhalten und betriebswirtschaftlich erfolgreichen Weinbau betreiben zu können.

Dass in manchen Weinbauregionen aus der Weinwirtschaft heraus dieser klare Bedarf zur Etablierung einer Bewässerungsmöglichkeit für Weinbergflächen vorgebracht und dafür sogar notwendige staatliche Förderung (= gesamtgesellschaftliche Unterstützung) eingefordert wird, nimmt zuletzt auch die Gesellschaft als Ganzes zunehmend wahr und diskutiert dies ebenfalls sehr kontrovers (von Zustimmung auf der einen Seite bis hin zu absoluter Ablehnung auf der anderen Seite).

> **Zusätzliche Bewässerung von Weinbergflächen – eine „Feuerwehrmaßnahme" oder ein bedarfsorientiert eingesetzter Produktionsfaktor?**

Die Betriebsart – ob Traubenerzeuger oder Selbstvermarkter – spielt bei diesen kontroversen Meinungen eine nicht unbedeutende Rolle. Aus Sicht eines Traubenerzeugers stellen sich Kosten und Nutzen einer Bewässerung anders dar als aus Sicht eines selbstvermarktenden Betriebes. Der traubenerzeugende Betrieb wird die zusätzliche Bewässerung von Weinbergen eher als „Feuerwehrmaßnahme" begreifen, um in extremen Trockenjahren die Weinberge vor gravierenden Trockenschäden zu bewahren. Bedingt ist dies zum einen durch die Auszahlungsbedingungen vieler Genossenschaften, wodurch in erster Linie die Sicherung eines entsprechenden Ertragsniveaus mit möglichst geringem Aufwand im Blickfeld steht. Zum anderen zeigt sich, dass der traubenerzeugende Betrieb in der Regel weniger stark um die Innere Qualität – mit Ausnahme des Zuckergehalts – des Leseguts besorgt ist, da die einzelnen kleinen Partien in einer großen Menge unterschiedlicher Herkunft aufgehen und damit der Bezug zum entstehenden Endprodukt nicht so stark ist wie bei einem selbstvermarktenden Betrieb. Der selbstvermarktende Betrieb ist viel näher am Endprodukt Wein und am Weinkonsumenten und kann die mögliche Steigerung der Inneren Qualität auch eher in monetären Zugewinn umsetzen.

> **Die Konsumenten akzeptieren immer weniger jahresbedingte Schwankungen in der Weinqualität.**

Deshalb kann aus Sicht des selbstvermarktenden Betriebes auch die Möglichkeit zur direkten Beeinflussung der Weinqualität in „normalen" Jahren von Interesse sein. Dies vor allen Dingen unter dem Aspekt, dass die Bereitschaft der Weinkonsumenten, jahresbedingte Qualitätsschwankungen zu akzeptieren oder solche gar als interessant und spannend zu empfinden, zunehmend sinkt. Möglichst gleichbleibende und wiedererkennbare Qualitäten zu erzeugen, ist das Credo der Marketingstrategen der Weinwirtschaft angesichts der weltweiten Konkurrenzsituation.

Nicht weniger interessant, aber bei der genannten Diskussion oftmals nur zweitrangig beachtet, sind die positiven Auswirkungen einer ausreichenden Wasserversorgung auf die Knospenbildung und Holzreife und damit auch auf die Fähigkeit, über den Winter und im Frühjahr Frostereignisse besser abzupuffern und damit die mittel- bis langfristige Ertragsleistung einer Rebanlage günstiger gestalten zu können.

Bisher konnte man davon ausgehen, dass in den meisten Weinbaugebieten in etwa drei von zehn Jahren mit einem Sommer mit extremerer Trockenheit zu rechnen war. Das wird sich aufgrund des Klimawandels vermutlich genau ins gegenteilige Verhältnis ändern. Immer deutlicher deuten sich auch für die deutschen Weinbaugebiete die Folgen des Klimawandels an. Früherer Austrieb der Reben und dadurch bedingte Zunahme der Spätfrostgefahr, über die Jahre hinweg in der Tendenz höhere Zuckergehalte des Ernteguts und dadurch zu alkoholreichen Weinen bei gleichzeitigem Verlust an wertbestimmender Säure sind beispielhaft genannte, bereits jetzt wahrzunehmende Folgen.

Das Klima hat sich schon immer in irgendeiner Form geändert und der Weinbau hat sich an diese Veränderungen auch schon immer entsprechend angepasst. Neu an dem Klimawandel unserer Zeit ist jedoch, mit welch enormer Geschwindigkeit und Intensität sich der Wandel der klimatischen Rahmenbedingungen (Standortfaktoren) in den Weinbauregionen in den letzten Jahren vollzogen hat und in den kommenden Jahren noch vollziehen wird. Und diese enorme Geschwindigkeit stellt die verschiedensten Agrarnutzungssysteme und vor allen Dingen die landwirtschaftlichen Dauerkulturen wie den Obstbau, Hopfenanbau und den Weinbau vor ganz besondere Herausforderungen.

1.1 Eckpunkte des Klimawandels

Klimaprojektionen auf der Basis von Computermodellen bilden die naturwissenschaftliche Grundlage für das heute sehr weitreichende Verständnis der Naturwissenschaften für die sehr komplexen Prozesse der klimatischen Entwicklung. Ausgehend von zunächst einfachen Energiebilanzmodellen hat die naturwissenschaftliche Klimaforschung zunehmend detailliertere Modelle des Klimasystems der Erde entwickelt. Bereits in den 1970er- und 1980er-Jahren konnte anhand dieser Modelle die derzeit ablaufende Erwärmung der Erdatmosphäre prognostiziert werden. Der in dem Sachstandsbericht des Weltklimarates (IPCC) aus dem Jahr 1990 für heute erwartete Korridor für den weltweiten Temperaturanstieg einerseits aber auch weitere Aussagen hinsichtlich der Zunahme von Dürreereignissen, Gletscherschmelze sowie der Anstieg der Meeresspiegel andererseits, sind real eingetreten. Es hat sich in vielfacher Hinsicht gezeigt, dass anhand moderner wissenschaftsbasierter Klimamodelle reale Klimaentwicklungen mit hinreichender Genauigkeit abgebildet werden können. Diese Klimamodelle sowie auch die technischen Grundlagen (Rechnerkapazität, Klimadatenmessung, u. a.) werden stetig weiterentwickelt, sodass die Validität der Aussagen ebenfalls kontinuierlich verbessert wird. Inzwischen erlauben die modernen wissenschaftsbasierten Klimamodelle neben globalen Klimaprojektionen auch Klimaprojektionen mit regionalem Bezug. Diese machen die bisherigen Veränderungen des Klimas, aber auch die künftigen Herausforderungen aufgrund des Klimawandels bewusster wahrnehmbar. Darauf aufbauend lassen sich für die verschiedensten Lebensbereiche auch konkrete Anpassungsstrategien und -konzepte entwickeln.

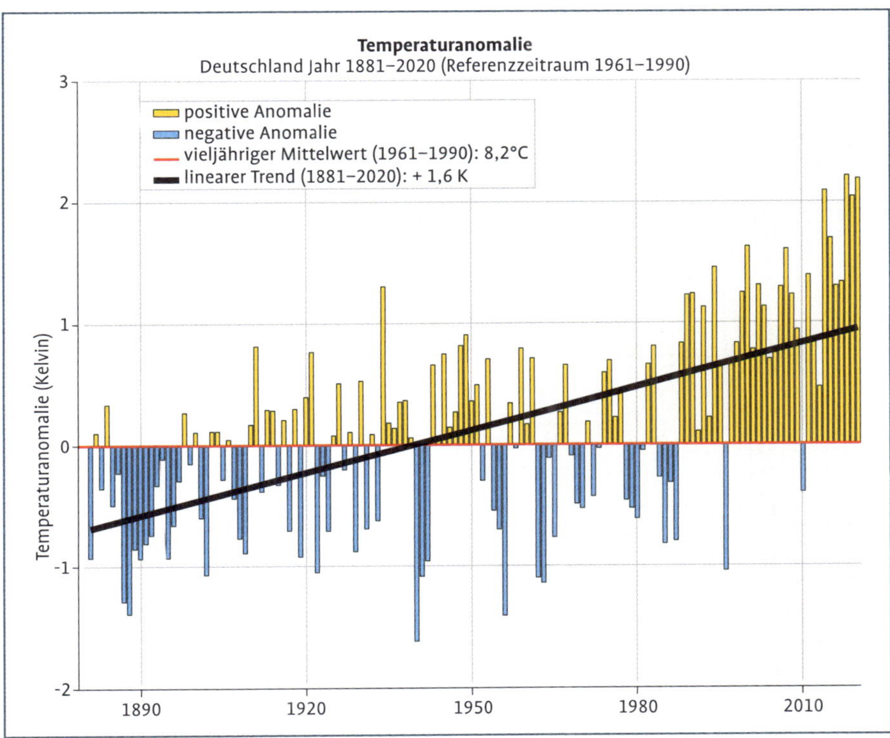

Abb. 2 DWD – Temperaturanomalien Deutschland Jahr 1881–2020 inkl. Trend.

Welcher Wandel hat sich in Deutschland und den deutschen Weinbauregionen hinsichtlich des Klimas in den letzten Jahren vollzogen, und welche Veränderungen sind in Bezug auf die verschiedensten klimatischen Parameter in nächsten Jahren und Jahrzehnten aufgrund des Klimawandels zu erwarten?

1.1.1 Klimaparameter Temperatur

Hinsichtlich des Parameters Temperatur zeigt sich, dass der Trend zu einem wärmeren Klima in Deutschland ungebrochen ist. Seit 1881 werden für das Gebiet der Bundesrepublik Deutschland systematische, flächendeckende Wetteraufzeichnungen durchgeführt. In diesem nunmehr 140-jährigen Betrachtungszeitraum hat sich die mittlere Temperatur der bodennahen Luft bereits deutlich erwärmt.

Die auf realen Messdaten beruhende Datengrundlage des Deutschen Wetterdienstes zeigt für den Zeitraum 1881–2020 für Deutschland einen eindeutigen Trend zu höheren Temperaturen (siehe Abb. 2).

Betrachtet man die Daten etwas detaillierter, so lässt sich erkennen, dass die Dekade 2011–2020 rund 1,9 °C wärmer war als die ersten Jahrzehnte (1881–1910) der Aufzeichnungen (siehe Abb. 3). Sowohl der Temperaturanstieg absolut als auch die

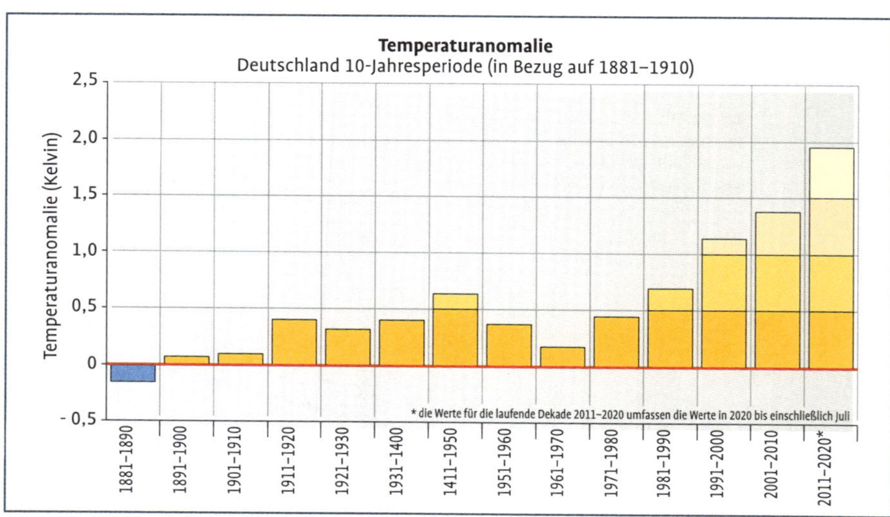

Abb. 3 DWD – Temperaturanomalien der 10-Jahresperioden Deutschland in Bezug auf 1881–1910.

Erwärmungsrate pro Dekade ist in Deutschland im Vergleich zum globalen Durchschnitt deutlich höher. Über den Gesamtzeitraum 1881–2019 betrachtet wurde es jedes Jahrzehnt um 0,11 °C wärmer. Die Zunahme erfolgte jedoch nicht linear. Seit den 1970er Jahren war jede neue Dekade deutlich wärmer als die Dekade zuvor und in den letzten 50 Jahren (1970–2019) war die Erwärmungsrate mit 0,37 °C pro Dekade mehr als dreimal so hoch (siehe Abb. 3).

Tab. 1 Die zehn wärmsten Jahre in Deutschland seit Beginn der Aufzeichnungen im Jahr 1881 (Deutscher Wetterdienst 2021)

Rang	Jahr	Abweichung (in Bezug auf 1881–1910)
1	2018	+ 2,7°C
2	2019	+ 2,5°C
3	2014	+ 2,5°C
4	2015	+ 2,1°C
5	2007	+ 2,1°C
6	2000	+ 2,1°C
7	1994	+ 1,9°C
8	2017	+ 1,8°C
9	2011	+ 1,8°C
10	2002	+ 1,8°C

Darüber hinaus ist seit dem Jahr 2000 eine deutliche Häufung von „Wärme-Rekordjahren“ festzustellen. In Tabelle 1 sind die zehn wärmsten Jahre in Deutschland seit dem Beginn der Aufzeichnungen im Jahr 1881 aufgeführt. Von diesen zehn wärmsten Jahren liegen neun Jahre (in Tab. 1 hellgrau hinterlegt) im Zeitraum 2000 bis 2019. Die Abweichungen in Bezug auf den Vergleichszeitraum 1881–1910 liegen in diesen neun Jahren zwischen +1,8 °C und +2,7 °C.

Der Deutsche Wetterdienst schätzt auf Basis der Datengrundlagen diesen klaren Trend zu höheren Temperaturen zumindest

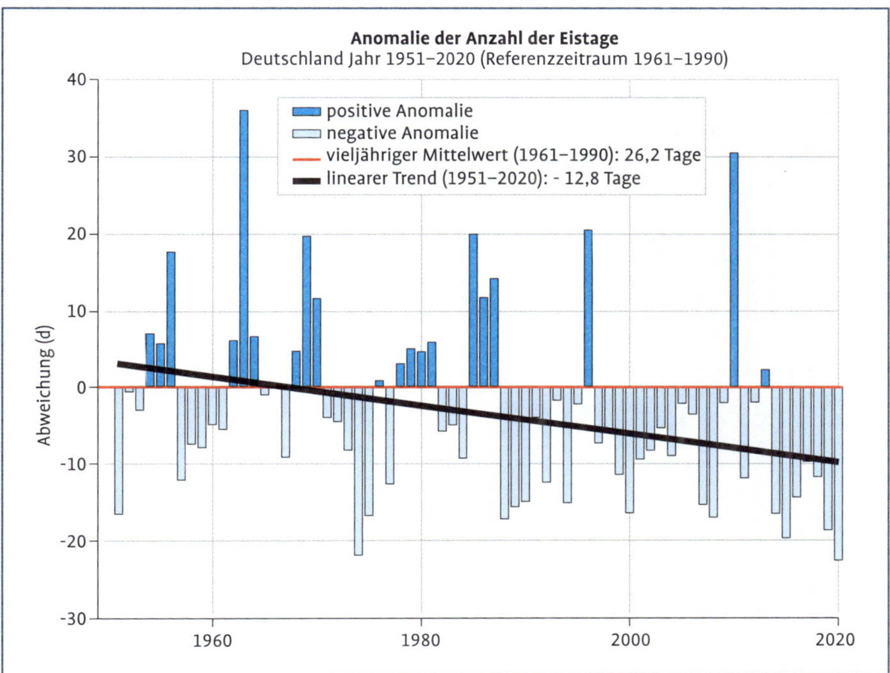

Abb. 4 DWD – Anomalie der Anzahl der Eistage in Deutschland im Zeitraum 1951–2020 im Vergleich zum Referenzzeitraum 1961–1990.

für die kommenden 100 Jahre als unumkehrbar ein. Eine Prognose, die aus pflanzenbaulicher Sicht sehr nachdenklich stimmt.

Nimmt man nun den Vergleichszeitraum 1971–2000 als Basis für eine Klimaprojektion hinsichtlich des Parameters „mittlere Jahresdurchschnittstemperatur“, so ist für den Zeitraum 2021–2050 in den Weinbaugebieten Deutschlands eine weitere Zunahme der Jahresdurchschnittstemperatur zwischen 0,8 °C und 1,7 °C zu erwarten.

Betrachtet man detaillierter, in welchen Zeiträumen des Jahres sich welche Temperaturveränderungen mit hoher Wahrscheinlichkeit einstellen werden, so zeigt sich, dass sowohl das Frühjahr, der Sommer, der Herbst als auch der Winter von einer Temperaturerhöhung betroffen sind. Gerade auch die zu erwartende Erhöhung der durchschnittlichen Temperaturen in den Wintermonaten sind aus pflanzenbaulicher Sicht bedenklich, worauf bei den Ausführungen zu den Niederschlägen näher eingegangen wird.

Im Zusammenhang mit dem Parameter Temperatur ist auch hinsichtlich der Häufigkeit der klimatologischen Kenntage (a) Eistag, (b) Frosttag, (c) Sommertag und (d) Heißer Tag/Hitzetag mit deutlichen Veränderungen zu rechnen. Nachfolgend zunächst eine kurze Definition dieser genannten Kenntage:

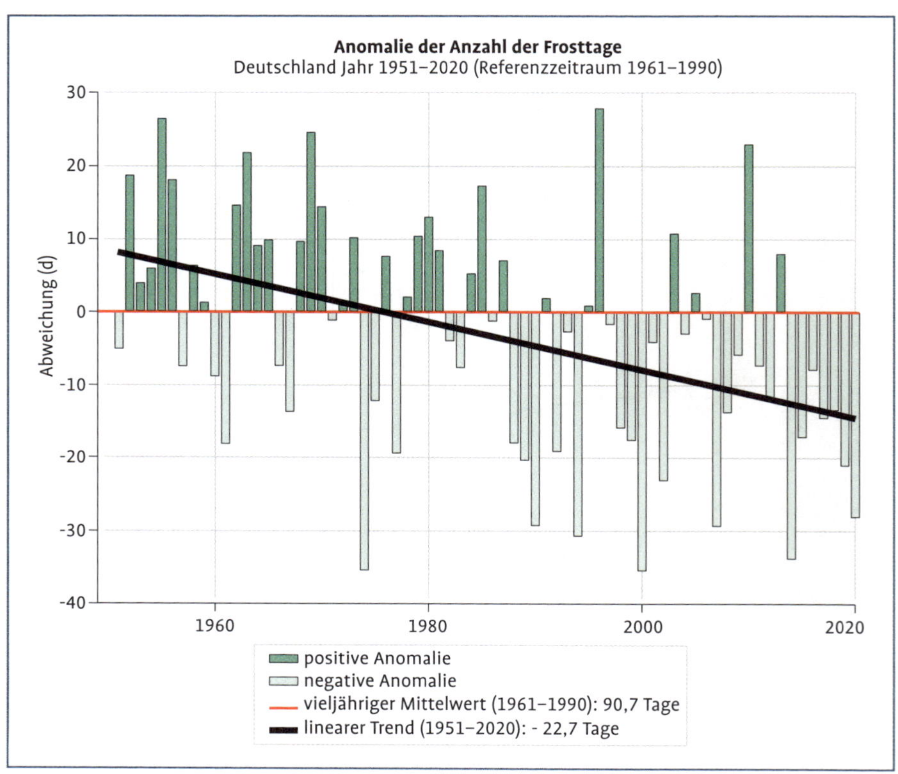

Abb. 5 DWD – Anomalie der Anzahl der Frosttage in Deutschland im Zeitraum 1951–2020 im Vergleich zum Referenzzeitraum 1961–1990.

- Eistag = ein Tag, an dem das Maximum der Lufttemperatur unterhalb des Gefrierpunktes (unter 0 °C) liegt, d. h. es herrscht durchgehend Frost.
- Frosttag = ein Tag, an dem das Minimum der Lufttemperatur unterhalb des Gefrierpunktes (0 °C) liegt (ohne Beachtung des Lufttemperatur-Maximums).
- Sommertag = ein Tag, an dem das Maximum der Lufttemperatur ≥ 25 °C beträgt.
- Heißer Tag/Hitzetag = ein Tag, an dem das Maximum der Lufttemperatur ≥ 30 °C beträgt.

Die Messdaten des Deutschen Wetterdienstes zeigen für den Zeitraum 1951–2020 im Vergleich zum Referenzzeitraum 1961–1990 eine eindeutige Abnahme der Anzahl der Eistage (siehe Abb. 4) in Deutschland. Die mittlere Anzahl der Eistage sank von durchschnittlich 28 pro Jahr in den 1950er-Jahren auf durchschnittlich 19 pro Jahr im Zeitraum 1991–2019.

Auch bei der Anzahl der Frosttage ist für den Zeitraum 1951–2020 im Vergleich zum Referenzzeitraum 1961–1990 eine eindeutige Abnahme festzustellen (siehe Abb. 5).

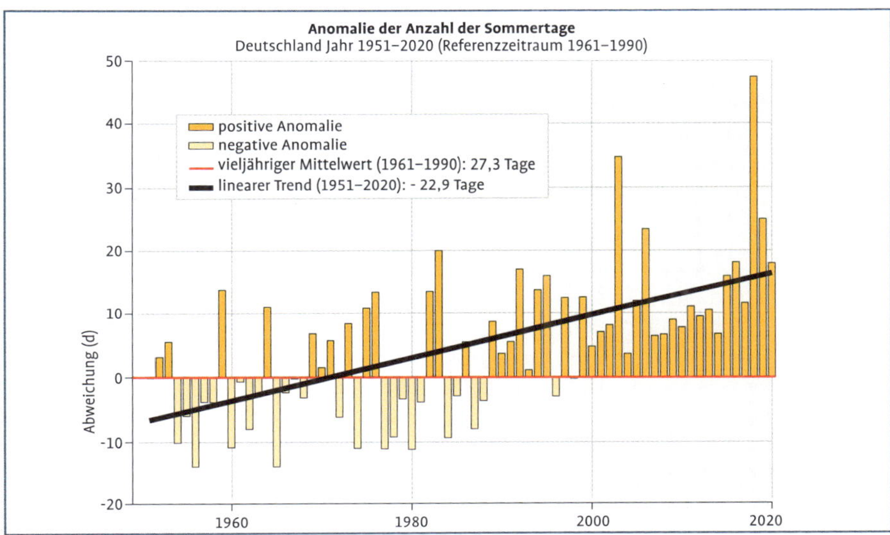

Abb. 6 DWD – Anomalie der Anzahl der Sommertage in Deutschland im Zeitraum 1951–2020 im Vergleich zum Referenzzeitraum 1961–1990.

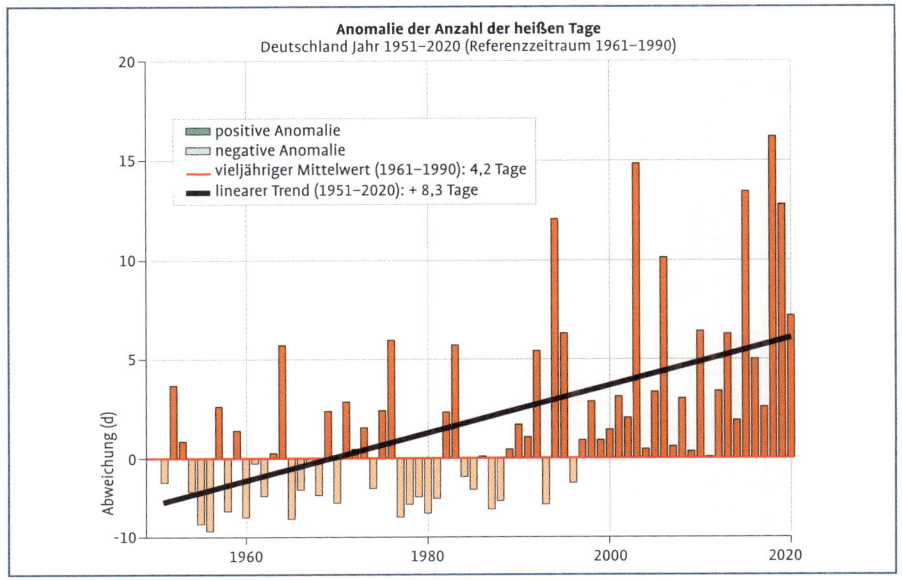

Abb. 7 DWD – Anomalie der Anzahl der Heißen Tage/Hitzetage in Deutschland im Zeitraum 1951–2020 im Vergleich zum Referenzzeitraum 1961–1990.

Bei den klimatologischen Kenntagen Sommertag und Heißer Tag/Hitzetag zeigen die Messdaten des Deutschen Wetterdienstes für den Zeitraum 1951–2020 im Vergleich zum Referenzzeitraum 1961–1990 einen umgekehrten Trend: die Anzahl dieser beiden Kenntage nimmt in Deutschland deutlich zu (siehe Abb. 6 und Abb. 7). Noch in den 1950er-Jahren gab es im Mittel pro Jahr ca. 3 Heiße Tage/Hitzetage. Betrachtet man den Zeitraum 1991–2019, so ist die durchschnittliche Anzahl Heißer Tage/Hitzetage pro Jahr im Mittel auf 8,8 Tage pro Jahr angestiegen; ebenso haben die Häufigkeit und Intensität von Hitzewellen seit 1990 zugenommen.

Die Klimaprojektionen für den Zeitraum 2021–2050 zeigen bezüglich der genannten klimatologischen Kenntage folgende Entwicklung: Es wird in Deutschland einen weiteren Rückgang der Eistage und Frosttage geben und eine deutliche Zunahme der Sommertage und Heißen Tage/Hitzetage pro Jahr.

Auf einen einfachen Nenner zusammengefasst bedeutet das: „Mehr Hitze – weniger Frost“.

Doch bedeutet dies nicht zwingend, dass die Frostgefahr abnimmt. Die Wahrscheinlichkeit für das Auftreten von Winterfrostschäden in Dauerkulturen – wie dem Weinbau – wird zwar in der Tendenz abnehmen, jedoch wird das Spätfrostrisiko in solchen Dauerkulturen durch Verfrühung des Beginns der Vegetationsperiode in der Tendenz eher zunehmen. Es wird also notwendig werden, sich künftig auch intensiver mit dem Thema Spätfrost und den Möglichkeiten seiner Abwehr zu befassen.

1.1.2 Klimaparameter Niederschlag

Seit dem Beginn der Aufzeichnungen 1881 hat die mittlere jährliche Niederschlagsmenge in Deutschland um rund 10 % zugenommen (siehe Abb. 8).

Dieser Anstieg verteilt sich jedoch nicht gleichmäßig auf die verschiedenen Jahreszeiten, vielmehr haben insbesondere in den Wintermonaten die Niederschläge zugenommen, während sie in den Sommermonaten geringfügig zurückgegangen sind.

Und weiterhin ist in Folge der Temperaturzunahme in den Wintermonaten eine Verminderung des Schneeanteils an den Niederschlägen zu verzeichnen. Die Niederschläge fallen in diesem Zeitraum zunehmend als Regen. Abbildung 9 zeigt dies am Beispiel der Aufzeichnungen der Klimadaten am Standort Trier-Petrisberg: seit 1948 fielen dort in den Wintermonaten zunehmend mehr Niederschläge als Regen bei Lufttemperaturen oberhalb 3 °C. Tabelle 2 bestätigt diesen Trend auf der Basis der Analyse für die Klimaaufzeichnungen an der Klimastation Trier-Petrisberg.

Diese Veränderungen haben natürlich auch deutlichen Einfluss auf den Bodenwasserhaushalt in den Wintermonaten. Obwohl die Winterniederschläge insgesamt in der Menge eher zugenommen haben, zeigten sich in den letzten Jahren zunehmend Schwierigkeiten hinsichtlich der Regeneration des Bodenwasservorrats über die Wintermonate, und das in den verschiedensten Regionen. In den letzten Jahren bereitet ein trockener Oberboden, der bereits im Frühjahr auftritt, bei der Aussaat und dem Saataufgang landwirtschaftlicher Kulturen immer häufiger Probleme. Nicht selten treten dadurch auch im Weinbau in den frühen Entwicklungsphasen Probleme mit Trockenheit auf. Dies gilt vor allen Dingen für Neupflanzungen und Junganlagen, denn

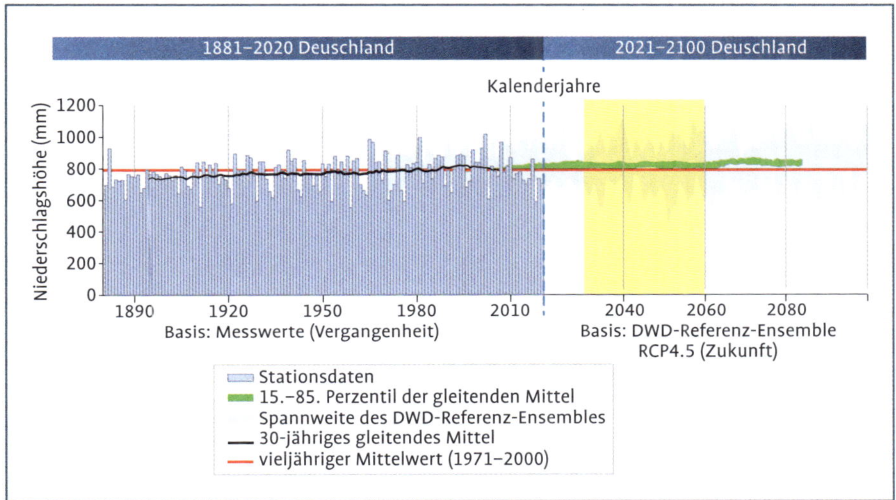

Abb. 8 DWD – 30-jähriges gleitendes Mittel der Niederschlagshöhe (Deutschland) seit Beginn der Aufzeichnungen 1881 sowie zukünftige Entwicklung unter Berücksichtigung des Emissionsszenarios RCP4.5 (Zeitfenster: 2030–2060).

die jungen Reben haben ihre Wurzelkörper noch nicht voll ausgebildet und müssen deshalb das für den Stoffwechsel notwendige Wasser vorwiegend aus der oberen Bodenschicht beziehen.

Sowohl die Änderungen hinsichtlich des Niederschlags und seiner jahreszeitlichen Verteilung als auch die Veränderungen hinsichtlich der Lufttemperatur wirken sich auf die sogenannte Evapotranspiration (ET) – die Verdunstung von Wasser aus dem Boden direkt und aus dem Boden über die Pflanze – aus. Die durch den Klimawandel ansteigenden Temperaturen führen dabei zu höheren potenziellen Evaporationsraten (ETP). Wie verschiedenste Klimaprojektionen zeigen, ist in den nächsten 10–20 Jahren mit einer Zunahme der potenziellen

Tab. 2 Relative Häufigkeit ausgewählter ww-Gruppen bezüglich aller gemeldeten Niederschläge, ww-Gruppen und Vorzeichen des Trends; Klimastation Trier-Petrisberg 1949–1998 (Helbig 2003)

SYNOP ww-Gruppe	Jahr, rel. Häufigkeit [%]	Vorzeichen Trend	Wintermonate, rel. Häufigkeit [%]	Vorzeichen Trend
50–55 Sprühregen	13,6	neg.	18,2	neg.
60–65 Regen	52,8	pos.	40,2	pos.
70–75 Schnee	9,3	neg.	18,7	neg.
80–85 Schauer	8,8	neg.	3,8	pos.
91–99 Gewitter	2,6	neg.	0,1	pos.

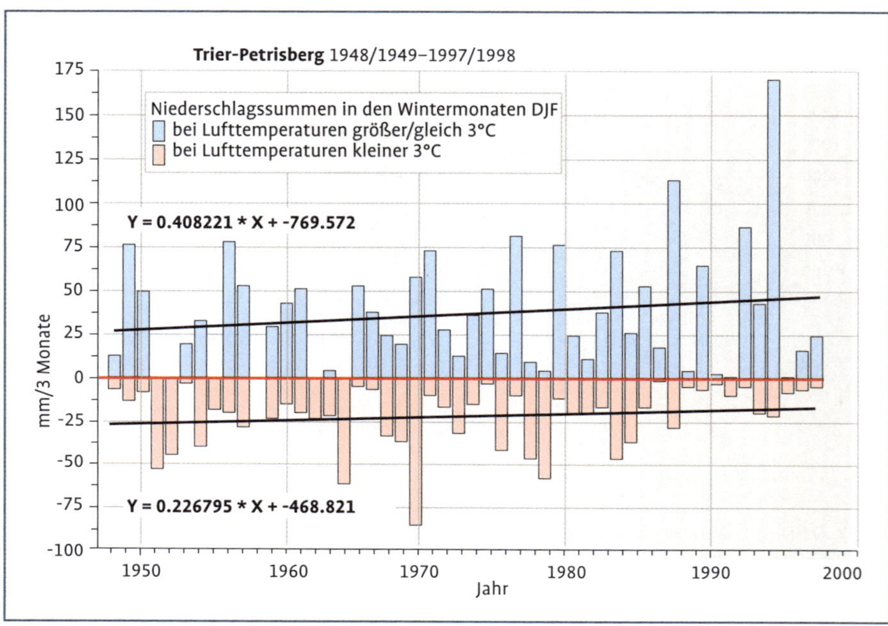

Abb. 9 Trend der Winterniederschläge in Trier-Petrisberg (Helbig 2003).

Evapotranspiration (ETP) um bis zu 15 % und mehr zu rechnen.

Neben den genannten grundsätzlichen Trends/Veränderungen hinsichtlich der klimatischen Parameter wird es in Zukunft voraussichtlich auch eine Zunahme der Variabilität und Intensität von Wetterereignissen geben. Grundsätzlich sind Extremereignisse Bestandteil der natürlichen Klimavariabilität. Jedoch sind inzwischen schon durch den Klimawandel bedingte Veränderungen hinsichtlich der Variabilität, Intensität, Länge, Häufigkeit oder räumlichen Ausdehnung einiger Wetterextreme zu beobachten. Und gerade die stärkere Variabilität von Wetterereignissen – z. B. heute noch 20 °C und bedeckt und am nächsten Tag 32 °C und mehr bei intensiver Sonneneinstrahlung – ist aus pflanzenbaulicher Sicht eine besondere Herausforderung, führt dies doch zu einer Zunahme der Beanspruchung der Puffersysteme im Boden und in der Pflanze.

Zusammengefasst ist, mit Blick auf den Wasserhaushalt einer Rebanlage, mit folgenden wesentlichen Eckpunkten des Klimawandels zu rechnen:

- Zunahme der Jahresdurchschnittstemperatur ≥ 1 °C
- Zunahme der potenziellen Evapotranspirationsrate (ETP) ≥ 15 %
- mehr Hitzetage pro Jahr
- Rückgang der Sommerniederschläge
- vermehrt Starkniederschlagsereignisse → mehr Oberflächenabfluss
- vermehrt Winterniederschläge als Regen → mehr Oberflächenabfluss
- Zunahme der Variabilität der klimatischen Bedingungen
- zunehmende Beanspruchung der Puffersysteme in Boden und Pflanze

1.2 Auswirkungen des Klimawandels auf Rebanlage und Wein

Die dargelegten klimatischen Veränderungen wirken sich elementar auf die Standortfaktoren der verschiedenen Weinbaustandorte aus. Dadurch bedingt zeigen sich bereits heute für diese Weinbaustandorte deutliche Veränderungen hinsichtlich der morphologischen und physiologischen Entwicklung der Rebe sowie quantitative und qualitative Veränderungen in der Ertragsleistung.

1.2.1 Physiologische Entwicklung der Rebe

Für die physiologische Entwicklung ist der Parameter Temperatur von besonderer Bedeutung. So haben sich durch den bisher beobachteten Temperaturanstieg in den letzten 40 Jahren die zeitlichen Abläufe der physiologischen Entwicklung der Rebe (*Vitis*) vom sogenannten Bluten der Rebe (BBCH 01) über die physiologischen Entwicklungsstadien Knospenaufbruch (BBCH 09), 2 Blätter entfaltet (BBCH 12), Vorblüte: 30 % der Blütenkäppchen sind abgeworfen (BBCH 63), Beeren erbsengroß, die Trauben hängen (BBCH 75), Beginn der Reife: erste Beeren verfärben sich (BBCH 81) bis zur Vollreife der Beeren (BBCH 89) deutlich verändert. Betrachtet man z. B. für die Rebsorte Müller-Thurgau im Weinanbaugebiet Franken hinsichtlich des jeweiligen Eintrittsdatums der genannten physiologischen Entwicklungsstadien die Durchschnittswerte der vergangenen vier Dekaden im Vergleich zum Gesamtdurchschnitt des Zeitraumes 1971–2010, so zeigen sich die in Tabelle 3 beschriebenen Verfrühungen.

Wie in Kapitel 1.1 beschrieben, ist aufgrund des Klimawandels in den kommenden Jahren mit einem weiteren Temperaturanstieg zu rechnen. Dadurch werden sich auch die physiologischen Kenndaten für die Rebkultur nochmals verändern. Wie sich diese Veränderung im Einzelnen darstellen wird, ist von der Intensität der Tempera-

Tab. 3 Eintrittsdatum der verschiedenen physiologischen Entwicklungsstadien als Durchschnittswerte der vergangenen vier Dekaden im Vergleich zum Gesamtdurchschnitt des Zeitraumes 1971–2010 bei der Rebsorte 'Müller-Thurgau' (Bayerische Landesanstalt für Weinbau und Gartenbau 2021)

Physiologisches Entwicklungsstadium		Verfrühung des durchschnittlichen Eintrittsdatums des physiologischen Entwicklungsstadiums
BBCH 01	Bluten der Reben	ca. 10 Tage früher
BBCH 09	Knospenaufbruch	ca. 7 Tage früher
BBCH 12	2 Blätter entfaltet	ca. 14 Tage früher
BBCH 63	Vorblüte: 30 % der Blütenkäppchen sind abgeworfen	ca. 14 Tage früher
BBCH 75	Beeren erbsengroß, die Trauben hängen	ca. 21 Tage früher
BBCH 81	Beginn der Reife: erste Beeren verfärben sich	ca. 14 Tage früher
BBCH 89	Vollreife der Beeren (Lesereife)	ca. 14 Tage früher

turänderung abhängig. Je nachdem, ob man ein eher kühles Klimaszenario oder ein eher warmes Klimaszenario unterstellt, fallen die möglichen Veränderungen unterschiedlich aus.

Folgt die zukünftige Temperaturentwicklung einem tendenziell kühleren Klimaszenario, ist für die Weinanbaugebiete in Deutschland hinsichtlich des Austriebs der Rebe (BBCH 09) mit keiner wesentlichen Verfrühung (ca. 2 weitere Tage früher) zu rechnen. Für den Fall, dass die zukünftige Temperaturentwicklung einem tendenziell wärmeren Klimaszenario folgt, fällt die zu erwartende zusätzliche Verfrühung hinsichtlich des Austriebs der Rebe (BBCH 09) um ca. 9 weitere Tage deutlich höher aus.

Anders verhält es sich mit dem physiologischen Entwicklungsstadium BBCH 63 (Vorblüte: 30 % der Blütenkäppchen sind abgeworfen). Für dieses physiologische Entwicklungsstadium zeigt sich auch bei Berücksichtigung eines tendenziell kühleren Klimaszenarios ein deutlicher Trend zu einem noch früheren Beginn der Blüte. Diese nochmalige Verfrühung wird sich voraussichtlich ab dem Jahr 2050 deutlich abzeichnen und die Blüte wird dann ca. 7 Tage früher liegen als noch zu Beginn des 21. Jahrhunderts. Und für den Fall, dass die zukünftige Temperaturentwicklung einem tendenziell wärmeren Klimaszenario folgt, wird sich ab Mitte des laufenden Jahrhunderts eine nochmalige Verfrühung des Beginns der Blüte um ca. 10 Tage einstellen.

Bezüglich dem physiologischen Entwicklungsstadium BBCH 81 (Beginn der Reife) und BBCH 89 (Vollreife der Beeren, Lesereife) zeigen sich sowohl bei einer zukünftigen Temperaturentwicklung gemäß eines tendenziell kühleren Klimaszenarios als auch bei einer zukünftigen Temperaturentwicklung gemäß eines tendenziell wärmeren Klimaszenarios keine spezifischen Veränderungen des Eintrittstermins. Bei diesen beiden physiologischen Entwicklungsstadien bildet sich als Verfrühung einfach die klimatisch bedingte Verkürzung der Phase zwischen BBCH 09 (Knospenaufbruch) und BBCH 63 (Vorblüte: 30 % der Blütenkäppchen sind abgeworfen) ab. In beiden Fällen wird der Eintrittstermin der physiologischen Stadien BBCH 81 (Beginn der Reife) und BBCH 89 (Vollreife der Beeren, Lesereife) um ca. 7–10 Tage früher liegen als noch zu Beginn des 21. Jahrhunderts.

1.2.2 Qualitative Ertragsleistung

Die Qualität eines Weines ist elementar davon abhängig, dass die verschiedenen Inhaltsstoffe der Weinbeeren in einem ausgewogenen Verhältnis zueinander auftreten. Eine tragende Rolle spielen hierbei der Zuckeranteil (Mostgewicht in Grad Oechsle) und der Säuregehalt. Vor allen Dingen beim Weißwein ist eine ausgewogene Süße-Säure-Balance entscheidend für die Harmonie und damit für die Qualität des Weins. Der Zuckergehalt in den Beeren bestimmt maßgeblich den potenziellen Alkoholgehalt des Weins und die Intensität und Ausprägung des sogenannten Süße-Komplex des Weins.

Durch den bisherigen Verlauf des Klimawandels hat sich in den letzten 30 Jahren das Verhältnis von Gesamtsäure zu Mostgewicht verändert. Hintergrund dieser Entwicklung ist, dass aufgrund der Temperaturzunahme die Geschwindigkeit und Intensität des Säureabbaus in den Trauben zugenommen hat und gleichzeitig aber auch mehr Zucker in die Trauben eingelagert wird. Die Trauben enthalten somit zum Zeitpunkt der Lese in der Tendenz weniger Gesamtsäure bei höherem Mostgewicht. Für weiße Rebsorten ist diese Veränderung bzgl. dem Säure-/Zucker-Verhältnis tendenziell eher als nachteilig zu bewerten. Die gilt vor allen Dingen für früh reifende Rebsorten wie 'Weißburgunder' oder 'Müller-Thurgau', die in den letzten Jahren vielfach sehr alkoholbetonte und säurearme Weine hervorgebracht haben, die in ihrem aromatischen Gesamteindruck unharmonisch wirkten. Im Gegensatz dazu ist diese Entwicklung für rote Rebsorten tendenziell eher positiv zu bewerten. Höhere Zuckerwerte in den Weinbeeren führen zu einem höheren Alkoholgehalt und die Weine wirken gehaltvoller, bei einer besseren Ausprägung von Farbstoffen und Ausreifung der Tannine. Doch der vermehrte Säureabbau während der Reifephase kann auch im Rotweinbereich zu Problemen führen, denn niedrige Säuregehalte in den Trauben führen zu entsprechend hohen pH-Werten, was wiederum die Gefahr einer mikrobiellen Fehlentwicklung im Most erhöht.

Wie schon bei der physiologischen Entwicklung wird der zukünftige Klimawandel auch bei der qualitativen Ertragsleistung Veränderungen bewirken, da sowohl der Säureabbau als auch Zuckeraufbau von der Temperatur und der Verfügbarkeit des Wassers abhängig ist.

Betrachtet man die mögliche zukünftige Veränderung hinsichtlich Säuregehaltes (g/l) und Zuckergehalt (Mostgewicht, °Oe) unter Berücksichtigung einer Temperaturentwicklung gemäß eines tendenziell kühleren Klimaszenarios, ist im Verlauf der kommenden 4 Dekaden mit einer Abnahme des Äpfelsäuregehalts zur Lese um bis zu 1–1,5 g/l zu rechnen. Für den Zuckergehalt (Mostgewicht, °Oe) wiederum ist voraussichtlich eine moderate Zunahme von 5–8 °Oe zu erwarten.

Für den Fall einer Temperaturentwicklung gemäß eines tendenziell wärmeren Klimaszenarios, fällt der Rückgang des Äpfelsäuregehalts zur Lese mit bis zu 1,5–2 g/l und auch die Zunahme beim Zuckergehalt um ca. 10 °Oe noch deutlicher aus.

1.2.3 Huglin-Wärmesummenindex und Rebsorteneignung

Die genannten Veränderungen sind natürlich je nach Rebsorte unterschiedlich stark ausgeprägt.

Jede Rebsorte benötigt, um erfolgreich kultiviert werden zu können, im Zeitraum von April bis September eine für die Sorte spezifische Wärmesumme über der Temperaturschwelle von 10 °C. Dieser von Pierre Huglin entwickelte und nach ihm benannte Huglin-Wärmesummenindex ermöglicht es, die klimabedingte Anbaueignung von Rebsorten für verschiedene Standorte zu bewerten. Tabelle 4 zeigt den Huglin-Wärmesummenindex für unterschiedliche Rebsorten im Überblick.

Durch den klimawandelbedingten Temperaturanstieg der letzten Jahre hat sich für die verschiedenen Weinbaugebiete eine deutliche Zunahme bei den Werten des Huglin-Wärmesummenindex ergeben. So ist am Standort Geisenheim der Huglin-Wärmesummenindex im Mittel im Zeitraum von 1951–2000 von 1 500 Gradtagen auf 1 700 Gradtage gestiegen. War vor dem Hintergrund des Huglin-Wärmesummenindex noch vor 40 Jahren im Raum Brandenburg der Anbau von Reben zur Erzeugung von qualitativ hochwertigen Weinen kaum vorstellbar, hat sich dies durch den bisherigen Temperaturanstieg aufgrund des Klimawandels dahingehend entwickelt, dass inzwischen durchaus der Anbau der Rebsorte 'Pinot blanc' oder sogar 'Riesling' mit quantitativem und qualitativem Erfolg möglich wäre.

In den nächsten Jahrzehnten wird der Huglin-Wärmesummenindex der verschiedenen Weinbaustandorte weiter ansteigen

Tab. 4 Huglin-Wärmesummenindex für verschieden Rebsorten (Huglin 1978 u. 1986, Schwab/Maaß 2011)

Huglin-Wärmesummen-index [H]	Rebsorten
H < 1300	keine Anbauempfehlung
1300 ≤ H < 1400	Siegerrebe, Ortega
1400 ≤ H < 1500	Müller-Thurgau, Bacchus
1500 ≤ H < 1600	Kerner, Blauer Portugieser, Regent, Pinot Meunier, Chasselas
1600 ≤ H < 1700	Pinot Blanc, Grauer Burgunder, Aligoté, Gamay Noir, Gewürztraminer
1700 ≤ H < 1800	Riesling, Scheurebe, Chardonnay, Silvaner, Sauvignon Blanc, Pinot Noir, Grüner Veltliner
1800 ≤ H < 1900	Cabernet Franc, Tempranillo, Trollinger
1900 ≤ H < 2000	Chenin Blanc, Cabernet Sauvignon, Merlot, Viognier, Semillion, Welschriesling, Blaufränkisch, Cabernet Cubin
2000 ≤ H < 2100	Ugni Blanc
2100 ≤ H < 2200	Grenache, Syrah, Cinsaut, Sangiovese
2200 ≤ H < 2300	Carignan, Trebbiano, Airen
2300 ≤ H < 2400	Aramon, Nebbiolo

und damit wird sich die Rebsorten-Eignung eines Gebiets weiter verändern. Dies wird für die bestehenden Rebanlagen an den traditionellen Weinbaustandorten eine große Herausforderung.

1.2.4 Quantitative Ertragsleistung

In den vergangenen Jahren sind in den verschiedenen Weinbauregionen bereits vermehrt längere Trockenperioden vorgekommen. Um bei den bestehenden Rebanlagen bei fehlender Bewässerungsmöglichkeit eine entsprechende Traubenqualität, Holzreife- und Knospenqualität des Zielholzes und auch eine genügende Reservestoffeinlagerung sicherstellen zu können, mussten die Winzer in solchen Situationen vielfach den Ertrag durch „Grünlese" (Entfernen von Fruchtständen) deutlich reduzieren. Wird diese Maßnahme nicht durchgeführt, geht dies zu Lasten der Vitalität der Reben und kann zum Ausfall der Rebanlage führen. Abbildung 10 zeigt eine über mehrere Jahre hinweg mit hohem Ertragsniveau bewirtschaftete Rebanlage an einem durch Trockenheit gefährdeten Standort; im Trockenjahr 2018 ist eine Vielzahl der Rebstöcke in der Anlage aufgrund einer Apoplexie abgestorben und es wurde letztendlich eine Rodung der Rebanlage notwendig.

In den bestehenden Weinbauregionen ist aufgrund des Klimawandels in den kommenden Jahren häufiger mit Trockenperioden zu rechnen und die Dauer der Trockenperioden wird voraussichtlich auch zunehmen. Vor diesem Hintergrund wird es bei fehlender Bewässerungsmöglichkeit

Abb. 10 Über mehrere Jahre hinweg mit hohem Ertragsniveau überlastete Rebanlage an einem durch Trockenheit gefährdeten Standort, mit von Apoplexie betroffenen Rebstöcken im Trockenjahr 2018.

häufiger zu der Situation kommen, dass eine Reduzierung des quantitativen Ertrags notwendig wird, um die Traubenqualität, Holzreife- und Knospenqualität des Zielholzes und auch eine genügende Reservestoffeinlagerung sicherstellen zu können.

Und wird diesen Trockenperioden – wie bisher üblich – damit begegnet, dass der Boden in diesen Phasen in jeder zweiten Rebgasse während der Vegetationsperiode bearbeitet und offengehalten wird, wird der Boden dadurch Trockenheit und höheren Temperaturen ausgesetzt. Dies hat u. a. zur Folge, dass mehr organische Substanz des Bodens verloren geht.

1.2.5 Neupflanzung und Jungfeldpflege

In den letzten Jahren zeigten sich in den verschiedensten Weinbauregionen zunehmend Schwierigkeiten hinsichtlich der Regeneration des Bodenwasservorrats über die Wintermonate, obwohl die Winterniederschläge insgesamt in der Menge eher zugenommen haben. Als Folge kam es bereits im Frühjahr häufig zu Trockenheit im Oberboden, was im weiteren Verlauf der Vegetationsperiode zu deutlichen Schwierigkeiten bei Neupflanzungen und Junganlagen geführt hat. Wie bei vielen anderen Gehölzen dauert die Ausbildung des vollständigen

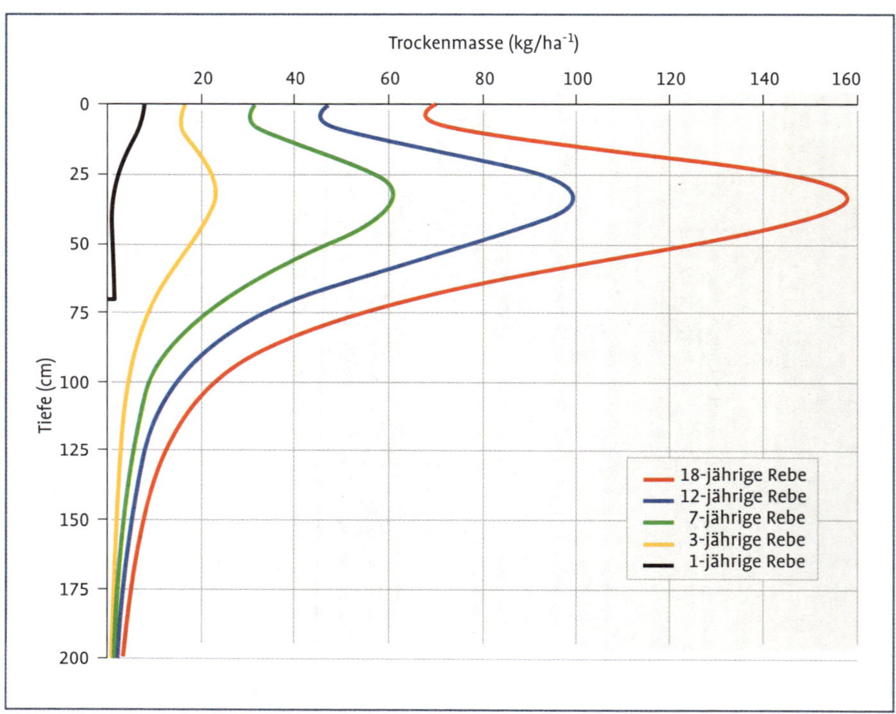

Abb. 11 Tiefenverteilung der Wurzelmasse für fünf verschieden alte Reben (Nendel 2002).

Wurzelkörpers auch bei Reben mehrere Jahre. Bis eine Rebe ihren Wurzelkörper vollständig ausgebildet hat und dadurch auch Wasservorräte in tieferen Bodenschichten erschließen kann, vergehen in der Regel 5–10 Jahre (siehe Abb. 11).

In diesem Zeitraum beziehen die Reben das für den Stoffwechsel notwendige Wasser vorwiegend aus der oberen Bodenschicht, die im Verhältnis zu den anderen Bodenschichten ein relativ kleines Volumen hat. Wird in dieser Schicht während der Wintermonate nicht ausreichend Wasser gespeichert, sind die jungen Reben durch die Frühjahrstrockenheit gefährdet. Dabei gilt es auch zu bedenken, dass die spätere Leistungs- und Ertragsfähigkeit einer Rebanlage sehr stark von der Vitalität und Wuchsfreudigkeit der Neupflanzung und Junganlagenzeit geprägt wird.

Wird die Ausbildung eines optimalen Wurzel- und Holzkörpers der Reben durch suboptimale Wachstumsbedingungen (wie z. B. Trockenheit und mangelnde Nährelementverfügbarkeit) im Jahr der Neupflanzung und den anschließenden Jahren der Junganalagenzeit beeinträchtigt, hat das oft noch Jahre später negative Auswirkungen auf die Leistungs- und Ertragsfähigkeit der Ertragsanlage.

Bei vielen Weinbaubetrieben hat es sich in den letzten Jahren dahingehend entwickelt, Neupflanzungen und Junganlagen regelmäßig mit Wasser zu versorgen; mit

Blick auf die zukünftige klimatische Entwicklung wird hier der Bedarf zur Bewässerung noch zunehmen.

1.2.6 Bodengefüge und Wasserhaltefähigkeit

Der Weinbau hat seit den 1940er-Jahren einen intensiven Strukturwandel vollzogen. Durch die fortschreitende Industrialisierung und den damit verbundenen technischen Fortschritt sowie durch die Flurbereinigungsmaßnahmen in den Weinbauregionen wurden die Voraussetzungen für eine inzwischen sehr intensive Mechanisierung des Weinbaus geschaffen. Nahezu alle Pflegearbeiten bis hin zur Traubenlese können heutzutage maschinell ausgeführt werden. Dies hat dazu geführt, dass die Druckbelastung auf die Böden sehr stark zugenommen hat.

Hat man in den Anfängen der Mechanisierung noch an der traditionellen Bewirtschaftung mit „offen gehaltenem Boden" festgehalten, erkannte man in den 1960er/1970er-Jahren, dass durch Veränderung von der Hanglänge und die zunehmende Druckbelastung auf den Boden durch mehr Maschineneinsatz mehr und mehr Verdichtungsprobleme bis hin zu extremen Bodenerosionsereignissen auftraten. Als Antwort darauf wurde von da an – unter anderem von ökologisch wirtschaftenden Weinbaubetrieben stark vorangetrieben – mehr und mehr die Begrünung von Rebanlagen etabliert.

Wenn es an einem Standort aufgrund der jährlichen Niederschlagsmenge möglich war, wurde eine ganzflächige Dauerbegrünung eingeführt. In den allermeisten Weinbergslagen ist jedoch mit Blick auf die Trauben- und Weinqualität eine Dauerbegrünung ohne zusätzliche Wasserzufuhr aufgrund nicht ausreichender Jahresniederschläge kontraproduktiv. So hat sich in den allermeisten Rebanlagen als Bewirtschaftungsstandard etabliert, dass nur jede zweite Rebgasse während der Vegetationszeit begrünt gehalten wird. Die andere Rebgasse wird über die Vegetationsperiode hinweg offengehalten, um die Wasserkonkurrenz zwischen Rebe und Begrünung auszuschließen.

Durch das Offenhalten des Bodens wird dieser jedoch in den Sommermonaten sowohl intensiver Strahlungsenergie der Sonne, als auch bei intensiveren Niederschlägen der hohen kinetischen Energie der Regentropfen ausgesetzt. Die Strahlungsenergie der Sonne bewirkt eine entsprechende Austrocknung des Bodens und fördert den Abbau organischer Substanz mit den negativen Folgen für das Bodengefüge. Auch durch die Einwirkung der kinetischen Energie der Regentropfen werden zusätzlich Bodenaggregate zerschlagen und das Bodengefüge negativ beeinträchtigt. Bedenkt man, dass bei einem starken sommerlichen Gewitterniederschlag ein Regentropfen mit einer Geschwindigkeit von bis zu 30 km/h auf das Bodenaggregat auftrifft, kann man sich die zerschlagende Wirkung auf das Bodengefügte sehr gut vorstellen. Gepaart mit der hohen mechanischen Belastung aufgrund häufiger Überfahrten im Laufe der Vegetationszeit (Vorschnitt, Pflanzenschutz, Laubschnitt, Entblätterung, Traubenlese) ist eine stärkere Verdichtung des Bodens die Folge. In den weinbaulich genutzten Böden sind deshalb einfache Grundgefüge und ansatzweise Grob-Polyedergefüge die vorherrschenden Gefügeformen. Durch diesen Umstand ist auch die Wasseraufnahmefähigkeit der Böden vergleichsweise geringer. Mit der Folge, dass es bei stärkeren Niederschlägen früher zu oberflächig abfließendem Wasser und Bodenerosion kommt.

Da in den letzten Jahren in den Frühjahrs- und Sommermonaten höhere Temperaturen und mehr Trockenphasen einerseits und andererseits auch verstärkte Starkniederschlagsereignisse stattgefunden haben, hat auch das Risiko von Bodenerosion und Degradation des Bodens zugenommen.

Vor dem Hintergrund der skizzierten zukünftigen Klimaentwicklung in den Weinbauregionen wird dieses Risiko von Bodenerosion und Degradation der Bodenfruchtbarkeit weiter zunehmen, es sei denn, es wird durch die Möglichkeit einer zusätzliche Wasserzufuhr die Etablierung einer ganzflächigen und ganzjährigen Begrünung ermöglicht oder alternativ andere Erosionsschutzmaßnahmen (z. B. Aufbringen von Mulchmaterialien) umgesetzt.

1.2.7 Spätfrost und Hagel

Bedingt durch den Klimawandel setzt die vegetative Entwicklung der Reben in den verschiedenen Weinbauregionen schon jetzt deutlich früher ein.

Gleichzeitig ist es aufgrund kontinentaler Klimaeinflüsse möglich, dass auch noch im Mai/Juni die Temperaturen in den Rebanlagen zum Teil deutlich unter 0 °C absinken können. Zunehmende Schädigungen durch Spätfrost sind die Folge. Wie beschrieben wird den kommenden 4 Dekaden der Austrieb der Reben nochmals zeitlich früher einsetzen, sodass dadurch die Spätfrostgefahr mit entsprechenden Ertragsausfällen nochmals zunehmen wird.

Hinsichtlich der Häufigkeit von Hagelereignissen in den verschiedenen Weinbauregionen lassen sich derzeit keine Trends feststellen. Mit der Zunahme der Durchschnittstemperaturen wird aller Voraussicht nach auch die Wahrscheinlichkeit größer, dass extreme Wetterereignisse, wie u. a. Hagel, stattfinden.

Um einen Überblick zu geben, sind die vielfältigen Auswirkungen des Klimawandels auf den Weinbau in Tabelle 5 nochmals zusammengefasst.

1.3 Möglichkeiten der Anpassung an den Klimawandel

Wie im Kapitel 1.2 ausgeführt, hat der in Deutschland bisher schon vollzogene Klimawandel der letzten Jahrzehnte bereits deutliche Auswirkungen auf den Anbau von Reben. Die noch bevorstehenden klimatischen Veränderungen werden diese Auswirkungen aller Voraussicht nach verstärken, ggf. werden auch bisher noch unbekannte Folgen für den Weinbau hinzukommen.

Noch vor 30 Jahren wurde belächelt, wer den bevorstehenden Klimawandel und die Notwendigkeit der Entwicklung von Anpassungsstrategien für den Weinbau thematisierte. Doch inzwischen hat sich die Dynamik, mit der sich der Klimawandel vollzieht, erheblich gesteigert, und die Themen Klimawandel und notwendige Anpassungsstrategien sind in der Fachwelt inzwischen sehr präsent. Es werden (neben Maßnahmen zur Feinabstimmung wie Laubarbeiten, Pflanzenschutz, u. a.) folgende Maßnahmen diskutiert:

- Verwendung von Rebsorten, die gegen Trockenheit toleranter und gegen Hitze unempfindlicher sind (Sortenwechsel)
- Verlegung der Rebflächen in klimatisch günstigere Anbauregionen
- Einsatz von Bewässerung, ggf. kombiniert mit konservierender Bodenbewirtschaftung und regionalem Wassermanagement

1.3.1 Sortenwechsel

Für einen Großteil der im Anbau befindlichen Hauptrebsorten werden in den nächsten 20–25 Jahren die Rahmenbedingungen

Tab. 5 Auswirkungen des Klimawandels auf den Weinbau (Niewind 2021)

Klimatische Veränderung	Auswirkungen des Klimawandels
Zunahme der Durchschnittstemperaturen	– Veränderungen der physiologischen Entwicklungsphasen (früherer Austrieb, kürzere Blütezeit, frühere Reife) – Verlängerung der Vegetationszeit – Veränderung des für den Anbau geeigneten Rebsorten-Spektrums auf der Basis des Huglin-Wärmesummenindex – Veränderungen bzgl. regionaler Typizität der Weine – Zunahme der Mostgewichte mit der Folge höherer Alkoholgehalte im Wein – Abnahme des Gesamtsäuregehalts zur Lese mit der Folge einer veränderten Säure-/Süße-Relation im Wein (Beeinträchtigung der Harmonie der Weine) – Zunahme des Spätfrostrisikos – Höhere Temperaturen während der Traubenlese (Qualitätseinbußen) – Verändertes Auftreten und Ausbreitung von Schadorganismen (invasive Flora/Fauna) – Notwendigkeit veränderter Arbeitsabläufe in Anbau (z. B. Pflanzenschutz) und Weinherstellung (z. B. Lese bei Nacht)
Veränderte Niederschlagsverteilung	– Rückgang von Schneefall und Schneebedeckung in den Wintermonaten und in der Folge höhere Wahrscheinlichkeit von Frühjahrstrockenheit – Rückgang der Niederschlagsmenge in den Sommermonaten – Beeinträchtigung der Wasser- und Nährelementversorgung der Reben mit negativen Folgen für den quantitativen und qualitativen Ertrag – Beeinträchtigung der Reservestoffeinlagerung mit Auswirkungen auf die Vitalität der Rebanlagen in den darauffolgenden Jahren – Beeinträchtigung des Aufbaus einer Neuanlage/Junganlage aufgrund von trockeneren Bodenverhältnissen im Oberboden (Beeinträchtigung der Entwicklung des Wurzel- und Holzkörpers/Rebstamms)
Zunahme der Eintrittswahrscheinlichkeit und Dauer von Trockenperioden und Hitzewellen	– Zunahme des Risikos von Hitzestress mit negativen Folgen für die physiologische Entwicklung der Reben sowie die quantitative und qualitative Ertragsleistung – Zunahme von Hitzeschäden in exponierteren Weinlagen (Sonnenbrand der Weinbeeren) – Zunahme von höheren Nachttemperaturen mit der Folge der Erhöhung des Risikos für die Ausbreitung pilzlicher Schaderreger – Zunahme des Risikos der Bodendegradation und des Verlusts an organischer Substanz – Zunahme des Auftretens von holzschädigenden pilzlichen Schaderregern (*Esca* u. *Eutypa*)
Zunahme von extremen Wetterereignissen (Wind, Starkregen, Hagel etc.)	– Zunahme des Risikos von mechanischen Beschädigungen an Rebtrieben und Fruchtständen (Trauben) mit anschließend höherem Infektionsrisiko für pilzliche Schadorganismen (*Peronospora, Oidium, Botrytis*) – Zunahme des Risikos für Bodenerosion (Run-off und on-site) mit entsprechender Zunahme des Verlusts an Makro- und Mikro-Nährelementen sowie organischer Substanz – Bodendegradation/Zerstörung von Boden-Aggregaten und Einschwemmen von Fein-Sediment in Bodenporen mit der Folge des Verlusts der Poren-Funktionen im Zusammenhang mit Wasserspeicher- und Wasserleitfähigkeit

Tab. 6 Überblick über die Anteile der wichtigsten roten und weißen im Anbau befindlichen Rebsorten in Deutschland und deren jeweiligen Flächenanteile für den Jahrgang in den Jahren 1999, 2009, 2015 und 2020

Jahr	Rebfläche		Hauptrebsorten (74 % bis 77 % der Gesamtrebfläche) und deren jeweiligen Flächenanteile an der Weinkategorie (weiß bzw. rot)		Trockenstress-empfindlichkeit
	Gesamt	Nach Weinkategorie	Rebsorte	Flächenanteil an der Weinkategorie [%]	
1999	104 260 ha	79 106 ha (76,84 %) weiße Rebsorten	Riesling	28,26 %	gering – mittel
			Müller-Thurgau	26,13 %	hoch
			Silvaner	8,67 %	hoch
			Grauburgunder	3,34 %	mittel
			Weißburgunder	3,04 %	gering – mittel
		25 154 ha (24,13 %) rote Rebsorten	Blauer Spätburgunder	34,38 %	hoch
			Dornfelder	14,97 %	hoch
			Portugieser	19,40 %	gering – mittel
			Trollinger	10,06 %	gering – mittel
			Pinot Meunier	9,09 %	gering – mittel
2009	102 186 ha	65 316 ha (63,96 %) weiße Rebsorten	Riesling	34,55 %	gering – mittel
			Müller-Thurgau	20,85 %	hoch
			Silvaner	7,94 %	hoch
			Grauburgunder	6,91 %	mittel
			Weißburgunder	6,03 %	gering – mittel
		36 825 ha (36,04 %) rote Rebsorten	Blauer Spätburgunder	31,84 %	hoch
			Dornfelder	21,72 %	hoch
			Portugieser	11,41 %	gering – mittel
			Trollinger	6,60 %	gering – mittel
			Pinot Meunier	6,25 %	gering – mittel

für Wachstum und Fruchtreife deutlich schlechter werden. Für die meisten deutschen Weinanbaugebiete (mit Ausnahme der ganz nördlich gelegenen) ist durch den Klimawandel bedingt bis zum Zeitraum 2030–2050 mit Huglin-Wärmesummenindex-Werten zwischen 1 800 und 2 000 zu rechnen. Dies eröffnet grundsätzlich die

Jahr	Rebfläche		Hauptrebsorten (74 % bis 77 % der Gesamtrebfläche) und deren jeweiligen Flächenanteile an der Weinkategorie (weiß bzw. rot)		Trockenstress-empfindlichkeit
	Gesamt	Nach Wein-kategorie	Rebsorte	Flächenanteil an der Wein-kategorie [%]	
2015	102 544 ha	67 074 ha (65,41 %) weiße Rebsorten	Riesling	35,18 %	gering – mittel
			Müller-Thurgau	18,99 %	hoch
			Silvaner	7,42 %	hoch
			Grauburgunder	8,87 %	mittel
			Weißburgunder	7,41 %	gering – mittel
		35 469 ha (34,59 %) rote Rebsorten	Blauer Spätburgunder	33,22 %	hoch
			Dornfelder	22,18 %	hoch
			Portugieser	9,15 %	gering – mittel
			Trollinger	6,43 %	gering – mittel
			Pinot Meunier	5,80 %	gering – mittel
2020	103 800 ha	69 418 ha (67,28 %) weiße Rebsorten	Riesling	34,79 %	gering – mittel
			Müller-Thurgau	16,50 %	hoch
			Silvaner	6,60 %	hoch
			Grauburgunder	10,60 %	mittel
			Weißburgunder	8,53 %	gering – mittel
		33 762 ha (32,72 %) rote Rebsorten	Blauer Spätburgunder	34,54 %	hoch
			Dornfelder	21,72 %	hoch
			Portugieser	7,55 %	gering – mittel
			Trollinger	6,08 %	gering – mittel
			Pinot Meunier	5,35 %	gering – mittel

Möglichkeit, Rebsorten wie 'Cabernet Sauvignon', 'Merlot' u. a. mit ansprechenden Weinqualitäten anbauen zu können (siehe Tab. 4).

Schon seit einigen Jahren wird der Sortenwechsel auf neue trockenheitstolerantere und gegen Hitze unempfindlichere Rebsorten stärker diskutiert und propagiert.

Doch wie realistisch ist dieser Ansatz? In Deutschland werden derzeit ca. 120 verschiedene Rebsorten angebaut. Doch auf ca. 76 % der aktuell 103 180 ha umfassenden Weinbaufläche (Stand: 30. Juni 2021) stehen gerade einmal 10 dieser 120 verschiedenen Rebsorten. Tabelle 6 gibt einen Überblick über die Anteile der wichtigsten im Anbau befindlichen roten und weißen Rebsorten und deren jeweiligen Flächenanteile an den Weinkategorien (weiß bzw. rot) für die Jahre 1999, 2009, 2015 sowie 2020.

Wie Tabelle 6 zeigt, hat es in den zurückliegenden 30 Jahren hinsichtlich der 10 wichtigsten marktrelevanten Rebsorten keinen grundsätzlichen Wechsel bei den Rebsorten gegeben. Nach wie vor werden dieselben 10 Rebsorten auf ca. 76 % der Gesamtrebfläche angebaut. Innerhalb dieser 10 Rebsorten aber gab es bei den weißen Rebsorten einen Rückgang der trockenstressempfindlichen Rebsorten 'Müller-Thurgau' (–9,63 %) und 'Silvaner' (–2,07 %) und einen Zuwachs bei den weniger trockenstressempfindlichen Rebsorten 'Riesling' (+6,53 %), 'Grauburgunder' (+7,26 %) und 'Weißburgunder' (+5,49 %).

Die gegen übermäßige Trockenheit empfindlicheren Rebsorten 'Müller-Thurgau', 'Silvaner', 'Dornfelder' und 'Spätburgunder' machen aber immer noch ca. 79 % der Anbaufläche der 10 wichtigsten und mit relevanten Flächenanteilen im deutschen Weinmarkt vertretenen Rebsorten aus, was ca. 34 % der Gesamtrebfläche entspricht.

Betrachtet man die Entwicklung der letzten 30 Jahre, erscheint aus marktwirtschaftlicher und einzelbetriebswirtschaftlicher Sicht der Spielraum für eine Anpassung hin zu trockenheitstoleranteren und gegen Hitze unempfindlichere Rebsorten nur sehr klein zu sein.

1.3.2 Verlegung der Rebflächen in andere Anbauregionen

Im Zusammenhang mit der Diskussion um mögliche Anpassungsstrategien des Weinbaus an die Veränderungen der Standortbedingungen aufgrund des Klimawandels wird nicht selten auch die Standortfrage an sich gestellt. Müssen die Rebflächen unbedingt an diesen Standorten kultiviert werden, wo sie sich derzeit befinden? Oder wäre es angesichts der Unflexibilität (Starrheit) des Weinmarktes nicht sogar intelligenter, den Anbau mit den derzeit genutzten Hauptrebsorten in andere Gebiete mit besseren Standortbedingungen (z. B. kühlere Temperaturen, Böden mit höherer Wasserspeicherfähigkeit) zu verlagern?

Auf den ersten Blick spricht scheinbar nicht viel gegen die Umsetzung einer solchen Strategie. Doch bei näherer Betrachtung stellt sich das Thema dann doch komplexer und schwieriger dar.

Historisch gewachsene Strukturen im Weinbau

Seine größte flächenmäßige Ausdehnung erreichte der Weinbau in Deutschland im 16. Jahrhundert. Vor allen Dingen die weinbaulichen Aktivitäten der Klöster sorgten in dieser Zeit dafür, dass auch in nördlicheren Gebieten wie z. B. den heutigen Bundesländern Thüringen, Sachsen, Brandenburg und Mecklenburg-Vorpommern, Reben angebaut und Weine erzeugt wurden. Dies in großen Teilen auch in flacheren Lagen, entfernt von Flusstälern. Natürlich war das durchschnittliche Ertrags- und Qualitätsniveau der damaligen Zeit nicht mit dem heutigen hohen Standard vergleichbar.
Die Ausdehnung der Weinbauflächen bis in die norddeutschen Landschaften bis zur

Ostsee war dabei nicht nur durch ein wärmeres Klima in den Jahrhunderten zuvor befördert worden. In diesen nördlichen Regionen wurden Reben angebaut und Wein bereitet, obwohl aufgrund der klimatisch eher kühlen Verhältnisse nur in besonders guten Jahren mit einer guten Ernte gerechnet werden konnte. Mitentscheidend waren wohl eher auch wirtschaftliche Gründe. Warentransport (Weintransport) war in dieser Zeit noch ein vergleichbar kostspieliges und teures Ansinnen. Der teuren Fracht wegen war es trotz der häufigeren Ertragsausfälle immer noch vorteilhafter, in diesen Gegenden eigene Reben anzubauen und Wein herzustellen, als aus südlichen Weinbauregionen den Wein zu importieren.

Durch den Dreißigjährigen Krieg (1618–1648) wurde die Bevölkerung in vielen Landstrichen extrem dezimiert, was in der Folge auch einen starken Rückgang der mit hohem zeitlichem Aufwand bewirtschafteten Weinbauflächen mit sich brachte.

Erst im 18. Jahrhundert kam es zu einem erneuten Aufschwung des Weinbaus und einer erneuten Zunahme der Anbaufläche. Als sich die Kommunikationsverhältnisse besserten und sich auch der Transport verbilligte, verlagerte sich die Weinkultur mehr nach Süden. Mit Ausnahme der Weinbaugebiete Pfalz und Rheinhessen hat sich durch diese Entwicklung im Verlaufe des 19. Jahrhunderts der Weinbau aus den Flächen in den Ebenen zurückgezogen und ist seither vorwiegend auf Flächen im Nahbereich von Flusstälern (Ahr, Mosel, Nahe, Rhein, Main, Fränkische Saale, Neckar, Kocher, Jagst, Elbe, Sächsische Saale) und dem Bodensee verortet.

Natürlich werden heute wieder Reben in weiteren Regionen angebaut, so z. B. in Süd-Brandenburg, Schleswig-Holstein oder im südöstlichen Bereich Bayerns.

Weinbau in nördlichen Weinanbau-Gebieten

In den nördlichen Anbaugebieten kam es bis in die 1990er-Jahre häufiger vor, dass je nach angebauter Rebsorte das Erreichen ausreichender Zuckergehalte (Mostgewichte °Oe) und entsprechend niedrigere Säuregehalte (g/l) für die Erzeugung von belebenden Weißweinen mit harmonisch ausbalancierten Alkohol- und Säurewerten sowie ausgewogener Aromaausprägung nicht immer gegeben war. Die Anwendung der Chaptalisierung (Aufzuckerung) der Moste einerseits und Entsäuerung von Jungweinen andererseits waren allgegenwärtige Maßnahmen in der önologischen Praxis in den nördlichen Weinanbaugebieten.

Durch den Klimawandel und den dadurch bedingten Temperaturanstieg hat sich dann ab den 1990er-Jahren die Situation zunächst in positiver Weise verändert.

Bis zur Traubenlese ausreichende Zuckergehalte (Mostgewichte, °Oe) und etwas niedrigere Säuregehalte (g/l) in den Weinbeeren zu erreichen, war für den bestehenden Rebsortenbestand in den Weinbauregionen immer sicherer gewährleistet. Die Notwendigkeit der Chaptalisierung der Moste oder der Entsäuerung der Jungweine in der önologischen Praxis trat mehr und mehr in den Hintergrund. Die sichere Erzeugung von belebenden Weißweinen mit harmonisch ausbalancierten Alkohol- und Säurewerten sowie ausgewogener Aromaausprägung war in diesen Jahren durch die naturgegebenen Inhaltsstoffe der Weinbeeren und dem regelmäßigen Erreichen einer ausreichenden physiologische Reife in der Regel leicht möglich. Diese Entwicklung hat sicherlich auch das Qualitätsniveau in diesen Weinanbaugebieten deutlich positiv beeinflusst.

Doch mehr und mehr zeigen sich Schwierigkeiten aufgrund der weiterhin stattfindenden klimatischen Veränderungen ab. Inzwischen ist einerseits die Tendenz zu höheren Zuckergehalten (Mostgewichten, °Oe) in den lesereifen Weinbeeren so stark ausgeprägt, dass dies für viele der angebauten Rebsorten mit Blick auf die Alkoholgehalte in den erzeugten Weinen als sehr problematisch zu werten ist. Und andererseits ist in den letzten Jahren ein verstärkter Säureabbau während der Traubenreife zu verzeichnen, wodurch sich die Gefährdung einer sicheren Erzeugung von harmonischen Weißweinen noch zusätzlich verstärkt. Bei manchen der in den nördlichen Weinbauregionen derzeit angebauten Rebsorten ist inzwischen sogar die Anbauwürdigkeit gemäß dem Huglin-Wärmesummenindex in Frage gestellt.

Eine mögliche Verlagerung der Rebanbauflächen in nördliche Regionen als Anpassung an die Veränderung der klimatischen Verhältnisse stellt sich also als nicht so einfach dar.

Weinbau und Tourismus

Die lange Weinbautradition im Nahbereich der Flusstäler ist in den dort gelegenen Weindörfern allseits spürbar. Nicht selten sind der Weinbau und der darauf aufbauende Weintourismus für die ortsansässigen Weinbaubetriebe und Familien in den kleineren Weinorten die einzige Möglichkeit für die Erwirtschaftung des Lebensunterhalts vor Ort.

Beispielhaft für die Situation in einer Vielzahl der Weinbaugemeinden der deutschen Weinbaugebiete sei der Weinort Escherndorf am Main mit der auch international sehr bekannten Weinlage Escherndorfer Lump angeführt. Der Ort und die Weinlage befinden sich im Altmainbereich der Mainschleife (Volkach). Abbildung 12 zeigt den Ort Escherndorf mit den Rebanlagen der Weinlage Escherndorfer Lump.

Seit dem 19. Jahrhundert etablierte sich der Wein- und Kulturtourismus an der Mainschleife. In Verbindung mit der gebietstypischen Topographie und zahlreichen erhaltenen Baudenkmälern wurde die Weinkultur und die damit einhergehende Kulturlandschaft mehr und mehr ein herausragender Bestandteil des fränkischen Weintourismus, der mit einem Jahresumsatz von derzeit ca. 3,4 Mrd. Euro einen sehr wichtigen Wirtschaftsfaktor in der Region darstellt.

Aufgrund des Klimawandels ist nun aber die Bewirtschaftung dieser Rebflächen vor Ort einerseits durch Trockenheit, andererseits aufgrund ihrer Steilheit auch durch Starkniederschlagsereignisse mit der Folge von Bodenerosion stark gefährdet. Um Letzteres sicher verhindern zu können, wäre eine ganzflächige Begrünung der Rebflächen entscheidend. Doch ohne die Möglichkeit einer Bewässerung verschärft an diesem Standort eine ganzflächige ganzjährige Begrünung der Rebflächen die Wasserkonkurrenz zwischen Reben und Begrünung mit entsprechenden Problemen hinsichtlich qualitativer und quantitativer Ertragsleistung der Rebflächen.

Natürlich könnte man sich nun vorstellen, dass die Weinbaubetriebe aus Escherndorf versuchen, die Anbauflächen in andere Lagen/Regionen zu verlagern, wo aufgrund der Standortfaktoren für die Rebkultur mit den derzeitigen Rebsorten günstigere Bedingungen gegeben wären – ohne zusätzliche Bewässerung, aber mit ganzflächiger Begrünung und geringerem Risiko von Bodenerosion.

Doch sind solche Flächen in wirtschaftlicher Entfernung überhaupt verfügbar? Welche weinrechtlichen Probleme ergeben

Abb. 12 Weinort Escherndorf am Main mit der Weinlage Escherndorfer Lump, ein auch international bekannter Bestandteil fränkischer Kulturlandschaft.

sich dadurch? Lagenamen spielen bei der Vermarktung von Wein eine nicht unwesentliche Rolle, welche marktpolitischen Auswirkungen hat eine solche Verlagerung von Anbauflächen? Und auch bei der Verlagerung von Anbauflächen stellt sich grundsätzlich die Zeitfrage. Der Anteil der Flächen, die in den bestehenden Rebanlagen aufgrund des Klimawandels gravierende Probleme bekommen werden, ist einfach zu groß, um in einem Zeitraum von 10–15 Jahren das Problem durch Flächenverlagerung lösen zu können. Und nicht zuletzt würde durch eine Verlagerung der Rebflächen auch die bestehende und den Weinort sehr stark prägende Kulturlandschaft eine elementare Veränderung erfahren, was sich wiederum auch entsprechend gravierend auf den ganzen Bereich des Weintourismus auswirken würde.

Vor den genannten Hintergründen scheint die Verlegung von Rebflächen in andere Regionen nur eine bedingt umsetzbare Möglichkeit zu sein, um auf die durch den Klimawandel in den nächsten 10–20 Jahren bevorstehenden pflanzenbaulichen Herausforderungen reagieren zu können.

Es ist auch davon auszugehen, dass der Großteil der Weinbaubetriebe in 25 Jahren noch immer die heute angebauten Hauptrebsorten im Anbau haben und diese in den heutigen Weinbergslagen kultivieren.

1.3.3 Einsatz von Bewässerung, konservierende Bodenbewirtschaftung

Somit bleibt aus praktischen Überlegungen heraus neben Anpassung durch Ertragsreduktion und Laubwandgestaltung (Reduzierung der Verdunstungsfläche) nur noch die Option der Anpassung des Bewirtschaftungssystems an die sich gravierend veränderten Klimabedingungen im Verbund mit einer Bewässerung und hier im Speziellen der Einsatz einer Bewässerung in Kombination mit einer konservierenden Bodenbewirtschaftung als Erosions-, Hochwasser- und Gewässerschutz.

Dabei stellt sich natürlich sofort die Frage nach der Verfügbarkeit von Wasserressourcen, die die Bewässerung und insbesondere den zusätzlichen Wasserbedarf für die konservierende Bodenbewirtschaftung (Begrünung) sicherstellen können. Die Möglichkeiten und die konkrete Durchführung der Bewässerung und der konservierenden Bodenbewirtschaftung werden ab dem Kapitel 3 ausführlich beschrieben.

2 Pflanzenbauliche Grundlagen

Grundlagen jeglichen Pflanzenwachstums sind Licht und Wasser. Pflanzen bestehen zu 70–95 % aus Wasser, alle Stoffwechselvorgänge sind an das Vorhandensein von Wasser gebunden und Wasser übernimmt im Organismus der Pflanzen eine Vielzahl von Funktionen. Zunehmende Trockenheit verändert den Stoffwechsel der Pflanzen und kann in den Rebkulturen zu schwerwiegenden Folgen führen.

2.1 Funktion des Wassers in der Pflanze

Bedingt durch die Eigenschaften des Wassers, ist es vor allen Dingen ein wichtiger Bestandteil der Temperaturregulation von Pflanzen. Die geringe Kompressibilität von Wasser bildet die Grundlage für die Formerhaltung der Pflanzenzelle.

Darüber hinaus ist es Lösungs- und Transportmittel für Ionen, organische Stoffe und Gase und gleichzeitig auch Baustoff der organischen Substanz. Bei der Lichtreaktion der Fotosynthese kommt dem Wasser eine zentrale Bedeutung zu. Durch die im Chlorophyll ankommende Lichtenergie wird das Wassermolekül (H_2O) in $2H^+$ und ½ O_2 gespalten und 2 Elektronen werden freigesetzt. Diese Elektronen wiederum finden Eingang in die sogenannte Elektronentransportkette, wo die chemische Bindung der Energie stattfindet.

> Optimale Stoffwechselvorgänge erfordern einen stetigen Wasserfluss durch den Pflanzenkörper.

Für einen gleichmäßigen und geregelten Ablauf der Stoffwechselvorgänge ist sowohl ein stetiger Wasserfluss durch den Pflanzenkörper als auch ein ausgeglichener Wasserhaushalt von Bedeutung. Betrachtet man den Wasserhaushalt einer Pflanze detaillierter, so wird in der Regel der größte Teil des aufgenommenen Wassers von der Pflanze über das Blatt durch stomatäre Transpiration (Verdunstung über die Spaltöffnungen, die an der Blattunterseite liegen) wieder ausgeschieden. Abbildung 13 zeigt die relativen Mengen der Wasseraufnahme aus dem Boden, der Wasserspeicherung und -metabolisierung in der Pflanze und der Wasserabgabe der Pflanze über stomatäre und cuticuläre Transpiration (Transpiration über die gesamte Blattoberfläche, die von einer wachsartigen Cutin-Schicht überzogen ist) an die Atmosphäre.

Kulturpflanzen im gemäßigten Klima benötigen zur Bildung von 1 kg Trockensubstanz ca. 300–800 kg Wasser. Der größte Anteil des von der Pflanze aufgenommenen Wassers wird über die stomatäre Transpiration, die die Pflanze durch das Öffnen und Schließen der Spaltöffnungen aktiv steuern kann, wieder an die Atmosphäre abgegeben, um damit den Nährelementfluss und den Temperaturstatus der Pflanze aufrecht zu erhalten.

Triebkraft des Wassertransports vom Boden durch die Pflanze bis in die Atmosphäre ist die Wasserpotenzialdifferenz zwischen Boden und Pflanze sowie Atmosphäre und Pflanze. Als Bestandteil des globalen Wasserkreislaufs ist der Pflanzenkörper so-

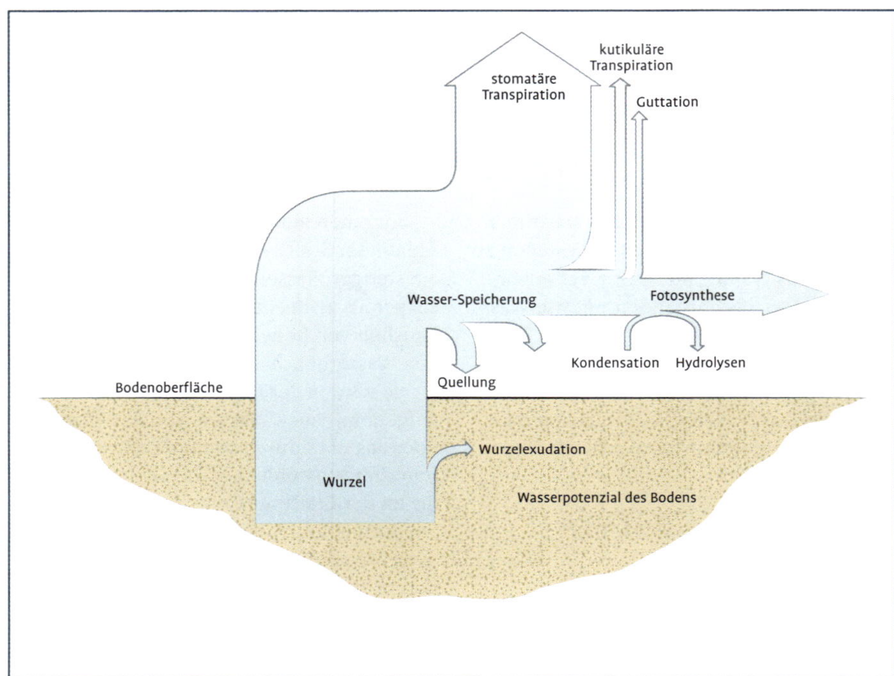

Abb. 13 Relative Mengen der Wasseraufnahme aus dem Boden, der Wasserspeicherung und -metabolisierung in der Pflanze und der Wasserabgabe an die Atmosphäre (Eschrich 1995).

zusagen zwischen Boden und Atmosphäre eingespannt. Entscheidende Größen, welche das Potenzial des Wasserhaushalts der Pflanze beeinflussen, sind das Wasserdampfdruckdefizit der Luft als antreibende Kraft für die Verdunstung sowie das pflanzenverfügbare Wasser im Boden als die wichtigste Versorgungsgröße für die Nachlieferung.

2.1.1 Das Wasserpotenzial

Ein Maß für den Wasserzustand eines betrachteten Systems (Boden, Pflanzenteile, Luft, etc.) ist das Wasserpotenzial (Ψ = psi), welches in der Druckeinheit Megapascal (MPa; 1 MPa = 10 bar) gemessen wird. Das höchste Wasserpotenzial eines Systems hat den Wert 0 MPa und beschreibt, dass das Wasser frei verfügbar ist. In diesem Zustand ist keine Kraft notwendig, um dem betrachteten System Wasser zu entziehen.

> Das Wasserpotenzial ist ein wichtiger Parameter zur Beschreibung des Wasserzustands von Systemen.

Jedes von diesem Zustand abweichende Wasserpotenzial trägt ein negatives Vorzeichen. Das System Boden-Pflanze-Atmosphäre ist gekennzeichnet durch ein Druckgefälle (Druckgradienten) in Richtung Atmosphäre. Abbildung 14 zeigt diesen

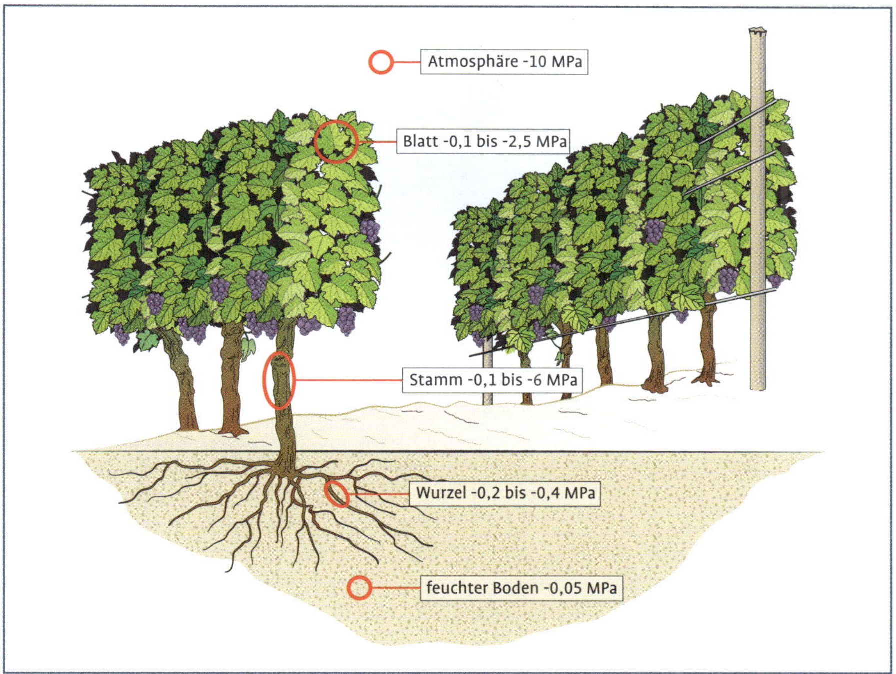

Abb. 14 Druckgradient Boden-Pflanze-Atmosphäre.

Druckgradienten und die Teilpotenziale im Überblick. Das Wasserpotenzial von feuchtem Boden liegt zwischen 0 und –0,3 MPa, das der Atmosphäre zwischen –100 und –1 000 MPa.

2.1.2 Wurzelhaarzone, Mykorrhizierung

Die Aufnahme des Wassers in den Pflanzenorganismus erfolgt überwiegend über die Wurzel. Eine wichtige Rolle spielt dabei die Wurzelhaarzone, die sich an der jungen Wurzel in einem Bereich von 1–4 cm hinter der Wurzelspitze befindet.

Wurzelhaare sind schlauchförmige Ausstülpungen von Epidermiszellen der Wurzelepidermis, die senkrecht zur Wurzelachse in den Bodenraum reichen (siehe Abb. 15). Länge der Wurzelhaare beträgt zwischen 10 µm und 150 µm und der Durchmesser liegt zwischen 10 µm und 20 µm. Der Besatz der Wurzeloberfläche mit Wurzelhaaren führt zu einer Oberflächenvergrößerung des Austauschbereichs zwischen der Wurzel und ihrer Umgebung. Die Wurzelhaarzone ist der überwiegende Ort der Wasser- wie auch der Ionenaufnahme. Somit nimmt mit zunehmender Anzahl an Wurzel-

Anzahl der Wurzelhaare und Mykorrhizierung – wichtige Größen für das Potenzial der Wasser- und Nährelementaufnahme.

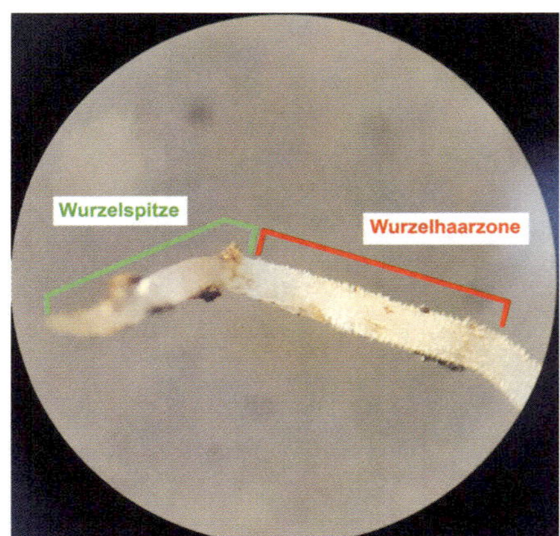

Abb. 15 Wurzelspitze (grün markierter Bereich) mit anschließender Wurzelhaarzone (rot markierter Bereich).

spitzen/Wurzelhaaren das Potenzial zur Wasser- und Nährelementaufnahme zu. Dabei nimmt der Wassergehalt des Bodens seinerseits – neben Temperatur und Nährelementangebot des Bodens – wiederum Einfluss auf die Anzahl an Wurzelspitzen/Wurzelhaaren. Bodenbereiche mit höheren Wassergehalten werden in aller Regel stärker durchwurzelt als trockenere Bodenbereiche. Jedoch führt ein zu hoher Wassergehalt (Staunässe) zu anaeroben Bedingungen im Wurzelbereich, was in der Folge die Ausbildung von Wurzelspitzen und Wurzelhaaren hemmt und zu Fäulnisprozessen im Wurzelgewebe führen kann.

Die Wasseraufnahme erfolgt zu ca. 80 % über die Wurzelhaarzone und zu ca. 20 % über den an die Wurzelhaarzone anschließenden verkorkten Teil der Wurzeln.

Aufgrund ihres Durchmessers vermögen die Wurzelhaare sich aber vorwiegend nur in engen Grobporen (∅ 0 µm bis 50 µm) auszubreiten, was je nach Bodenart zwischen 3 % und 5 % des Gesamtporenvolumens eines Bodens ausmacht. Die deutlich engeren Mittelporen (∅ 0,2 µm bis 10 µm) können die Pflanzen (Reben) allein mit ihren Wurzelspitzen und Wurzelhaaren nur bedingt erschließen: einerseits durch den Aufbau eines entsprechenden Saugdrucks (Absenken des Wasserpotenzials im Bereich der Rhizosphäre) durch stomatäre Transpiration an der Blattoberfläche oder durch Herbeiführen eines osmotischen Potenzials zwischen der Bodenmatrix und der Rhizosphäre durch aktiven Ionenaustausch zwischen Wurzelepidermis und Rhizosphäre.

Eine weitere Verbesserung der Wasser- und Nährelementaufnahme kann durch die Mykorrhizierung der Pflanzenwurzeln mit Pilzhyphen erreicht werden. Diese wichtige Symbiose findet bei 90 % aller Landpflanzen statt. Die Mykorrhiza ist das Zusammenleben von Wurzeln und Pilzen im Bereich der Rhizosphäre. Dabei nimmt der Pilz Wasser und Mineralstoffe auf, die er an die Pflanze weitergibt, die Pflanze ernährt den Pilz durch die Abgabe von Kohlenhydraten.

Hinsichtlich ihrer morphologisch-anatomischen Eigenschaften können die verschiedenen Mykorrhizaklassen in zwei Gruppen differenziert werden. Dies ist einerseits die Gruppe der sogenannten endotrophen Mykorrhizapilze (Endomykorrhizen) und andererseits die ektotrophen Mykorrhizapilze (Ektomykorrhizen). Abbildung 6 zeigt die morphologisch-anatomischen Eigenschaften der verschiedenen Mykorrhizaklassen im Überblick, unterteilt in die beiden Gruppen Endomykorrhizen und Ektomykorrhizen.

Bei der Ektomykorrhiza umschließt ein Mantel aus Pilzhyphen die nur kurz und dick ausgebildeten Seitenwurzeln. Bei der Ekt-endo-Mykorrhiza kommen vermehrt auch intrazelluläre Einwüchse vor, bei der Endomykorrhiza wird die Wurzel nicht von einem Mantel aus Hyphen umschlossen. Je nachdem, wie die Verbindung zwischen

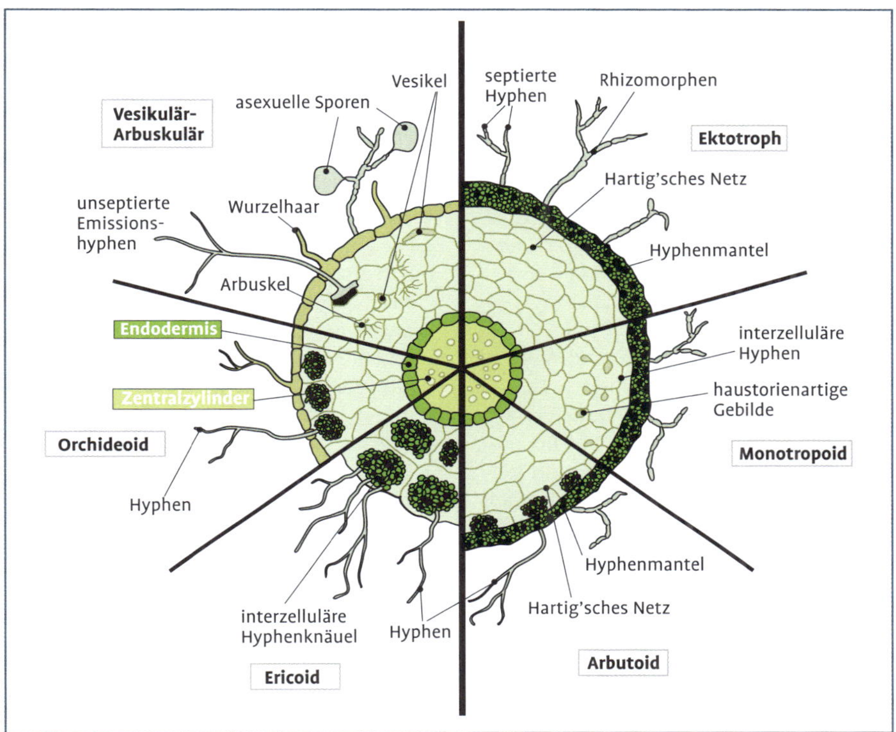

Abb. 16 Übersicht über die morphologisch-anatomischen Eigenschaften verschiedener Mykorrhizaklassen, unterteilt in die beiden Gruppen der Ektomykorrhizen (rechts) und der Endomykorrhizen (links) [von Ottow 2011, Schwantes 1996].

Wurzel und Pilz ausgeprägt ist, unterscheidet man verschiedene Mykorrhizatypen:

- Ektomykorrhiza (ECM)
- Vesikulär-arbuskuläre Mykorrhiza (VAM)
- Ekt-endo-Mykorrhiza (EEM)
- Ericoide Mykorrhiza (EM)
- Arbutoide Mykorrhiza (ABM)
- Orchideoide Mykorrhiza (OM)
- Monotropoide Mykorrhiza (MM)

Am verbreitetsten ist die vesikulär-arbuskuläre (VA-)Mykorrhiza, diese findet sich auch bei den Rebpflanzen; bei Bäumen in gemäßigten Zonen ist es überwiegend eine Ektomykorrhiza. Verbreitet bei Vertretern der Gattungen *Picea* und *Pinus* findet sich eine Ekt-endo-Mykorrhiza. Übergänge von Ekto- über Ekt-endo- bis zu reinen Endomykorrhizen finden sich bei verschiedenen Vertretern der Ordnung *Ericales*. Bei den Mykorrhizaklassen ECM, VAM, EEM, EM und ABM handelt es sich um eine mutualistische – zum gegenseitigen Vorteil gereichende – Symbiose.

Auf extrem nährstoffarmen Standorten und bei einigen Pflanzen, wie z. B. Orchideen, sind die Pflanzen zunehmend vom Pilz abhängig – hier hat nur einer der Partner (die Wirtspflanze) wirklich einen Nutzen, während der andere (der Pilz) deutlich ausgenutzt wird. Deshalb werden die Mykorrhizaklassen OM und MM als antagonistische Symbioseformen betrachtet, d. h. im Wesentlichen zieht nur einer der Partner (die Wirtspflanze) wirklich Vorteile aus der Lebensgemeinschaft von Feinwurzel und Pilz. Orchideen, die keine eigene Fotosynthese betreiben (z. B. Nestwurz), leben als Parasiten auf Kosten des Mykorrhizapilzes.

Die verbesserte Nährstoff- und Wasseraufnahme durch mykorrhizierte Feinwurzeln beruht auf einer weiteren Vergrößerung der Kontaktfläche mit den Bodenkolloiden durch die zahlreichen, zum Teil sehr langen und dünnen Emissionshyphen der Mykorrhizapilze. Weiterhin können die Mykorrhizapilze mit diesen Emissionshyphen auch in deutlich kleinere Bodenporen eindringen wie die Pflanzenwurzel mit der Wurzelspitze und ihren Wurzelhaaren. Der Durchmesser der Wurzelhaare liegt bei ca. 5 µm bis 17 µm, während der Durchmesser der Hyphen nur 3 µm bis 6 µm beträgt. Sie vermögen also aufgrund ihres deutlich kleineren Durchmessers einen Großteil des Mittelporenraums (∅ 0,2 µm bis 10 µm) eines Bodens zu erschließen. Betrachtet man die Oberfläche einer Wurzel mit und ohne Pilzhyphen, so zeigt sich, dass sich durch die Besiedelung der Wurzel mit Mykorrhizapilzen deren Oberfläche um ca. das Fünffache vergrößert. Schließlich erfolgt die Wasser- und Nährelementaufnahme dann nicht nur an den Wurzelhaaren der Wurzel selbst, sondern entlang des gesamten Hyphensystems.

Um nun größere Schwankungen in der Wasserversorgung abzupuffern, haben Landpflanzen Mechanismen entwickelt, die sie in die Lage versetzen, regulierend auf den Wasserhaushalt einzuwirken. Auf zellulärer Ebene ist das zunächst die Ausbildung einer großen Zentralvakuole mit wässrigem Milieu, wodurch das Protoplasma von den wechselhaften Außenbedingungen unabhängiger wird.

Einen weiteren Schritt zu noch mehr Unabhängigkeit von kurzfristigen Feuchtigkeitsänderungen bedeutete die Ausbildung einer Abdichtung der Sprossoberfläche durch eine verdunstungsmindernde Cuticula (Außenhaut) sowie die Regulation der Transpiration durch Spaltöffnungen (Stomata) auf den Blättern. Das Öffnungsverhalten der Stomata wird im Wesentlichen durch nachfolgende Faktoren beeinflusst:

- Wasserversorgung der Pflanze
- Sättigungsdefizit der Luft
- Licht und Dunkelheit
- CO_2-Konzentration
- Temperatur
- vom Menschen in die Umwelt freigesetzte Stoffe und Fremdchemikalien
- jahreszeitliche und altersbedingte Schwankungen der Stomata-Empfindlichkeit

2.1.3 Was passiert in den Rebpflanzen bei zunehmender Trockenheit?

Durch Wassermangel werden sämtliche Lebensprozesse der Pflanze negativ beeinflusst. Wann bei einer Pflanze ein Wassermangel auftritt, ist davon abhängig, wie gut sie anatomisch und physiologisch an Trockenheitsphasen angepasst ist.

Je nach Stärke des Wassermangels tritt zunächst eine Verknappung des osmotisch gebundenen Wassers auf, was schon zu Beeinträchtigungen des Stoffwechsels führt. Wird das konstitutiv gebundene Wasser (= das in den Molekülen der Pflanze vorhandene Wasser) verknappt, kommt es in der Regel zu irreversiblen Schädigungen oder zum Zell- und Gewebetod. In der Ab-

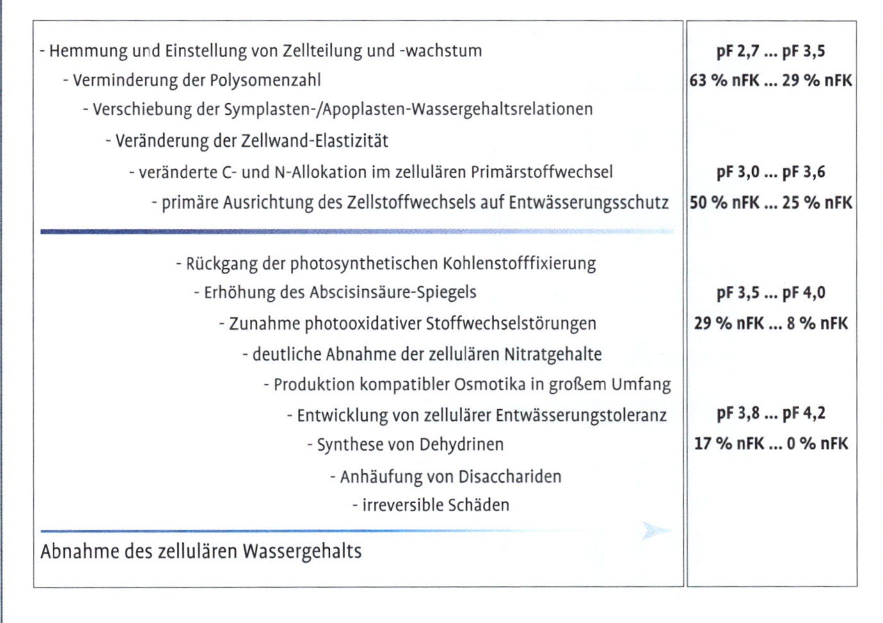

Abb. 17 Abfolge von Veränderungen im Zellstoffwechsel bei zunehmend größerem Wassermangel (Mullet/Whitsitt 1996); nFK = Nutzbare Feldkapazität, pF = Feldkapazität (siehe Kap. 2.3).

bildung 17 wird die Abfolge der Veränderungen mit zunehmender zellulärer Entwässerung beschrieben.

2.1.3.1 Quantität und Qualität der Proteinbiosynthese

Die Reduzierung der protektiv wirkenden Hydradationshüllen der DNA-Stränge aufgrund von Wassermangel führen zu Änderungen im Muster der Transkription und Translation und damit zu einer Veränderung der Qualität der Proteinbiosynthese. Festzustellen ist auch eine Reduktion der Protein-bildenden Organellen, den Ribosomen. Da sie häufig zu mehreren eng nebeneinanderliegen, spricht man auch von Polysomen.

Es kommt zur Aktivierung von Genen, die im Normalfall nicht transkribiert würden. Diese Genaktivierung wiederum ist die Grundlage für die Synthese von Enzymen. Einerseits für Enzyme, die Schutz-Effekte zur Erhöhung der Stresstoleranz haben und andererseits für die Synthese von Enzymen zur weiteren Kontrolle und Regulation der Transkription.

Abbildung 18 zeigt einen Überblick über die durch Wasserstress induzierte Genexpression und die vermuteten Funktionen der hierdurch entstehenden Polypeptide aufgrund von Wasserstress. Eine wichtige Rolle bei dieser Aktivierung stressspezifischer Genexpression spielt die Abscisinsäure (ABA).

Weiterhin erfolgt unter den Bedingungen von Wassermangel die Produktion von

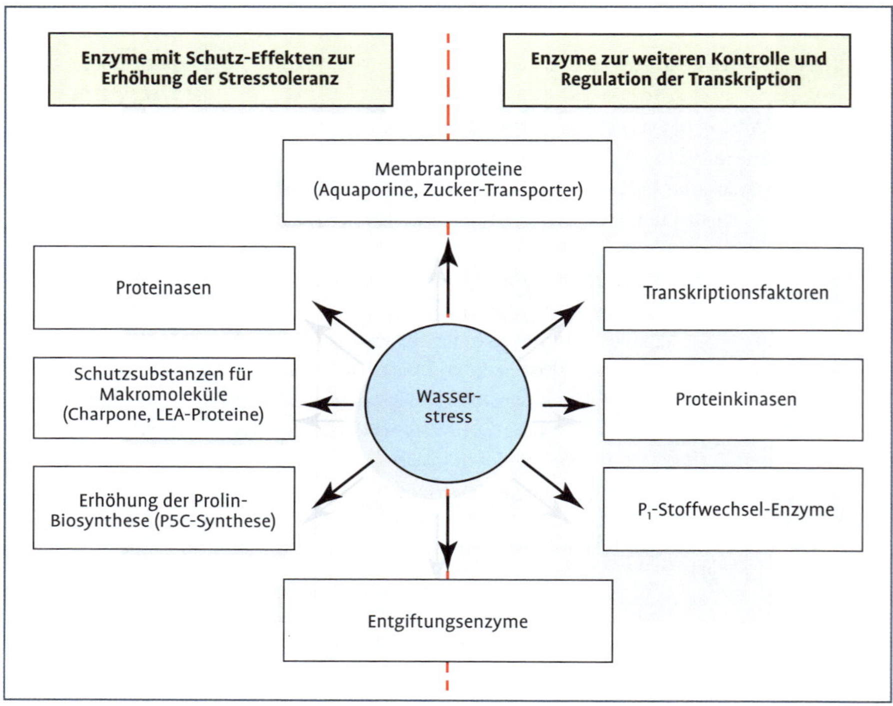

Abb. 18 Durch Wasserstress induzierte Genexpression und die vermuteten Funktionen der hierdurch entstehenden Polypeptide (Shinozaki et al. 1998).

Enzymen des Intermediärstoffwechsels auf verändertem Mengenniveau und veränderter Mengenrelation. Und es kommt unter dem Einfluss von Wassermangel auch zur Ausbildung von Stressproteinen, welche zusammenfassend *Dehydrine* und *Osmotine* genannt werden. Diese Stressproteine im Zellstoffwechsel haben modifizierende Einflüsse auf die Protein-Konfiguration, Erhöhung des Proteinabbaus, spezifische Ausrichtung des Proteinabbaus, Verminderung des Proteinabbaus, Steigerung der Biosynthese kompatibler Osmotika, auf den erhöhten Einbau von Wasserkanalproteinen in Membranen, Schutz von entwässerungsempfindlichen Membranbereichen sowie die Mitwirkung bei der osmoregulatorischen Ionenkompartimentierung.

Neben diesen Veränderungen auf der Ebene der Transkriptions- und Translationsvorgänge ist durch zelluläre Wasserverknappung auch der photosynthetische Apparat in allen seinen Komponenten betroffen.

2.1.3.2 Effizienz des photosynthetischen Systems der Chloroplasten

Je nach Empfindlichkeit der betrachteten Pflanze gegenüber einer Wasserverknappung zeigen sich mehr oder weniger starke Veränderungen in der Form und Struktur der Chloroplasten, der Permeabilität der

Thylakoid- und Chloroplastenmembrane sowie der Ionenkonzentration und Ionenverteilung in den Chloroplasten.

Dadurch können Funktionsstörungen entstehen. Diese Funktionsstörungen aufgrund von Austrocknung oder osmotischer Belastung beeinflussen wiederum den photosynthetischen Elektronentransport. Dabei kann einerseits das Gesamtpotenzial des Systems herabgesetzt werden, indem weniger Lichtenergie eingefangen wird. Andererseits kann es aber auch bei gleichbleibend hohem Niveau des Einfangens von Lichtenergie zu einer Zunahme des Bedarfs zur Funktionserhaltung des Systems oder unproduktiver Wärmeerzeugung zu Lasten des Potenzials des Energieflusses in Richtung Elektronentransportkette kommen. Dokumentieren lässt sich dies z. B. in einem veränderten Fluoreszenzverhalten der Chloroplasten. Indikatoren für den Energie- und Elektronentransfer sind die maximale und die variable Fluoreszenz. Der Quotient von variabler und maximaler Fluoreszenz (Fv/Fm), beschreibt die theoretisch maximale photochemische Effizienz des Photosystems II im dunkeladaptierten Zustand. Daraus lassen sich Rückschlüsse über den Zustand anderer Komponenten und Reaktionen von Elektronentransportkette und Calvin-Zyklus ziehen, wodurch dieser Parameter ein probates Mittel zur Überprüfung des physiologischen Zustandes des Fotosyntheseapparates darstellt. Für eine Vielzahl höherer Pflanzen wurden bei optimaler PS II-Effizienz Fv/Fm-Werte von 0,81 und 0,83 bestimmt.

Eine Änderung des Verhältnisses zwischen variabler und maximaler Fluoreszenz erfolgt auch bei Veränderungen des Blattwassergehalts im nicht letalen Bereich. Die Ursache für diese Veränderungen ist dabei meist nicht Substratmangel beim Prozess der Wasserspaltung, sondern vielmehr Oxidationsvorgänge an den Thylakoiden, an den Membranlipiden und an den Enzymen der Elektronentransportkette. Es kommt zu einer Situation des Energieüberschusses im Bereich des photosynthetischen Lichtsammelapparats und der Energieübertragungssysteme. Über den Xanthophyllzyklus kann dieser Energieüberschuss in begrenztem Maße abgebaut werden. In trockengestressten Pflanzen erhöht sich die Menge an Xanthophyll und der Quotient Zeaxanthin/Violaxanthin.

Im Bereich der Photophosphorylierung und ATP-Verfügbarkeit kann eine Wassermangelsituation zu Einschränkungen der Verfügbarkeit von ATP führen. Der Hintergrund ist eine Störung im Bereich der ATP-Synthase. Von Bedeutung ist in diesem Fall die zeitliche Dimension der Wasserverknappung. Bei raschem Wasserentzug kommt es zu einer starken Einschränkung der Photophosphorylierung, während langsam verlaufender Wasserentzug nur eine geringe Anfälligkeit des Prozesses der Photophosphorylierung nach sich zieht.

2.1.3.3 Kohlenhydratstoffwechsel, Anfälligkeit für Pilzinfektionen

Bezüglich des Calvin-Zyklus führt Wassermangel vor allen Dingen zu Veränderungen bei der Dephosphorylierung von Fructose-1,6-biphosphat und bei der Umsetzung von Ribose-5-Phosphat zu Glycerin-3-Phosphat.

Der dem Calvin-Zyklus nachgelagerte Zucker- und Stärke-Stoffwechsel reagiert teilweise auch schon auf sehr moderaten Wassermangel mit der Anhäufung von Kohlenhydraten, da die Stärkesynthese in den Chloroplasten nur bei reichlicher Verfügbarkeit von Assimilaten erfolgt. Weiterhin wird die Saccharosesynthese erniedrigt und die Intermediärsubstanz Fruktose-2,6-biphosphat wird angereichert. Eine Anreicherung derartiger Substanzen im Zellverbund einer Pflanze wiederum kann die Infektionsbedingungen für pilzliche Krankheitserreger begünstigen.

Unter der Situation der zellulären Wasserverknappung erfährt auch die Relation zwischen photosynthetischer CO_2-Fixierung und CO_2-Freisetzung durch Lichtatmung eine Veränderung. Die Lichtatmung wird dabei relativ zur CO_2-Fixierung erhöht.

2.1.3.4 Proteinstoffwechsel, Phytohormone

Im Bereich des Stickstoffhaushaltes kommt es in Folge von Wassermangel zur verminderten Aktivität der beiden Enzyme Nitratreduktase und Glutaminsynthetase. Diese beiden Enzyme sind wesentlich an der Assimilation von ionisch verfügbarem Stickstoff beteiligt. Die reduzierte Nitratreduktase-Aktivität kann zum einen durch eine reduzierte NO_3^--Nachlieferung aufgrund eingeschränkter Transpiration verursacht sein. Zum anderen ist aber auch eine direkte Wirkung auf die Enzymaktivität denkbar. Infolgedessen kommt es unter anderem auch zu einer vermehrten Produktion von Enzymen, die am Ligninaufbau beteiligt sind. Der in der Pflanze vorhandene Stickstoff wird in teils erheblichem Umfang zu prioritär versorgten Umsatzorten verlagert.

> Wasserstress reduziert die Nitratreduktase- und Cytokinin-Aktivität und verstärkt die Bildung von Abscisinsäure in den Wurzeln.

Auf der Ebene der Phytohormone zeigt sich bei einsetzendem Wassermangel eine Reduzierung der Cytokinin-Aktivität. Cytokinin wird hauptsächlich in den Wurzeln synthetisiert. Der verminderte Export von Cytokinin in oberirdische Pflanzenteile gilt als eines der hormonellen Trockenstress-Signale. Im Sprossbereich wird durch die Reduzierung der Cytokininkonzentration sowohl die Proteinbiosynthese als auch der Öffnungszustand der Stomata beeinflusst. Da die Wurzelbildung ihrerseits von der Fotosyntheseleistung der oberirdischen Pflanzenteile abhängig ist, kann unter gewissen Umständen durch die verminderte Wurzelbildung und damit weiter reduzierter Cytokininsynthese ein sich verstärkender Kreislauf entstehen. Die Cytokininproduktion und der Export von Cytokinin in oberirdische Pflanzenteile wird aber andererseits auch bei Staunässe reduziert.

Neben der Reduzierung der Cytokininmenge und -aktivität kommt es bei Wassermangel zur verstärkten Produktion von Abscisinsäure. Verstärkt findet die Neusynthese in den Wurzeln statt, von wo aus auch wiederum eine Verlagerung über den Xylemsaft in die Sprossbereiche erfolgt. Eine intensive Zunahme des Abscisinsäuregehalts in den Blättern erfolgt bei Wasserpotenzialwerten zwischen –0,8 und –1,2 MPa. Eine solche Zunahme des Abscisinsäuregehalts hat eine Verengung der Stomata zur Folge. Des Weiteren führen höhere Mengen an Abscisinsäure im Spross- und Blattbereich zu Hemmung des Wachstums und zur Beschleunigung von Alterungsvorgängen.

2.1.3.5 Leitgefäße im Holzkörper

Neben den beschriebenen Einflüssen einer Wassermangelsituation auf das Transpirations- und Stoffwechselgeschehen wirkt sich bei Holzpflanzen die mehr oder weniger günstige Wasserversorgung während der Vegetationsperiode auch auf die Struktur und Belastbarkeit des Holzkörpers aus.
Je größer der Radius eines Leitgefäßes im Holzkörper ist, desto geringer ist der Leitungswiderstand. Dadurch steigt der Was-

serpotenzialgradient auf einer gegebenen Strecke der Leitbahnen weniger stark an. Dies bedeutet wiederum eine geringere Wahrscheinlichkeit von Kavitationen und Emboliееreignissen. Letztlich kann die Xylemstruktur als Kompromiss zur Vermeidung einer ungenügenden Wasserversorgung der oberirdischen Pflanzenteile und einer zu hohen Emboliewahrscheinlichkeit verstanden werden.

- Kavitation = Bildung und Auflösung von Hohlräumen (Gasbläschen) in Flüssigkeiten durch Druckschwankungen
- Embolie = teilweiser oder vollständiger Verschluss von Gefäßen

Tritt jedoch eine Embolie ein, so ist eine größere Anzahl engerer Gefäße von Vorteil. Im Gegensatz zu einer Embolie in einer weitlumigen Gefäßstruktur ist im Falle einer Embolie in einem englumigen Gefäß ein kleinerer Anteil der Gesamtquerschnittsfläche davon betroffen. Je nach Pflanzenart und Lebensgeschichte der betrachteten Einzelpflanze ist der Holzkörper in unterschiedlichem Maße zusätzlich belastbar. Durch Wasserverknappung wird in dem betrachteten System der Wasserpotenzialgradient erhöht. Wird eine für die jeweilige Pflanzenart spezifische Schwelle überschritten, so treten in den Gefäßen zunächst Kavitationen auf. Die Bandbreite der artspezifischen Kavitationschwellen (Ψ_{cav}) reicht von –0,5 bis –4,5 MPa. Bei fortschreitender Wasserverknappung kommt es dann früher oder später zur Emboliebildung. Schon ab einem Wasserpotenzial von -1,6 MPa wurden hydraulische Leitfähigkeitsverluste von 90–100 % (Ψ_{10C}) ermittelt. Die höchsten bisher beobachteten Werte für Ψ_{100} lagen bei –9,0 MPa. Die Reversibilität von Kavitationen und Embolien ist geprägt durch ihre Entstehung. Entstehen Kavitationen und Embolien z. B. als Folge von Zyklen des Gefrierens und Wiederauftauens von Holzkörpern, so können diese relativ leicht wieder rückgängig gemacht werden.

Anders sieht dies bei wasserstressbedingten Kavitationen und Embolien aus. Die wasserdampfgesättigten Kavitationsbläschen sind noch weitgehend reversibel. Bei den luftgefüllten, embolierten Gefäßen gestaltet sich dieser Vorgang weit schwieriger, wurde aber auch beobachtet. So könnte die Auflösung der Embolie sowohl durch erhöhten Wurzeldruck, als auch durch Osmotikaausscheidungen aus Markstrahlenparenchymzellen in das embolierte Leitelement, oder durch Kapillareffekte möglich sein. Neben der Auflösung einer Embolie durch Wiederbefüllung kann es jedoch auch zu einem Einwachsen von Thyllen und einer Ausfüllung der embolierten Gewebe mit Harz kommen. Damit verlieren diese Gefäße dann endgültig ihre Wasserleitungsfunktion. Solche Beeinträchtigungen können sich dann auch in den nachfolgenden Jahren auf die Vitalität der einzelnen Pflanze auswirken.

2.1.3.6 Reservestoffeinlagerung und Frostresistenz

Bis Ende Juli ist, je nach Rebsorte, die Phase der Fruchtausbildung der aktuellen Vegetationsperiode nahezu abgeschlossen. Ab dann steht die Akkumulation von Beereninhaltsstoffen zunehmend im Vordergrund und das vegetative Triebwachstum geht mehr und mehr zurück, um von Mitte August an zum Erliegen zu kommen. Neben der dann intensivierten Einlagerung und Bildung von Aromastoffen in den Weinbeeren vollzieht sich bis etwa Mitte/Ende September eine sehr starke Zuckereinlagerung in die Weinbeeren.

Parallel dazu beginnt auch bereits der Prozess der Reservestoffeinlagerung in die Überdauerungsorgane der Rebe (Holzkörper und Wurzel). Damit diese beiden Einlagerungsprozesse optimal ablaufen, ist eine ausreichende und gleichmäßige Wasserversorgung notwendig. Kommen die Pflanzen während der Einlagerungsphasen unter Wasserstress, reduziert sich damit einhergehend deren Fotosyntheseleistung. In der Folge kommt es zu einer Beeinträchtigung des quantitativen und qualitativen Ertrags in diesem Jahr und zu einer suboptimalen Reservestoffeinlagerung in die Überdauerungsorgane – mit entsprechenden Auswirkungen auf die darauf aufbauende Frostresistenz der Reben sowie deren quantitativer und qualitativer Ertragsleistung im kommenden Jahr.

2.1.3.7 Knospendifferenzierung und Infloreszenzbildung

Während der aktuellen Vegetationsperiode findet in den Rebstöcken gleichzeitig zum Wachstum und der Fruchtbildung bzw. -reife die Anlage der Neuaustriebe und Infloreszenzen für das nächste Jahr statt. Diese werden in den Axillarknospen der Rebtriebe angelegt. Zunächst werden in einer kurzen vegetativen Differenzierungsphase der Axillarknospen mehrere Niederblätter (bis zu 5) und Laubblattanlagen (Blattprimordien) ausgebildet. Daran anschließend entwickelt sich an einer dem jüngsten Niederblatt gegenüberliegenden Stelle eine kegelförmige, undifferenzierte Gewebeanlage (Primordium). Dieses undifferenzierte Primordium, welches etwas kürzer und runder als die Blattprimordien ist, entwickelt sich entweder zu einem Infloreszenzprimordium (Blütenstand) oder zu einem Rankenprimordium (Rankenanlage), in Ausnahmefällen auch zu einem Triebprimordium (Triebanlage). In welche Richtung die Differenzierung des Primordiums letztendlich abläuft, ist abhängig von den äußeren Bedingungen und der Versorgungslage der Pflanzen.

Der Differenzierungsprozess in den Axillarknospen beginnt fünf bis sieben Wochen nach dem Austrieb der Rebe. Unter den klimatischen Bedingungen der Weinbaugebiete in Deutschland ist die Phase der Anlage der Infloreszenzen in den Axillarknospen in der Regel Ende August beendet. Anfang September kommt es in der dann als Winterknospe bezeichneten Axillarknospe zu einer Aufhebung der Austriebsbereitschaft. Diese wird im Verlauf der Monate November und Dezember nach und nach wiederhergestellt. Zu einem Austrieb der Knospen kommt es jedoch aufgrund der niedrigeren Temperaturen und kürzeren Tageslängen der Wintermonate nicht, die Winterknospen befinden sich in der Knospenruhe. Im Frühjahr und während des Austriebs erfolgt die Ausdifferenzierung der verschiedenen Gewebeanlagen in den Knospen, auch die letzten Schritte der Ausdifferenzierung der Blütenanlagen findet statt.

> **Wasserstress beeinflusst die Knospendifferenzierung und Infloreszenzbildung als Basis für die Ertragsleistung in der darauffolgenden Vegetationsperiode.**

Die dargelegten Entwicklungsprozesse der generativen Entwicklung der Rebe sind von einer Vielzahl von endogenen und exogenen Wachstumsfaktoren abhängig. Ein wesentlicher Faktor ist die ausreichende und gleichmäßige Wasserversorgung während des Entwicklungsprozesses.

Bei unzureichender Wasserversorgung (Wasserstress) während des Austriebs bis

Ende August kann es aufgrund der reduzierten Fotosyntheseleistung und Assimilatbildung der Rebpflanze zu einer Konkurrenzsituation zwischen den drei „Verbrauchern“ (Sinks) kommen:

- vegetative Terminalknospe (Wachstum)
- aktueller Fruchtstand/Beerenentwicklung (Fruchtbildung und -reife)
- Anlage der Winterknospen (Neuaustriebe und Blütenstände für die kommende Vegetationsperiode)

Bei einem Bodenwassergehalt von 40 % Feldkapazität (FK) ist mit einer geringen und bei einem Bodenwassergehalt von 20 % FK mit einer starken Depression der Infloreszenzausbildung in den Axillarknospen zu rechnen. Doch nicht nur eine ausreichende und gleichmäßige Wasserversorgung im Zeitraum Austrieb bis Ende August ist von Bedeutung für die Ausdifferenzierung der Infloreszenzen für das kommende Jahr. Ebenso wichtig ist das Vorhandensein einer ausreichenden Menge an Reservestoffen in den Überdauerungsorganen. Insofern ist auch eine ausreichende und gleichmäßige Wasserversorgung während der Reservestoffeinlagerung zum Ende der Reifephase und nach der Traubenlese bedeutsam. Langanhaltende und intensive Trockenphasen während der Reife und danach (siehe Witterungsverhältnisse im Sommer und Herbst 2015) belasten die Reservestoffeinlagerung und können sich dadurch negativ auf die abschließende Ausdifferenzierung der Blütenanlagen im darauffolgenden Frühjahr auswirken. Mit einer Bewässerung – auch noch nach der Traubenlese – könnte solchen möglichen Beeinträchtigungen entgegengewirkt werden.

Bei einer Absenkung des Wasserpotenzials auf Werte unter –0,1 MPa wurde für die Rebsorte 'Müller-Thurgau' ein Rückgang der Anzahl Infloreszenzen je Stock um etwa 60 % verzeichnet. Dieser Rückgang wird teilweise dadurch kompensiert, dass sich gleichzeitig die Blütenzahl je Infloreszenz um ca. 55 % erhöht. Aber auch die Blütenzahl je Stock nimmt ab, was in letzter Konsequenz zu einer Reduzierung der Ertragsleistung führt. Bis zu einem gewissen Grad ist diese Entwicklung mit Blick auf eine Ertragsregulierung vorteilhaft. Letztlich ist es eine Frage der Balance oder des optimalen Maßes der Stresssituation, ob der Rückgang noch akzeptabel ist oder nicht.

2.2 Einflussfaktoren auf den Wasserhaushalt der Rebe

Grundsätzlich zählt die Weinrebe (*Vitis*) im Vergleich zu anderen Kulturpflanzen zu den in hohem Maße austrocknungstoleranten Arten. Das Wasserpotenzial der *Vitis*-Arten liegt in einem Bereich von –0,1 bis –3 MPa. Doch gibt es sowohl innerhalb der *Vitis*-Arten, als auch innerhalb der jeweiligen Subspezies

- erhebliche Unterschiede hinsichtlich des Wasserflusses durch die Pflanze,
- eine große Bandbreite an Reaktionen auf Änderungen der Wasserversorgung.

Bei Untersuchungen mit den Sorten 'Riesling', 'Müller-Thurgau', 'Trollinger', 'Kober 5BB', 'Chardonnay', 'Tocai friulano' und 'Shiraz' zeigen sich deutliche Unterschiede in der Abnahme der Transpirationsrate bei Reduzierung der Wasserversorgung. Die Variation der Transpirationsraten liegt zwischen 0 und 4,0 g H_2O dm^{-2}-BF h^{-1} (siehe Tab. 7).

Zu einem gewissen Teil können diese Differenzen durch die art- und sortenspezifisch (genetisch determinierte) unterschiedliche Anzahl von Stomata je Blattflächeneinheit bedingt sein. Die Anzahl der Stomata/mm^2 Blattfläche variiert von

Tab. 7 Transpirationsraten verschiedener Rebsorten unter verschiedenen Bedingungen (Currle et al. 1983)

Art/Sorte	Behandlung/ Standort	Transpiration $g\ H_2O\ dm^{-2}h$* *mm/d	Autor
Riesling/we	Freiland	0,550–1,000	Geisler (1961 a–c)
Riesling/Kober 5BB	Freiland	0,782–1,050	Geisler (1961 a–c)
Silvaner/we	Freiland	0,480–0,870	Geisler (1961 a–c)
Silvaner/Kober 5BB	Freiland	0,684	Geisler (1961 a–c)
Kober 5bb	Freiland	0,618	Geisler (1961 a–c)
Queen of the Vineyards	Freiland	1,320–1,950	Bravdo et al. (1972)
Muscat Hamburg	Freiland	1,140–1,540	Bravdo et al. (1972)
Riesling	Freiland I Feuchte I Temperatur	0–3,6	Beran (1982)
Cattaratto/Regina	Freiland I Feuchte	0,190–0,200	Pastena (1977)
Riesling	Gefäßkultur I Feuchte	0,690–1,190	Rühl (1981)
Müller-Thurgau	Gefäßkultur I Feuchte Pfl. mit Trauben Pfl. ohne Trauben	0,650–1,370 2,20 2,04	Rühl (1981) Eibach (1981) Eibach (1981)
Trollinger	Gefäßkultur I Feuchte	0,570–1,330	Rühl (1981)
Kober 5BB	Gefäßkultur I Feuchte	0,180–1,080	Rühl (1981)
Taifis rose	Freiland	1,620–1,660	Saidow et al. (1981)
Riesling/Kober 5BB Riesling/Sori Riesling/Bömer Riesling/SO_2	Freiland	0–0,87 0–0,77 0–0,76 0–0,79	Schmid (1997)
Tocai friulano Chardonnay	Freiland	0–4,0 0–1,0	Calo et al. (1999)
Riesling	Freiland	0,9*	Lopes et al. (2004)

150–200 Stomata/mm^2 (z. B. *Vitis vinifera* ssp. *vinifera* cv. 'Silvaner') bis >350 Stomata/mm^2 Blattfläche (*Vitis labrusca* cv. 'Concord'). Diese genetisch bedingten Unterschiede in der Anzahl der Stomata wird aber auch noch modifiziert durch Umwelt- bzw. Standortfaktoren wie z. B. dem CO_2-Gehalt der Atmosphäre oder trockenere Luft- und Bodenverhältnisse sowie Nährelementversorgung am Standort. Auf einen höheren CO_2-Gehalt in der Atmosphäre reagieren Pflanzen für gewöhnlich damit, dass sie die Anzahl der Stomata/mm^2 Blattfläche reduzieren. Dadurch wird die Verdunstung reduziert, was zunächst für die Pflanze als vorteilhaft erscheint. Verfügt eine Pflanze jedoch über weniger Stomata/mm^2 Blattfläche, kann sie ihre Blätter während einer Hitzeperiode schlechter durch das Verdunsten von Wasser abkühlen. Das wiederum führt zu einem vermehrten Hitzestress in der Pflanze, welcher sich letztendlich auf den Ernteertrag und die innere Qualität der Ernteprodukte auswirken kann. Bei den in der Weinberg-FACE-Versuchsanlage am Standort Geisenheim seit dem Jahr 2014 durchgeführten Untersuchungen zu den Auswirkungen steigender CO_2-Gehalte in der Atmosphäre wurde bei *Vitis vinifera* ssp. *vinifera* cv. 'Riesling' in den ersten drei Versuchsjahren jedoch eine Zunahme der Anzahl der Stomata/mm^2 Blattfläche beobachtet.

Die genannten Untersuchungsergebnisse deuten darauf hin, dass die Anzahl der Stomata/mm^2 Blattfläche an sich art- und sortenspezifisch (genetisch) determiniert ist, aber auch eine Zunahme oder eine Abnahme der Anzahl Stomata/mm^2 Blattfläche ist möglich. Hierzu wird die Weinbauforschung in den kommenden Jahren sicherlich noch mehr Erkenntnisse hervorbringen.

2.2.1 Reaktionsmuster von Pflanzen bei Wasserverknappung

Doch nicht nur die Anzahl und Lage der Stomata ist von Bedeutung, sondern auch deren art- und sortenspezifische (genetisch determinierte) Sensibilität bei sich einstellender Wasserverknappung. Grundsätzlich unterscheidet man bei Pflanzen zwischen anisohydrischer (hydrolabiler) Reaktion und isohydrischer (hydrostabiler) Reaktion.

Anisohydrische (hydrolabile) Pflanzen können größere Wasserbilanzschwankungen entweder in Kauf nehmen (viele Pflanzen sonniger Standorte) oder sie sind aus prinzipiellen Gründen außerstande, solche Schwankungen zu vermeiden (wechselfeuchte Pflanzen = poikilohydre Thallophyten). Bei anisohydrischen Pflanzen verringert sich das Wasserpotenzial (ψ) bei zunehmender Wasserverknappung. Es gibt keine ausgeprägte stomatäre Regulierung. Diese Pflanzen (z. B. Lupine, Erbse, Zuckerrohr) sind in der Lage, auch bei einem niedrigen Wasserpotenzial alle lebenswichtigen Funktionen aufrecht zu erhalten. Dies hat zur Folge, dass diese Pflanzen auch die Fotosynthese selbst bei sehr niedrigem Bodenwasserpotenzial noch weiterführen und damit die Wasservorräte extrem ausschöpfen können.

Demgegenüber halten isohydrische (hydrostabile) Pflanzen (z. B. Weizen, Gerste, Sorghum, Sonnenblume) den Wassergehalt des Gewebes auch bei zunehmender Wasserverknappung durch das Schließen der Stomata aufrecht. Sie sparen dadurch Wasser, sind aber durch die damit verbundene Absenkung der Fotosyntheseleistung vor allen Dingen bei längeren Trockenphasen weniger produktiv.

Bei kultivierten Weinreben (*Vitis vinifera* cv.) konnte inzwischen gezeigt werden, dass diese bei hohem Wasserstatus zunächst alle einem anisohydrischen Reaktionsmuster folgen. Bei weiter zunehmender Wasserverknappung und moderatem Wasserstress trat dann aber bei einigen Rebsorten auch das isohydrische Reaktionsmuster auf. Inwieweit eine grundsätzliche Einteilung in „Optimisten“ (anisohydrisch bzw. hydrolabile Rebsorten) und „Pessimisten“ (isohydrisch bzw. hydrostabile Rebsorten) erfolgen kann, ist fraglich.

In den inzwischen sehr zahlreichen Untersuchungen zu dieser Thematik wurden die Rebsorten ‘Cabernet Sauvignon’, ‘Cabernet Franc’, ‘Pinot gris’, ‘Pinot noir’, ‘Auxerrois’, ‘Semillon’, ‘Albarino’, ‘Sauvignon blanc’, ‘Chardonnay’, ‘Syrah’ und ‘Riesling’ als eher anisohydrisch (hydrolabil) und die Rebsorten ‘Grenache’, ‘Trincadeira Preta’, ‘Tempranillo’ und ‘Silvaner’ als eher isohydrisch (hydrostabil) angesprochen. Letztere reagieren schon bei moderater Erhöhung des Blattwasserpotenzials – moderatem Wasserstress – mit dem Schließen der Stomata. Sie sparen einerseits Wasser, andererseits senken sie dadurch aber die Fotosyntheseleistung und sind vor allen Dingen bei längeren Trockenphasen weniger produktiv.

Hintergrund für diese unterschiedlichen Strategien könnte zum einen eine unterschiedliche Sensibilität bei der Signalsetzung durch die Abscisinsäure sein, zum anderen eine unterschiedliche Anfälligkeit für Embolien im Xylemsaftstrom. Unter Wasserverknappung kann es im Xylemsaft zu Kavitationen kommen, die sich bis zu Embolien steigern können und einen Schluss der Stomata verursachen.

Grundsätzlich wird bei zunehmender Trockenheit durch die Einlagerung osmotisch wirksamer Stoffe in die Zelle das osmotische Potenzial abgesenkt und damit auch das Wasserpotenzial. Dies führt dazu, dass die Fähigkeit, Wasser anzuziehen, erhöht wird. Über die Wasserpotenzialkette bis zum Boden kann diesem auch bei niedrigem Boden-Wasserpotenzial noch Wasser entzogen werden. Doch noch bevor eine Reduzierung des Blattwasserpotenzials vor Sonnenaufgang gemessen werden kann, kommt es schon zur Reduzierung des Trieblängenwachstums.

Weiterhin haben auch die jeweils durchgeführten Kulturmaßnahmen und die Verdunstungsansprüche der Atmosphäre (Sättigungsdefizit) Einfluss auf das Transpirationsverhalten und damit den Wasserhaushalt der Rebe (*Vitis vinifera* cv.) bzw. der Rebanlage. So wirkt sich die Propfung, das Entfernen von Trauben, das Entblättern der Reben und das Gipfeln der Reben mit einer Steigerung der Transpirationsrate in der Größenordnung von 5–10 % aus.

2.2.2 Einfluss von Bodenpflege und Begrünung

Die Wahl des Bodenpflege- und Begrünungssystems beeinflusst die Wurzelbildung der Reben und damit das Potenzial der Reben, Wasser aufnehmen zu können; zudem wird die Evapotranspiration des Gesamtsystems Weinberg verändert.

Hinsichtlich der Beeinflussung der Wurzelbildung der Reben wurde ermittelt, dass sich, im Vergleich zu offengehaltenen Rebanlagen, in dauerbegrünten Kulturen ohne zusätzliche Wasserzufuhr die Anzahl an Wurzelspitzen (als bedeutende Zone der Wasseraufnahme) zwischen 32 % und 55 % reduzierte. Jedoch stieg mit zunehmendem Deckungsgrad der Begrünung die Mykorrhizierung in dem betrachteten Bodenprofil. Über diese Symbiose kann sich die Rebe Wasserreserven im Boden erschließen, welche sich in feinsten Bodenporen befinden, die die Wurzel der Reben selbst nicht erreichen können – die Pilzhyphe jedoch schon.

Aber nicht nur die Menge an Wurzelspitzen, sondern auch die Verteilung in der Bodenmatrix wird durch das jeweilige Bodenpflege- und Begrünungssystem modifiziert. Das Maximum hinsichtlich Wurzeldichte und Wurzelgewicht liegt beim Bodenpflegesystem „Offener Boden" in 20–40 cm Tiefe, beim System „Begrünung und Mulchen" in einer Tiefe von 40–60 cm. In der obersten Bodenschicht zwischen 0–20 cm sind beim System „Offener Boden" fast keine Wurzelspitzen anzutreffen. Wird der Stockstreifen offengehalten, zeigt die vertikale Verteilung der Wurzelspitzen eine Häufung im Unterstockbereich. Ebenso finden sich aufgrund von Verdichtungseffekten unter den Fahrspuren der Traktoren weniger Wurzelspitzen als in der übrigen Bodenmatrix.

Da zwischen dem Wurzeltrockengewicht und dem oberirdischen Pflanzenwachstum eine positive Korrelation vorliegt, führt diese Modifikation des Wurzelwerkes aufgrund des Einflusses der Begrünung und Bearbeitung auch zu einer Modifikation des Wuchsverhaltens des oberirdischen Sprosses: die höhere Wurzeltrockenmassenproduktion bedeutet gleichzeitig eine höhere Gesamttrockenmassenproduktion von Blättern und Trieben. Jedoch bedeutet dies nicht zwingend eine Veränderung der Transpirationsrate der Rebe bezogen auf die Blattfläche. Die Rebe zeigt eine Anpassung hinsichtlich Assimilation und Transpiration an die Bedingungen unter einer Begrünung. Allerdings ist die Empfindlichkeit von Rebanlagen mit einer Dauerbegrünung ohne Zusatzbewässerung gegenüber sehr hohen Temperaturen größer, sodass die Assimilations- und Transpirationsleistung bezogen auf die Rebfläche im Mittel um 18 % geringer ist als in einer Rebanlage mit offengehaltenem Boden. Durch die Änderungen hinsichtlich des Assimilations- und Transpirationsverhaltens erfahren auch die Beereninhaltsstoffe und damit die Ernährungsgrundlage der Weinhefen eine Veränderung. Unter Umständen können dadurch Beeinträchtigungen im Hefestoffwechsel auftreten, was wiederum zu Aromaausprägungen im Wein führen kann, die eine sensorische Ablehnung hervorrufen. Mit einer zusätzlichen Bewässerung könnte in Rebanlagen mit Dauerbegrünung jedoch dieser Empfindlichkeit gegenüber hohen Temperaturen begegnet werden. Unter der Voraussetzung einer Dauerbegrünung wurde der Mehrbedarf an Wasser im Durchschnitt mehrerer Jahre auf 60 mm/m^2 beziffert, das Maximum lag dabei bei 90 mm/m^2.

2.2.3 Wachstum und Wasserhaushalt der Weinbeeren, Weinqualität

Neben dem Wasserhaushalt von Wurzel, Spross und Blatt spielen der Wasserhaushalt und die Assimilations- und Transpirationsverhältnisse der Weinbeeren selbst eine ebenso bedeutende Rolle für die Qualität der erzeugten Trauben.

> Das Beerenwachstum und der Wasserhaushalt der Weinbeeren haben großen Einfluss auf die Weinqualität.

Im Verlauf der Beerenentwicklung, welche in drei Phasen eingeteilt werden kann (siehe Abb. 19), verändern sich die Rahmenbedingungen für diese Vorgänge erheblich.

Gemessen an der Fotosyntheseleistung der Blätter ist die Fotosyntheseleistung der Weinbeeren relativ gering: Ursache dafür ist der um Faktor 10 geringere Chlorophyllgehalt der Weinbeerenzellen, die ungünstigere räumliche Anordnung der pigmentführenden und lichtabsorbierenden Gewebe und die geringere Anzahl Stomata je mm^2 Oberfläche. Das Maximum des Chlorophyll-

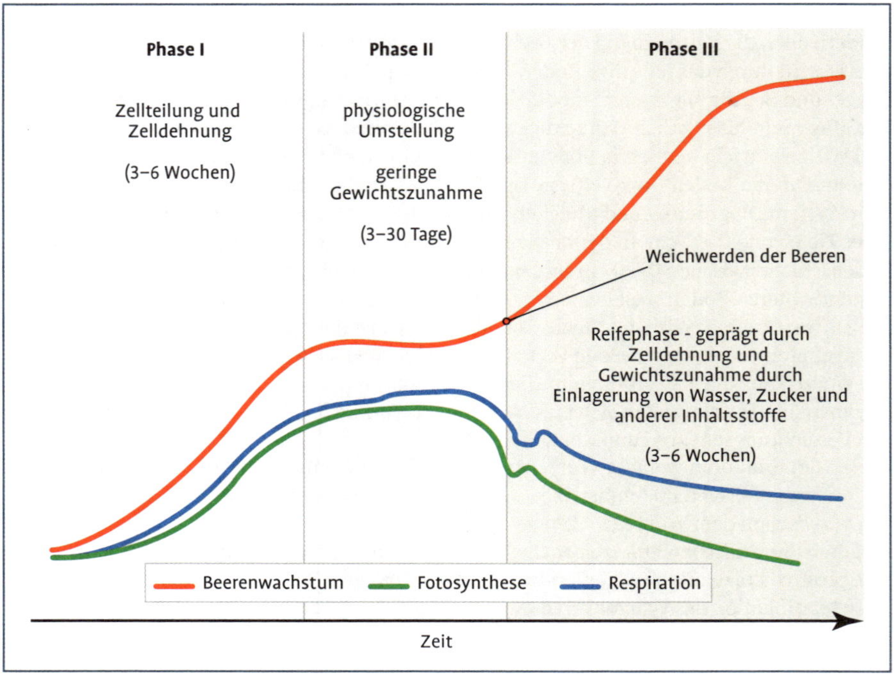

Abb. 19 Entwicklungsphasen der Weinbeeren; relativer Verlauf des Beerenwachstums, der Fotosynthese und der Respiration der Beere (Koch/Alleweldt 1978, Harris et al. 1968, Combe 1960).

gehalts und der Fotosyntheseleistung liegt in der Beerenwachstumsphase II (siehe Abb. 19) und nimmt gegen Ende dieser Phase weiter ab. Am Übergang von Beerenwachstumsphase II zu der Beerenwachstumsphase III stellt sich ein erstes Minimum ein, um nach kurzem Anstieg dann zum Ende der Beerenwachstumsphase III ein weiteres niedriger liegendes Minimum zu erreichen. Auch wenn die Fotosyntheseleistung der Beere in Phase I+II nur auf einem vergleichsweise niedrigen Level abläuft, ist dieser Beitrag unter Umständen für das spätere Beerenwachstum und den Gesundheitszustand der Beeren in der Reifephase (Stichwort Botrytisinfektion) von Bedeutung.

> Die Rahmenbedingungen für die Zellteilungsprozesse in der Beerenwachstumsphase I sind Basis für die Qualität der Trauben bei der Lese.

Durch die Zellteilungsvorgänge in der Beerenwachstumsphase I wird die Struktur festgelegt, die die Beerenentwicklung in Phase III mit der ausschließlichen Zelldehnung einnimmt. So können Beeinträchtigungen des Beerenwachstums und der endgültigen Qualität der Weinbeeren in der Phase III durch übermäßige Stresssituationen in der Phase I verursacht sein. Mit Blick auf die diversen Parameter für die innere

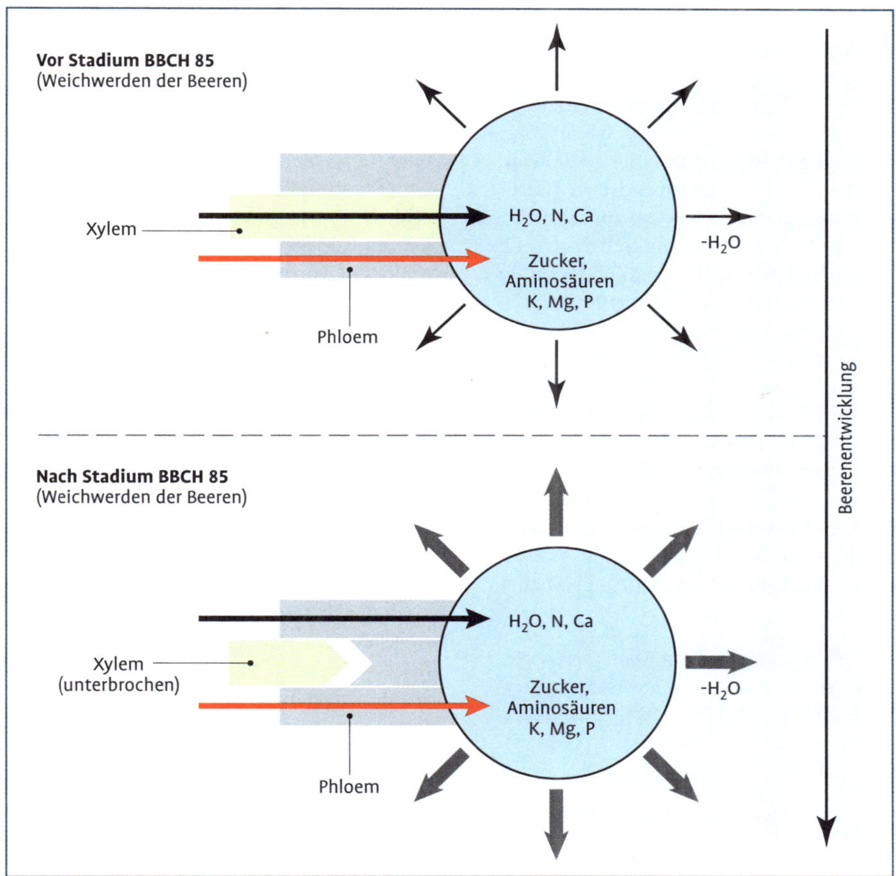

Abb. 20 Xylem- und Phloemtransport in die Weinbeeren zu verschiedenen Phasen der Beerenentwicklung (Greenspan et al. 1996, Schultz 2005).

Qualität der Beeren gilt es also in jeder Phase der Beerenentwicklung die Rahmenbedingungen für die Stoffwechselvorgänge so optimal wie nur möglich zu halten. Die Beerenwachstumsphase III ist ausschließlich geprägt durch Zelldehnung und Gewichtszunahme durch die Einlagerung von Wasser, Zucker und anderen Inhaltsstoffen.

Der Transport von Wasser, Nährelementen und Assimilaten zur Weinbeere ist dabei eine wichtige Komponente. Bis zum Stadium BBCH 85 (Weichwerden der Beeren) findet der Transport von Wasser, Stickstoff und Kalzium noch über das Xylem des Beerenstiels statt, während Zuckerverbindungen, Aminosäuren, Kalium, Magnesium und Phosphor über das Phloem in die Beere gelangen. Ab dem Stadium BBCH 85 nimmt die Elastizität der Weinbeere durch den Verlust der Kammerung zu. Die Membraneigenschaften ändern sich und die verstärkte Zuckereinlagerung beginnt. Gleichzeitig kommt es zu einer beträchtlichen Abnahme der Xylemflüsse im Beerenstiel (siehe Abb. 20). Dieser Verlust der Xylemfunktion ist wohl auf den Verlust einer geeigneten treibenden Kraft (hydrostatischer Gradient) im Apoplast der Weinbeere zurückzuführen.

Die Wasserversorgung und die Nachlieferung von Stickstoff und Kalzium erfolgen ab dann ebenfalls über die assimilattransportierenden Siebröhren des Phloems. Mit dem Wasser wird auch weiterhin Saccharose (als Assimilat) in die Beeren eingeführt und am Ende der Siebröhren durch die ausgetretene Invertase in Glucose und Fructose gespalten, was den Wasserbedarf der Weinbeeren weiter erhöht. Zu Beginn dieses Prozesses ist der Gegendruck der Beerenhaut noch gering, was hohe Assimilat- und Nährelementimporte in die Frucht ermöglicht.

> In der Vegetationsperiode entscheidet die Wasser- und Nährelementversorgung von 20–30 Tagen über 50 % der Inneren Qualität des Leseguts.

Für den späteren Gehalt an wertbestimmenden Inhaltsstoffen in der Weinbeere scheint der Zeitraum von 10–15 Tagen vor bis 10–15 Tage nach dem BBCH-Stadium 85 (Weichwerden der Beeren) von großer Bedeutung zu sein. Vom späteren Gehalt an wertbestimmenden Inhaltstoffen werden zu Beginn der Reifephase 50 % in die Weinbeere importiert. Eine optimale Wasser- und Nährelementversorgung zu diesem Zeitpunkt ist für die spätere Beerenqualität besonders wichtig. Mit fortschreitender Reife werden dann in zunehmendem Maße nur noch die Transpirationsverluste der Weinbeere ausgeglichen. Die Konsequenz dieser Entwicklung ist, dass mit zunehmender Reife alle Maßnahmen, welche die cuticuläre Transpiration der Weinbeeren fördern, auch die Einlagerung der anderen genannten Substanzen begünstigt. Eine Transpiration über die wenigen Stomata der Beerenhaut findet nicht mehr statt, da die diese bis zum Stadium BBCH 79 (Ende des Traubenschlusses = das Stielgerüst wird durch die Beeren verdeckt) mit Korkgewebe verschlossen worden sind.

2.2.4 Wasserbedarf der Rebanlagen

Für den Winzer ist, neben dem Erhalt der Vitalität der Rebstöcke über die Jahre, die Erzeugung von Weinbeeren, die möglichst gute Eigenschaften für die Weinherstellung aufweisen, von zentraler Bedeutung. Beim Ermitteln des Wasserbedarfs einer Rebanlage sollte deshalb nicht allein der biologische Nutzen für die Pflanzen selbst, sondern auch das Ertrags- und Qualitätsziel mitberücksichtigt werden. Der Wasserbedarf der Rebe während der Vegetationsperiode wurde von zahlreichen Autoren ermittelt. Dabei handelt es sich in aller Regel um errechnete Werte auf der Basis der Transpirationsrate. Die Werte für den Wasserbedarf für den Zeitraum der Vegetationsperiode schwanken von 400 bis 900 l/m^2, je nachdem, ob sich die Rebanlagen in kühleren oder wärmeren Klimaten befinden. Hinsichtlich der Variation des Wasserbedarfs während der verschiedenen Entwicklungsphasen schwanken die Angaben. Tabelle 8 zeigt einen Überblick über die Angaben verschiedener Autoren hinsichtlich des relativen Anteils des Wasserbedarfs der verschiedenen Entwicklungsphasen am Gesamtwasserbedarf in der Vegetationsperiode.

Neben dem Umstand, dass sich die Rebe sehr gut an trockene Bedingungen anpassen kann, ist sie bei einem hohen Angebot an

Tab. 8 Überblick über die Angaben mehrerer Autoren zum relativen Anteil am Gesamtwasserbedarf der Vegetationsperiode für verschiedene Entwicklungsphasen der Rebenentwicklung

Autor	Entwicklungsphase	Wasserbedarf
Füri/Kozma (1977)	BBCH 00–60	17–20 %
	BBCH 60–85	31–49 %
	BBCH 85–89	20–26 %
	BBCH 89–97	8–31 %
Buzin (zit. bei Spiegel-Roy/Bravdo 1964)	BBCH 00–60	1,5 %
	BBCH 60–71	10 %
	BBCH 71–81	43 %
	BBCH 81–89	45 %
Kuběcka (1979)	BBCH 69–79	27 %

Wasser geneigt, einen „Luxuskonsum" zu betreiben. Betrachtet man die Trockengewichtsproduktion unter verschiedenen Versorgungsstufen hinsichtlich des Faktor Wassers, so zeigt sich, dass sich mit ganz unterschiedlichem Wasserkonsum das gleiche Trockengewicht erreichen lässt. Daraus ergibt sich die Frage, inwieweit dieser höhere Wasserverbrauch bei gleichem Ertragsniveau sich bei anderen Qualitätsparametern (Mostgewicht, Säuregehalt, Aromastoffbildung) bemerkbar macht oder ob es sich um einen unproduktiven Wasserdurchfluss handelt. Ein weiterer Aspekt bei der Bewertung dieses höheren Wasserdurchflusses sind mögliche Kühleffekte im Bestand bei höheren Lufttemperaturen. Eine Fragestellung, die bei zunehmender Sommertrockenheit durchaus an Bedeutung gewinnen kann.

Auch die Rebe zeigt als erste Reaktion auf Wasserverknappung einen Rückgang im vegetativen Wachstum, ebenso reagiert offensichtlich das Photosystem II sehr empfindlich. Die Frage stellt sich nun, welche Einschränkungen sind hinsichtlich vegetativen Wachstumes und Fotosyntheseleistung (Vermeidung von Luxuskonsum) mit Blick auf ein angemessenes Ertrags- und Qualitätsniveau sinnvoll. Als Grenze, ab der gravierende Einschränkungen bei der Fotosyntheseleistung festgestellt werden konnte, wurde ein Blattwasserpotenzial von –1,2 MPa ermittelt. Betrachtet man das Wasserpotenzial in der Wurzelzone, gemessen als Wasserpotenzial vor Sonnenaufgang (Predawn-Leaf-Water-Potenzial [$\Psi_{PLWP,}$ –MPa]), so zeigte sich bei der Rebsorte 'Syrah' ab einem Wert von $\Psi_{PLWP} = -0{,}25$ MPa ein Rückgang des vegetativen Wachstums um ca. 25 %, während die Fotosyntheserate einen Rückgang um ca. 20 % erfuhr. Für die Rebsorte 'Gewürztraminer' war bei gleichem Ψ_{PLWP} ein Rückgang des vegetativen Wachstums um 50 % zu verzeichnen, was wiederum sehr deutlich das sortenspezifische Verhalten bei Trockenstress zeigt. Bei einem derartigen Rückgang des vegetativen Wachstums könnte mittelfristig die Belastbarkeit der Rebanlage in Mitleidenschaft gezogen werden. Von verschiedenen Autoren wurden Skalen entwickelt, die eine Interpretation

Tab. 9 Übersicht über die von verschiedenen Autoren veröffentlichten Skalen zur Bewertung von Blattwasserpotenzialwerten

Autoren	Blattwasserpotenzial vor Sonnenaufgang (yPD; MPa)	Blattwasserpotenzial am Mittag (ym; MPa)	Stress-Status
Deloire (2003)	−0,0 bis −0,2	–	kein – leicht
	−0,4 bis −0,6	–	moderat – stark
	> −0,6	–	stark – drastisch
Bogart (2000)	–	−1,0 bis −1,2	leicht
	–	−1,2 bis −1,4	mittel
	–	−1,4 bis −1,6	stark
	–	> −1,6	drastisch
Schultz/Steinberg (2002)	−0,25 bis −0,3	–	moderat

der Blattwasserpotenzialwerte ermöglichen sollen. Diese Skalen sind jedoch allgemein gehalten und haben keine sortenspezifische Orientierung. Tabelle 9 zeigt diese im Überblick. Aufbauend auf diesen Skalen sind für die jeweilige Sorte und den jeweiligen Standort Anpassungen vorzunehmen.

2.3 Das Wasser im Boden

Das im Boden vorhandene Wasser ist die wichtigste Versorgungsgröße für die Nachlieferung von Wasser in die Pflanzen und deren Stoffwechsel. Sowohl für die Aufnahme des Niederschlagswassers als auch für die Aufnahme des Bewässerungswassers ist die Zusammensetzung und Struktur des Bodens von besonderer Bedeutung. Neben dem Gesamtgehalt an Wasser ist die Bindungsform des Wassers im Boden für die Aufnahme durch die Pflanzenwurzel von entscheidender Bedeutung. Über die Niederschläge wird dem Boden Wasser zugeführt. Nach dem Eindringen an der Bodenoberfläche oder Infiltration kann das Wasser zum Teil in den Bodenporen gegen die Einwirkung der Schwerkraft festgehalten werden: es wird dann auch als Haftwasser oder Bodenfeuchte bezeichnet. Der andere Teil wird als Sickerwasser in tiefere Bodenzonen verlagert, wo es sich schließlich als Grundwasser ansammelt.

Die Zusammensetzung und Struktur eines Bodens hat sehr großen Einfluss auf die Prozesse der Bindung und Dynamik des Bodenwassers. Prägende Hauptkomponenten der Bodenstruktur sind die mineralische Festsubstanz, die lebende und tote organische Substanz sowie das flüssigkeits- oder gasgefüllte Porensystem.

Die Verteilung der verschiedenen Korngrößen der mineralischen Festsubstanz (Ton = <0,002 mm, Schluff = 0,002 bis 0,063 mm, Sand = 0,063 bis 2,0 mm, Kies = 2,0 bis 63 mm, Geröll = 63 bis 200 mm, Blöcke = >200 mm) in einem betrachteten Bodenvolumen nimmt Einfluss auf dessen „Innere Oberfläche" und damit die Bindungsmöglichkeit und Bindungsintensität für Wasser. Abbildung 21 gibt einen Überblick über den Zusammenhang zwischen dem Anteil der einzelnen

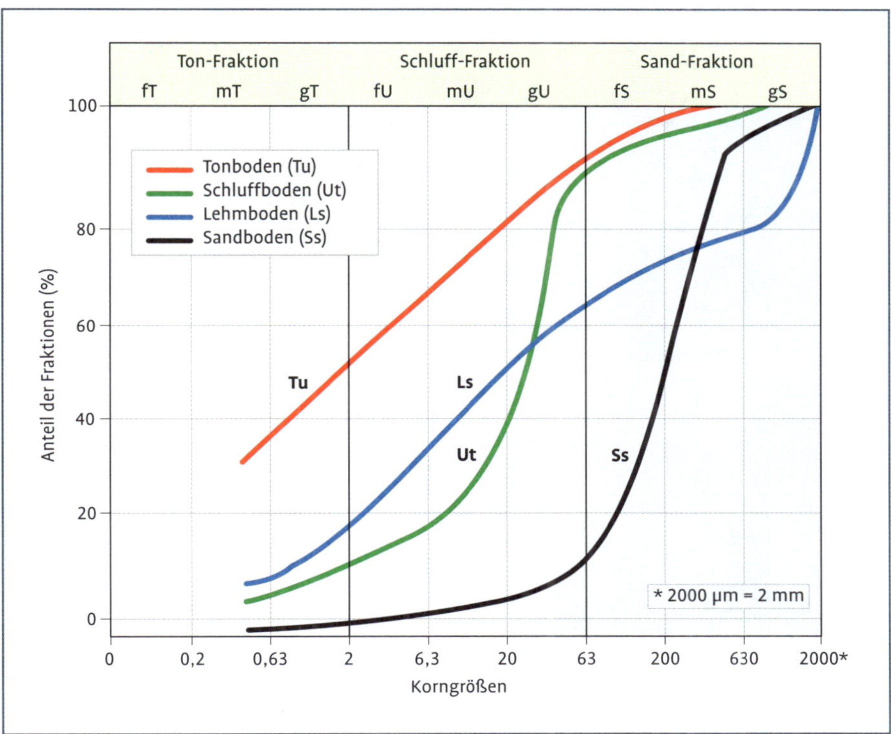

Abb. 21 Korngrößenverteilung und Bodenart, Tonboden (Tu), Schluffboden (Ut), Lehmboden (Ls), Sandboden (Ss); (Scheffer/Schachtschabel 2016).

Korngrößenfraktionen Ton (fT, mT, gT), Schluff (fU, mU, gU) und Sand (fS, mS, gS) an der Festsubstanz eines Bodens und der davon abgeleiteten Bodenart Tonboden (Tu, Schluffboden (Ut), Lehmboden (Ls) und Sandboden (Ss).

Dabei gilt der Zusammenhang, dass mit zunehmendem Anteil kleinerer Korngrößen die „Innere Oberfläche" des betrachteten Bodenvolumens und damit gleichlaufend auch die Bindungsmöglichkeit und die Bindungsintensität zunimmt. Ebenfalls abhängig von der Zusammensetzung der Korngrößen ist die Porenverteilung eines Bodens, welche ihrerseits auch die Bindungskapazität eines Bodens mitbestimmt. Abbildung 22 zeigt die Porenverteilung für unterschiedliche Bodenarten.

Was die Wasserversorgung der Pflanze (Rebe) betrifft, gilt besonderes Augenmerk dem Anteil an Mittelporen, da diese für das pflanzenverfügbare Bodenwasser von besonderer Bedeutung sind. Mit Blick auf die Belüftung und die Wasseraufnahmefähigkeit eines Bodens (Infiltrationsrate) sind die Grobporen sehr wichtig. Neben diesen beiden genannten Funktionen bilden die Grobporen >10 µm aber auch den Porenraum, in dem sich Pflanzenwurzeln und vor allen Dingen Wurzelhaare (Durchmesser

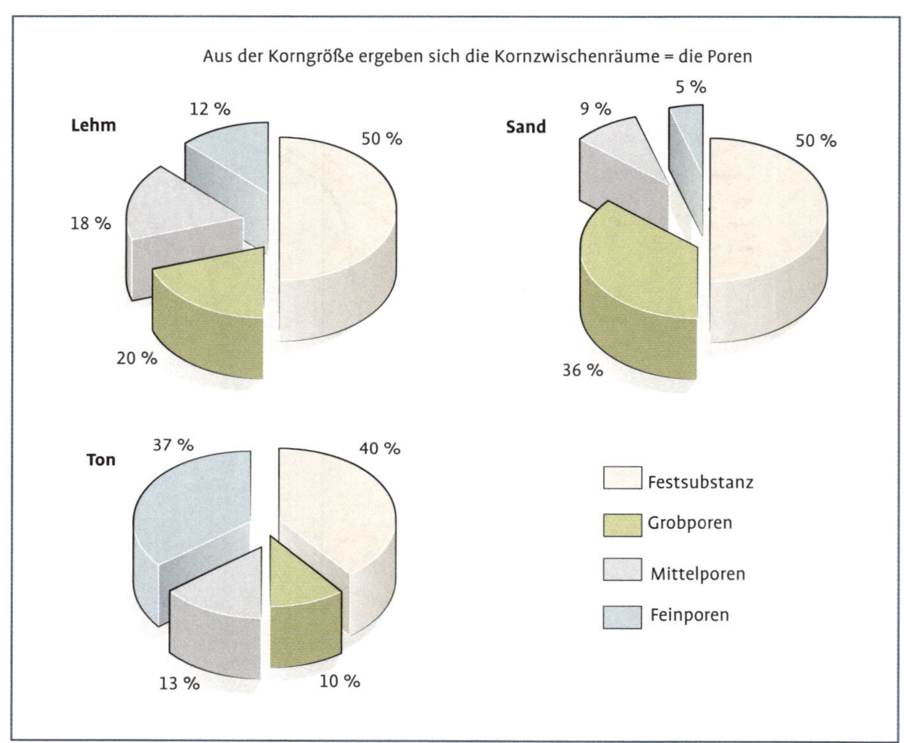

Abb. 22 Porengrößenverteilung unterschiedlicher Bodenarten (Scheffer/Schachtschabel 2016).

>10 µm) ausbreiten und etablieren können. In die Mittelporen vermögen die Pflanzenwurzeln mit ihren Wurzelspitzen und Wurzelhaaren nicht vorzudringen. Um an die Wasserressourcen in den Mittelporen zu gelangen, müssen die Pflanzen (Reben) also durch Transpiration oder durch aktive Osmoregulation einen Saugdruck an ihrer Wurzeloberfläche aufbauen, dem Boden in der unmittelbaren Umgebung der Rhizosphäre dadurch Wasser entziehen und so einen Potenzialgradienten hin zur Wurzel erzeugen, dem folgend dann das Wasser aus den Mittelporen zufließt. Mit zunehmender Entwässerung der Mittelporen wird dieser Vorgang für die Pflanzen zunehmend beschwerlicher und energieaufwändiger. Hier wird noch einmal deutlich, welche außerordentlich wichtige Rolle die Symbiose von Pflanzenwurzeln und Mykorrhiza-Pilzen einnimmt. Der Durchmesser der Pilzmyzelien liegt in einem Bereich zwischen 3,0 µm und 6 µm, wodurch sich diese – ebenso wie die Bodenbakterien (Durchmesser ca. 0,2 µm bis 1 µm) – vor allen Dingen im Porenraum der Mittelporen zu etablieren vermögen und die Pflanzen (Reben) können sich durch die Symbiose mit den Mykorrhiza-Pilzen deutlich leichter das Wasser in den Mittelporen erschließen. Die Feinporen (<0,2 µm) sind auch für die Mikroorganismen nicht zugänglich.

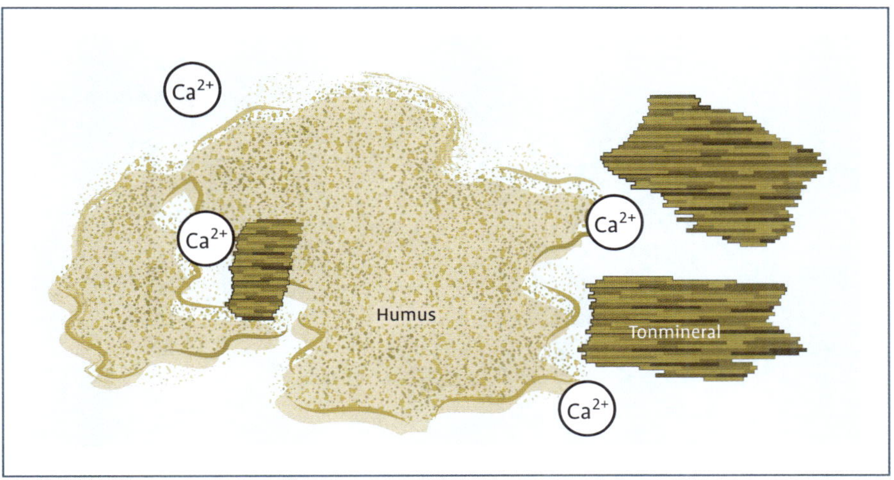

Abb. 23 Ton-Humus-Komplex: Verbindung von Huminstoffen und Tonmineralen über positiv geladene Ionen (Weinbauring Franken).

Doch nicht nur bei dem Prozess der Wasseraufnahme durch die Pflanzen ist die Porengrößenverteilung eines Bodens von Bedeutung, sondern auch für den Prozess der Wasseraufnahme eines Bodens (Infiltration). Um Niederschläge in entsprechend kurzer Zeit in den Boden aufnehmen (infiltrieren) zu können, ist ein entsprechender Grobporenanteil – vor allen Dingen enge Grobporen (Porendurchmesser ∅ 10 µm bis 50 µm) – vorteilhaft. Aber nicht nur die Porengrößenverteilung ist ausschlaggebend für eine entsprechende Infiltrationsrate, sondern auch die Gewährleistung einer ausreichenden Porenkontinuität in tieferen Bodenschichten. Diese Porenkontinuität wird vor allen Dingen durch intensive Druckbelastung und Einwirkung von Scherkräften auf die Bodenaggregate durch häufiges Befahren und intensive mechanische Bodenbearbeitung beeinträchtigt. Durch eine zielgerichtete konservierende Bodenbearbeitung in Kombination mit intensiverer Begrünung kann die Porengrößenverteilung und die Porenkontinuität, und damit die Wasseraufnahmefähigkeit (Infiltrationsrate) und die Wasserspeicherfähigkeit eines Bodens positiv beeinflusst werden.

Über die rein physikalische Wirkung hinaus kommt es mit einer konservierenden Bodenbearbeitung inklusive intensiverer Begrünung zu einem Anstieg des Gehalts an organischer Substanz, mit entsprechender Wirkung auf das Bodengefüge. Durch den steigenden Gehalt an organischer Substanz im Boden und die positive Veränderung des Bodengefüges kann das Speichervermögen und die Wasseraufnahmefähigkeit eines definierten Bodenvolumens noch zusätzlich gesteigert werden. Diese Wirkung wird vor allen Dingen über die Ausbildung des Ton-Humus-Komplexes (siehe Abb. 23) und dem damit einhergehenden Gefügeaufbau und der Gefügestabilisierung (siehe Abb. 24) entfaltet. Die Ausbildung des Ton-Humus-Komplexes entsteht durch die Verbindung von den im Boden befindlichen Tonmineralen mit den Huminstoffen über mehrwer-

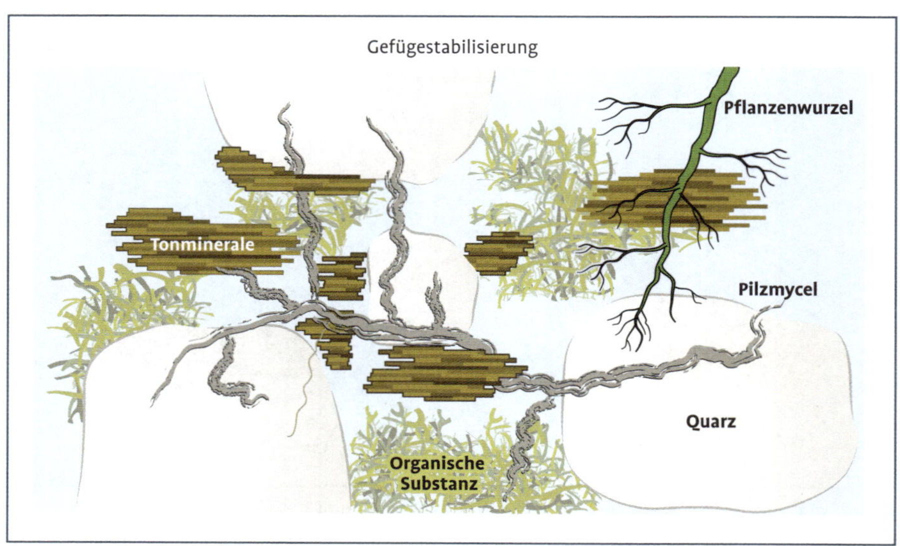

Abb. 24 Gefügestabilisierung durch organische Substanz und Ton-Humus-Komplex (Weinbauring Franken).

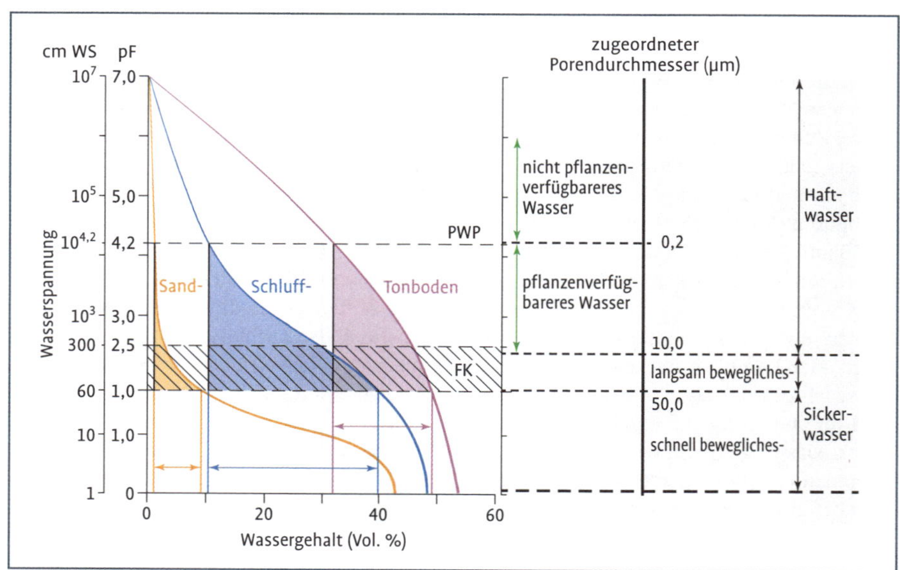

Abb. 25 Feldkapazität, pflanzenverfügbares Bodenwasser und permanenter Welkepunkt in Abhängigkeit von Wassergehalt und Wasserpotenzial verschiedener Böden.

Tab. 10 Kennwerte für die Feldkapazität und das nicht pflanzenverfügbare Wasser in Abhängigkeit von der Bodenart (Benzler et al. 1982, AG Bodenkunde 2005)

Bodenart	Wasserspeicherung (% vol.) Feldkapazität (FK)	nicht pflanzenverfügbares Wasser ($H_2O_{n.Verf.}$)
Sand (S)	10	2
Anlehmiger Sand (Sl)	16	4
Lehmiger Sand (lS)	22	6
Stark lehmiger Sand (SL)	27	10
Sandiger Lehm (sL)	34	16
Lehm (L)	40	18
Toniger Lehm (tL)	42	22
Lehmiger Ton (lT)	44	28
Ton (T)	50	36

tig positiv geladene Ionen. Hier ist insbesondere das Kalzium-Ion (Ca^{2+}) und damit die Kalkversorgung des Bodens von großer Bedeutung.

Ist die maximale kapillare Bindungskapazität erschöpft und durch osmotische Bindung keine Festlegung von Wasser gegen die Schwerkraft mehr möglich, so ist der maximal mögliche Wassergehalt des betrachteten Bodenkörpers erreicht. Die dann gebundene Menge an Wasser in dem betrachteten Bodenvolumen wird Feldkapazität genannt. Die Feldkapazität ist abhängig von den Bodeneigenschaften (siehe Abb. 25 und Tab. 10) und von den jeweils vorherrschenden Bodentemperaturen. So kann bei sonst gleichen Bedingungen hinsichtlich der Bodenstruktur ein warmer Boden weniger Wasser binden als ein kühlerer Boden.

Eine für den Pflanzenbau wichtige Maßzahl ist der permanente Welkepunkt (PWP). Bei landwirtschaftlichen Nutzpflanzen ist der PWP als Bodenwasserpotenzial im Gleichgewicht mit dem pflanzlichen Wasserpotenzial am Turgor-Nullpunkt definiert. Dies liegt bei einem Wert von –1,5 MPa. Wasser, welches im Boden stärker gebunden vorliegt als mit –1,5 MPa, ist für die landwirtschaftlichen Nutzpflanzen im Allgemeinen nicht mehr verfügbar.

Aus dem PWP als unterem Grenzwert und der Feldkapazität (FK) ergibt sich das so genannte pflanzenverfügbare Wasser des Bodens oder die nutzbare Feldkapazität (nFK). In Tabelle 10 sind die Kenndaten für die Feldkapazität und der Anteil an nicht pflanzenverfügbarem Wasser (H_2O_n. Verf.) für die in weinbaulichen Arealen überwiegend vorkommenden Bodenarten zusammengestellt.

In Abhängigkeit von der Bodenmächtigkeit bzw. dem effektiven Wurzelraum ($W_{eff.}$) und dem Steinanteil (StA) kann bei Sandböden mit einer nFK von 50–100 mm und bei Lehm- und Schluffböden mit 150–250 mm gerechnet werden.

Tab. 11 Zunahme der nutzbaren Feldkapazität aufgrund der organischen Substanz im Boden

Bodenart	**Zuschläge zur nutzbaren Feldkapazität (% vol.)**		
	1–<2 % org. Substanz (schwach humos)	**2–<4 % org. Substanz (mittel humos)**	**4–<8 % org. Substanz (stark humos)**
Ss	1	3	4
Sus	2	3	4
Ls	1	3	5
Lt	2	4	8
Ut	1	1	2
Tu	2	3	7

> Der Gehalt an organischer Substanz im Boden verändert die Menge der Wasseraufnahme, die Infiltrationsrate und die Wasserspeicherfähigkeit.

Der Gehalt an organischer Substanz (C_{org}) beeinflusst die Wasserspeicherfähigkeit des Bodens. Dabei sind die Auswirkungen auf das Speichervermögen von Wasser und die Wasseraufnahme durch eine Zunahme der organischen Substanz je nach Bodenart unterschiedlich. Aus Tabelle 11 geht hervor, mit welchen Zuschlägen hinsichtlich der nFK bei verschiedenen Bodenarten in Abhängigkeit vom Gehalt an organischer Substanz gerechnet werden kann.

Tab. 12 Kennwerte hinsichtlich der Infiltrationsrate verschiedener Bodenarten

Bodenart	**Infiltrationsrate (mm/h)**
Sand (S)	50 (25–250)
Sandiger Lehm (sL)	25 (12–75)
Lehm (L)	12 (8–20)
Toniger Lehm (tL)	8 (2,5–15)
Schluffiger Ton (uT)	2,5 (0,25–5)
Ton (T)	5 (1,25–10)

Aber auch die Wasseraufnahme (Infiltrationsrate) wird durch den Gehalt an organischer Substanz positiv beeinflusst. Tabelle 12 zeigt die üblichen Infiltrationsraten für verschiedene Bodenarten. Für den Fall einer zusätzlichen Bewässerung spielt die Infiltrationsrate bei der Dimensionierung der einzelnen Wassergabe eine Rolle. Welchen Stellenwert der Gehalt an organischer Substanz hinsichtlich der Wasseraufnahme eines Bodens hat, konnte anhand von Dauerversuchen nachgewiesen werden. Bei einer Differenz im Gehalt an organischer Substanz von $C_{org} = 0{,}6\,\%$ konnte in der Variante mit dem höheren Gehalt eine um 70 % höhere Infiltrationsrate festgestellt werden.

Die positive Wirkung des Vorhandenseins an organischer Substanz im Boden auf dessen Wasserhaushalt ist also weniger durch die direkte Zunahme der Wasserspeicherkapazität gegeben als durch die deutliche Strukturverbesserung und Erhöhung der spezifischen Infiltrationsrate und damit der Wasseraufnahmefähigkeit des Bodens für Niederschläge und Bewässerungswasser.

2.4 Der Wasserhaushalt im System Weinberg

Der Wasserhaushalt in einem Weinberg wird von mehreren Faktoren beeinflusst: dem Wassereintrag über Niederschläge, den Bodenverhältnissen, der Exposition und Hangneigung des Weinbergs, der Rebkultur, dem Bewuchs neben der Rebkultur, dem Bewirtschaftungssystem sowie der standortspezifischen Wegeerschließung.

Im Allgemeinen können folgende Bewirtschaftungssysteme gegeneinander abgegrenzt werden:

- Böden, die ganzflächig offengehalten werden
  - ohne Einbringung von organischer Substanz
  - mit Einbringung von organischer Substanz (z. B. Stroh, Kompost, o. Ä.)
- Böden mit Teilzeitbegrünung
  - jede zweite Zeile mit Herbst-/Winterbegrünung
  - jede zweite Zeile mit Dauerbegrünung
- Böden mit ganzflächiger Begrünung
  - ganzflächige Begrünung, nach 1 + x Jahren Umbruch und Neueinsaat
  - ganzflächige Dauerbegrünung

In Abhängigkeit vom jeweiligen Bewirtschaftungssystem und der Struktur des betrachteten Weinbergareals ergeben sich für das System Weinberg unterschiedliche Verhältnisse hinsichtlich der Partizipation am globalen Wasserkreislauf.

Die Wegeerschließung der Weinbergsareale beschleunigt den Wasserabfluss der auf einem Weinbergareal niedergehenden Niederschläge.

Um eine effektive Bewirtschaftung in einem bestimmten Weinbergsareal sicherzustellen, ist ein ausreichendes Maß an Erschließungswegen notwendig. Diese sind, je nach Standort und Geschichte des Weinbergsareals, unterschiedlich gestaltet. In vielen Weinbaugebieten finden sich heutzutage flurbereinigte Weinbergsareale mit einem hohen Anteil an technischer Erschließung. Der Wegeanteil an der Gesamtfläche eines Weinbergareals schwankt dabei zwischen 6 und 13 %. Davon sind 3 % bis 5 % befestigte Wege mit Oberflächenversiegelung, der restliche Anteil sind Erdwege mit mehr oder weniger stark verdichtetem Untergrund. In manchen Anbaugebieten kann aufgrund der topographischen Gegebenheiten der Anteil an befestigten Wegen mit Oberflächenversiegelung jedoch auch bis auf 13 % ansteigen. Je nach Versiegelungsintensität der Erschließungswege fließen die Niederschläge mehr oder weniger schnell oberflächig ab. Für ungepflasterte Straßen und Wege kann mit einer Abflussrate von 50 %, für die oberflächenversiegelten Straßen und Wege mit einer Abflussrate von 70–80 % gerechnet werden. Der Abfluss von diesen Wegen wird derzeit in aller Regel möglichst schnell dem Vorflutersystem zugeführt und steht damit dem betreffenden Weinbergareal nicht mehr zur Verfügung.

> **Erschließungswege der Weinberge liefern Wasser für eine Wassergabe von bis zu 50 mm/m².**

Bei entsprechender Rückführung dieses Abflusses könnte das Wasserangebot in den Weinbergflächen erhöht werden. Bei einem Weinbergareal von 10 ha und eine vorausgesetzte Niederschlagsmenge zwischen 480 und 1 250 mm/Jahr, ergibt sich mit den genannten Bedingungen bezüglich Wegeerschließung eine Abflussmenge von ca. 168 000–500 000 Liter. Unter der Voraussetzung einer kontrollierten Rückführung dieses Wassers auf die Rebfläche, könnte mit einer zusätzlichen Wassermenge für die Reben von ca. 18–53 mm/m² während der Vegetationsperiode gerechnet werden.

> Eine möglichst ganzflächige Begrünungswirtschaft erhöht die Infiltrationsrate des Weinbergbodens und damit die Wasseraufnahme, und schützt den Boden gegen Erosion nach Starkniederschlägen.

In Weinbergsarealen mit ganzflächig offenen Böden sind durch die intensive Bodenbearbeitung meist nur sehr einfache Gefügeformen (Einzelkorn- oder Kohärentgefüge) anzutreffen. Durch die vielfach notwendigen Überfahrten für Pflanzenschutz- und Laubwandpflegearbeiten treten in manchen Rebgassen Fahrspuren auf, unter denen der Boden noch stärker verdichtet ist. Die Infiltrationsrate für diese Böden ist dadurch herabgesetzt. Sind die Böden mit einer Grasdecke bewachsen, kann die Infiltrationsrate bis zu 100 mm/Stunde betragen. Im Vergleich dazu sinkt die Infiltrationsrate für einen Lössboden ohne Bewuchs auf 25–37 mm/Stunde und für einen oft befahrenen Boden ohne Bewuchs bis auf 2,5 mm/Stunde. Bedingt durch diesen Bodenzustand kommt es in geneigten Weinbergflächen, oft auch schon bei geringen Niederschlagsmengen und Niederschlagsintensitäten, zu Oberflächenabfluss und Bodenaustrag aus der Rebfläche, die sich auf den Wirtschaftswegen ansammeln. Der Oberflächenabfluss aus der Rebfläche kann dabei in der Vegetationsperiode mit einer Größenordnung von 8–15 % beziffert werden, was einem Wasserverlust zwischen 27–48 mm/m² entspricht. Zu beachten ist dabei, dass diese Verluste in nicht unerheblichem Maße auch während der Vegetationsperiode zu verzeichnen sind. Also genau in der Phase, in der das Wasser sehr oft dringend benötigt wird.

Bei den Niederschlägen der Wintermonate ist in aller Regel auch mit hohen Abflussraten zu rechnen. Sie bilden je nach standortspezifischen Klimabedingungen entweder eine geschlossene Schneedecke oder treffen auf gefrorenen Boden, der durch die Frostbedingungen weniger Wasser aufnehmen kann. Im letzteren Fall fließen die Niederschläge meist oberflächig ab. Für den Fall einer Schneedecke tritt der Abfluss erst bei entsprechenden Taubedingungen ein. Dabei enthält eine Schneedecke von 30–50 cm Mächtigkeit ein Wasseräquivalent von 60–100 l/m². Taut die Schneedecke sehr langsam ab, ist genügend Zeit, dass das Wasser auch in den Boden infiltrieren kann. Erfolgt das Abtauen der Schneedecke aber sehr schnell, übersteigt die anfallende Tauwassermenge die Infiltrationsrate mit der Folge von oberflächigem Abfluss. Die Trends in der klimatischen Entwicklung zeigen, dass einerseits durch eine Temperaturzunahme in den Wintermonaten eine Verminderung des Schneeanteils an den Niederschlägen verursacht wird (siehe Kap. 1.1). Die Niederschläge in den Wintermonaten fallen zunehmend als Regen und nehmen an Quantität zu. Andererseits lässt sich in der Praxis vielfach beobachten, dass, wenn es tatsächlich zu Schneefall und Ausbildung einer Schneedecke kommt, oft die Abtauvorgänge aufgrund des schnellen Wechsels zurück zu wärmeren Temperaturen entsprechend schneller von statten gehen und die kühlen Böden mit der Infiltration des Tauwassers überfordert sind. Diese Trends vorausgesetzt, ist in den Wintermonaten mit einer Zunahme von Oberflächenabfluss aus den Rebflächen auf die Wirtschaftswege zu rechnen.

Tab. 13 Zeitliche Verteilung der Jahresniederschläge bezogen auf physiologische Stadien der Rebenentwicklung

Stadium BBCH	Zeitraum – Monat	Relativer Anteil am Jahresniederschlag (%)	Wasserdargebot bei einem Jahresniederschlag zwischen 480–1250 mm/Jahr
97–00	November – Dezember	17	81–212
	Januar – Februar	13	62–162
	März – Mitte April	11	52–137
00–60	Mitte April – Mitte/Ende Juni	20	96–250
60–83	Mitte/Ende Juni – Mitte/Ende Juli	10	48–125
85–89	Mitte/Ende Juli – Mitte/Ende September	18	86–225
89–97	Mitte/Ende September – Oktober	11	52–137

Durch Begrünung der Weinberge oder durch Abdeckung des Bodens (Stroh, Rindenmulch, o. Ä.) kann der Oberflächenabfluss und der Bodenaustrag, auch bei stärkerer Hangneigung, nahezu verhindert werden. Durch die Grasnarbe kommt es nicht zur Verschlämmung der obersten Bodenschicht. Als Folge davon können auch größere Niederschlagsmengen von der Bodenmatrix aufgenommen werden.

Allerdings ist in dauerbegrünten Weinbergen auch ein entsprechender Wasserverbrauch durch die Transpiration der Begrünungspflanzen zu berücksichtigen. Im Vergleich zum Bewirtschaftungssystem mit ganzflächig offenem Boden ist beim Bewirtschaftungssystem „ganzflächige Dauerbegrünung" von einem Mehrbedarf von ca. 20 % oder 60–80 mm/m² auszugehen. Hinsichtlich des Bodenwassergehalts wurde bei einem Vergleich der Systeme offener Boden und Dauerbegrünung in einem betrachteten Bodenhorizont von 0–60 cm zum Termin BBCH 65 (Vollblüte) eine Differenz von ca. 6 Vol-% ermittelt.

In Versuchen zum Assimilations- und Transpirationsverhalten der Rebe unter verschiedenen Bewirtschaftungssystemen zeigten diese eine Anpassung an die trockeneren Bodenfeuchtebedingungen in den dauerbegrünten Rebanlagen. Da sich jedoch das vegetative Wachstum in dauerbegrünten Rebanlagen im Mittel um 18 % vermindert, ist die flächenbezogene Transpirationsleistung der Rebe unter der Bedingung Dauerbegrünung geringer. Unterstellt man, dass ein Rebstock unter den Bedingungen des Bewirtschaftungssystems offener Boden in der Vegetationsperiode ca. 300 mm/m² Wasser verdunstet, so würde die Einschränkung der flächenbezogenen Transpirationsleistung der Rebe unter der Bedingung Dauerbegrünung zu einer Reduzierung der durch die Rebe verdunsteten Wassermenge auf ca. 250 mm/m² führen. Diese Reduzierung der Verdunstung durch die Rebe

Eine nahezu ausgeglichene Wasserbilanz ist durch die Rückführung des abfließenden Wassers von Rebflächen und Wirtschaftswegen möglich.

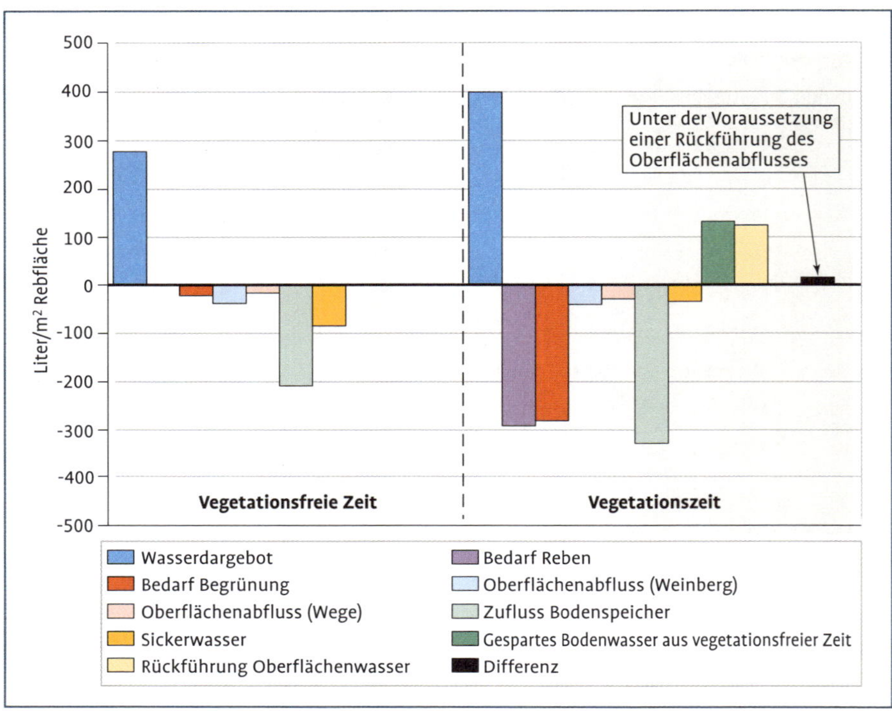

Abb. 26 Kenndaten für den Wasserfluss in einer Rebanlage, unterteilt nach den Zeiträumen vegetationsfreie Zeit und Vegetationszeit.

bedeutet jedoch wiederum bei sehr hohen Temperaturen eine höhere Empfindlichkeit des Systems aufgrund eingeschränkter Kühlmöglichkeit über die Transpiration.

Die Analyse von Klimadaten mehrerer Weinbauregionen bezogen auf die physiologischen Stadien der Rebe zeigt die in Tabelle 13 dargestellten mittleren relativen Anteile am Jahresniederschlag. Die mittleren Jahresniederschläge in den Weinbaugebieten in Deutschland liegen zwischen 480 und 1250 mm/Jahr. Daraus ergibt sich, bezogen auf die verschiedenen Zeiträume der Stadien der Rebenentwicklung, das in Tabelle 13 aufgezeigte Wasserangebot aufgrund der Jahresniederschläge.

Stellt man diesem Wasserangebot den Wasserbedarf der Reben, den Wasserbedarf der Begrünung, den Sickerwasseranteil, den Oberflächenabfluss aus den Rebanlagen sowie die Abflussmengen von den Bewirtschaftungswegen gegenüber, zeigt sich unter der Voraussetzung eines mittleren Werts von 680 mm hinsichtlich des gesamten Jahresniederschlags das in Abbildung 26 dargestellte Bild. Bei Rückführung des ganzjährigen Oberflächenabflusses eines Weinbergareals in die Rebanlagen kann eine nahezu ausgeglichene Wasserbilanz erzielt werden.

3 Wassermanagement im Weinbau

Landwirtschaft und damit auch der Weinbau verändert Wasser- und Stoffflüsse in Landschaftsarealen auf vielfältige Art und Weise. In einem Landschaftsareal in unserem Klimabereich, das sich selbst überlassen wird, ohne landwirtschaftliche oder weinbauliche Tätigkeit des Menschen, würden auf der Basis der vorherrschenden klimatischen Standortbedingungen und der sich daraus ergebenden thermodynamischen Notwendigkeiten relativ schnell Prozesse der Sukzession einsetzen. Diese Sukzessionsprozesse hätten zur Folge, dass sich nach einigen Jahrzehnten ein mehr und mehr standortangepasstes und stabiles, durch kurz geschlossene Wasser- und Stoffkreisläufe sowie geringe Stoffverluste geprägtes Boden-Flora-Fauna-System (z. B. Mischwald) entwickeln würde – einer „Klimaxgesellschaft" vergleichbar (siehe Abb. 27).

Die Verlustzone eines wasserungesättigten Bodens ist in einem solchen System (einer Klimaxgesellschaft) entsprechend klein, mit der Folge, dass die stoffliche Integrität des Landschaftsareals gewahrt und eine nachhaltige Nutzung des Landschaftsareals gewährleistet ist. Die wichtigste Voraussetzung für eine nachhaltig nutzbare Landschaft ist ihre stoffliche Integrität. Und dem hydrologischen Kreislauf kommt bei der Wahrung der stofflichen Integrität eine herausragende Bedeutung zu.

Durch Inkulturnahme eines Landschaftsareals entsteht eine sogenannte Kulturzönose (siehe Abb. 27). Deren Kennzeichen ist, dass durch die Tätigkeit des Menschen die Wasserkreisläufe geöffnet wurden und sich dadurch die Verlustzone wasserungesättigten Bodens deutlich vergrößert hat, mit einer ebenso deutlichen Steigerung der Wasser- und Stoffverluste (Verlust an Nährelementen, organischer Substanz) aus dem Landschaftsareal. Dieser Prozess der Öffnung der Wasser- und Stoffkreisläufe wurde in den weinbaulich genutzten Landschaftsarealen durch Flurbereinigung und intensive Technisierung der Arbeitsabläufe nochmals gesteigert. Das für die derzeitig genutzten Weinbergsareale in Deutschland als Optimum angesehene Bewirtschaftungssystem (jede 2. Rebgasse während der Vegetationsperiode offengehalten, 2-jährige Rotation) mit mittelfristig betrachteten Stoffverlusten von durchschnittlich 6–12 t/ha*Jahr führt zu einer deutlichen Gefährdung der stofflichen Integrität dieser Landschaftsareale. Der Klimawandel wird mit der prognostizierten Temperatursteigerung und der Steigerung der Häufigkeit von Starkniederschlagsereignissen diese Stoffverluste voraussichtlich nochmals steigern. Unter dem Aspekt einer nachhaltigen weinbaulichen Nutzung dieser Landschaftsareale wären Stoffverluste in einer Größenordnung von 2–4 t/ha*Jahr anzustreben. Dies kann nur durch eine deutlich ausgedehntere Begrünung der Weinbergsareale mit krautigen Pflanzen sowie Maßnahmen zur Verkürzung der Wasserkreisläufe (z. B. Verkürzung der Hanglängen, Erhöhung der Infiltrationsrate, Nutzung von Oberflächenabfluss für die Bewässerung) erreicht werden. Es geht letztendlich darum, möglichst umfassend

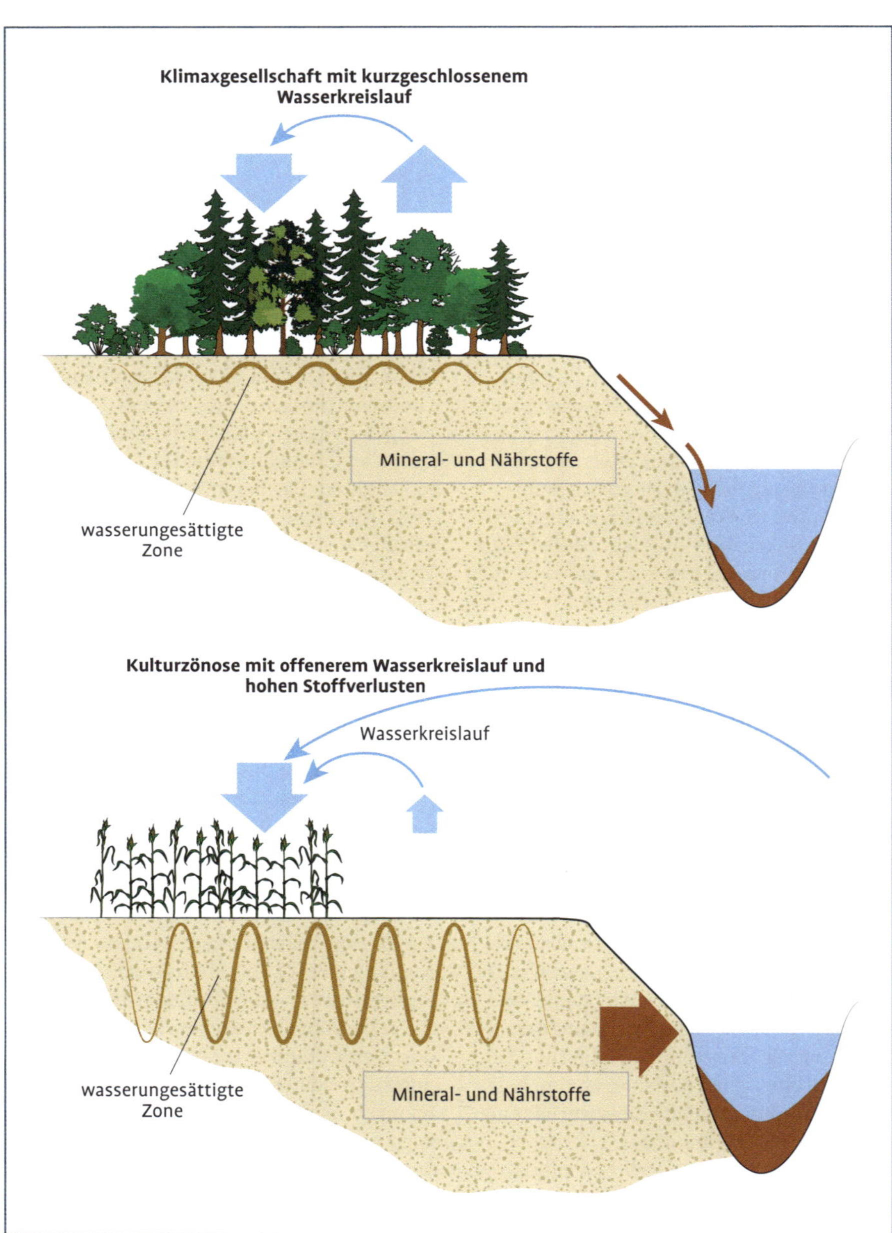

Abb. 27 Klimaxgesellschaft versus Kulturzönose (Ripl et al. 2004).

Strukturen zu entwickeln und aufzubauen, um von den am Standort natürlicherweise fallenden Niederschlägen so viel als möglich in dem jeweiligen Landschaftsareal zu halten und dort über einen entsprechend vielfältig strukturierten Pflanzenbestand zu verdunsten. Wenn die Möglichkeit zu einer Bewässerung der Weinbergsareale besteht, kann dies ein erleichternder Baustein für die Etablierung von mehr krautiger Begrünung in den Flächen sein. Doch nicht an allen Standorten kann eine Bewässerungsmöglichkeit in einem wirtschaftlich vernünftigen Rahmen erschlossen werden. Auf die grundsätzlichen pflanzenbaulichen Möglichkeiten sowie die bewässerungstechnischen Aspekte für das Wassermanagement im Weinbau wird nachfolgend näher eingegangen.

3.1 Pflanzenbauliche Maßnahmen

Der Winzer nimmt mit den verschiedensten Maßnahmen der Kulturführung (z. B. Bodenbearbeitung, Begrünungspflege, Laubschnitt) Einfluss auf den Wasserhaushalt des Systems Weinberg.

3.1.1 Laubschnitt

In den Sommermonaten ist bei einer Blattfläche von 2–3 m² pro m² Boden mit einer Wasserverdunstung von ca. 1–2 l/m² Boden/Tag zu rechnen. Je höher die Laubwand ist, desto größer ist die Blattfläche je m² Boden und desto höher ist der Wasserverbrauch. Durch Einkürzen (Gipfeln) wird der Wasserverbrauch vermindert. Der Zeitpunkt der Durchführung dieser Maßnahme wirkt sich auf die grundsätzliche Intensität der Reduzierung des Wasserverbrauchs modifizierend aus: So hat ein spät in der Vegetationsperiode durchgeführtes Gipfeln (Laubschnitt) zur Folge, dass der Wasserverbrauch des Systems Weinberg höher ist, als wenn diese Kulturmaßnahme zu einem früheren Zeitpunkt erfolgt. Mit der Laubwandgestaltung (Höhe der Laubwand/Verhältnis Blattfläche m² zur Fläche Boden m²) verfügt der Winzer also schon über eine Möglichkeit, in gewissem Rahmen regulierend auf den Wasserhaushalt des Systems Weinberg einzugreifen.

Wird diese Maßnahme zeitgerecht durchgeführt, kann in Bezug auf den gesamten Wasserverbrauch in der Vegetationsperiode der Wasserverbrauch der Reben um ca. 8–10 % reduziert werden. Bedenkt man, dass durch den Klimawandel die potenzielle Evapotranspiration (ETP) in vielen Weinbauregionen in Deutschland bis zum Zeitraum 2040–2050 um ca. 15 % steigen wird, so zeigt sich, welch kleiner, aber doch sehr wichtiger Baustein diese Maßnahme bei der Regulierung des Wasserhaushalts und der Anpassung an den Klimawandel ist.

3.1.2 Bodenbearbeitung und Begrünung der Rebgassen

Doch der wesentlich größere Einfluss von Kulturmaßnahmen auf den Wasserhaushalt des Systems Weinberg ist sicherlich durch die Art und Weise der Bodenbearbeitung und Begrünungspflege gegeben. Dies hat einen starken Einfluss auf die Parameter Bodengefüge, Porengrößenverteilung und Porenkontinuität und damit elementar auf die Fähigkeit eines Bodens, Wasser aufnehmen (infiltrieren) und Wasser speichern zu können (siehe auch Kap. 2.3).

Der grundsätzliche Schlüssel zu mehr Wasseraufnahmefähigkeit (Infiltration) und Wasserspeicherfähigkeit des Bodens an einem Standort ist eine zielgerichtete physikalische Bodenbearbeitung in Kombination mit einer entsprechend vielfältigen,

Abb. 28 Wurzeln von perennierenden krautigen Begrünungspflanzen: Wegbereiter für Bodengefüge und Porenkontinuität.

von krautigen Pflanzen dominierten und möglichst ganzjährigen ganzflächigen Begrünung. Natürlich steht dieser Aspekt in gewissem Widerspruch zu der Konkurrenzsituation von der Rebpflanze und der Begrünung hinsichtlich der Aufnahme (Nutzung) des vorhandenen Bodenwassers. Aber mit Blick auf die Veränderungen des Klimas gilt es, die Möglichkeiten auszuloten, durch möglichst konservierende Bodenbearbeitung und Ausdehnung der Begrünung das Bodengefüge, die Porengrößenverteilung und die Porenkontinuität positiv zu beeinflussen – um eine höhere Infiltrationsrate sowie Wasserspeicherfähigkeit des Bodens zu erreichen und dadurch mehr der natürlicherweise fallenden Niederschläge an Ort und Stelle halten zu können.

Die Bodenflächen der Weinbauareale sollten nach Möglichkeit während der Vegetationszeit immer in irgendeiner Art und Weise eine Abdeckung zum Schutz vor direkter Sonneneinstrahlung und direkter Einwirkung von Wassertropfen auf die Bodenaggregate aufweisen. Dies bedeutet, dass in dem derzeit im deutschen Weinbau in den meisten Weinbergsarealen standardmäßig eingesetzten Bewirtschaftungssystem „Rotationsbegrünung im 2-jährigen Turnus“ (jede zweite Rebgasse wird bearbeitet) die Bearbeitung jeder zweiten Rebgasse nach Möglichkeit flach ausgeführt und der Boden dabei nicht zu stark gewendet wird. Werden die Begrünungspflanzen durch die Bearbeitung nicht gänzlich zerstört, können diese nach der Bearbeitung mit deutlich reduzierter Intensität wieder austreiben und weiterwachsen und so den Boden noch stabilisieren und schützen. Sterben die Begrünungspflanzen durch eine zu intensive Bearbeitung ab und wird nicht sofort wieder eingesät, sollte durch das Auftragen von entsprechenden Mulchmaterialien ein wirkungsvoller Schutz des Bodens während der in der Regel heißeren und trockeneren Monate Juni, Juli und August erfolgen, um Verluste hinsichtlich Bodenstruktur und organischer Substanz sowie Verluste an Bodenmaterial durch Bodenerosion zu vermeiden.

In Abhängigkeit von den Witterungsverhältnissen sollte dann ggf. noch vor der

Abb. 29 Wurzel der Begrünungspflanze Esparsette (*Onobrychis viciifolia*, links) und Wegwarte (*Cichorium intybus*, rechts) im April des folgenden Jahres nach Sommereinsaat.

Traubenlese, oder in jedem Fall im Anschluss an die Traubenlese, die Einsaat einer Herbst-Winterbegrünung erfolgen. Im Vorfeld der Saatbeetbereitung dieser Einsaat ist auch eine tiefere Bodenbearbeitung möglich, da ja zeitnah eine Begrünungseinsaat folgt, sodass die durch die Bodenbearbeitung physikalisch herbeigeführte Vergrößerung des Bodenvolumens in der Folge durch die einwachsenden Pflanzenwurzeln stabilisiert wird. Im darauffolgenden Jahr oder nach zwei Jahren wird dann Fahrgasse und bearbeitete Rebgasse getauscht (Rotationsbegrünung), sodass in der eingesäten Begrünung auch perennierende (ausdauernde) krautige Begrünungspflanzen zum Einsatz kommen können. Denn gerade perennierende Begrünungspflanzen haben aufgrund ihrer allorhizen Wurzelstruktur (eine Hauptwurzel und daneben kleinere Seitenwurzeln, wie sie für Zweikeimblättrige Pflanzen typisch sind) positiven Einfluss auf die Porenstruktur, Porengrößenverteilung und Porenkontinuität bis in die tieferen Bodenschichten hinein. Die Wurzeln perennierender krautiger Begrünungspflanzen können damit als direkte Wegbereiter zur Stabilisierung des Bodengefüges und Porenkontinuität betrachtet werden (siehe Abb. 28).

Dies geschieht vor allen Dingen ab dem zweiten Standjahr, wenn zu dem grundsätzlichen Durchwurzeln und Erschließen von tieferen Bodenschichten dann auch das Dickenwachstum der oft vorhandenen Pfahlwurzel seine Wirkung entfaltet. Durch Turgordruck der Wurzelzellen und das Dickenwachstum der Wurzeln kann ein Druck auf den umgebenden Boden von bis zu 0,1–0,2 MPa (= 1–2 bar) entstehen. Die Bodenaggregate werden dadurch auseinandergedrückt und das Bodenvolumen vergrößert. Gleichzeitig wird der unmittelbar an die Wurzel anliegende Boden (bis zu 1–2 mm Entfernung) im Bereich des Wurzelkanals leicht verdichtet. Wird nun beim nächsten

Umbruch (im Mai des Folgejahres oder besser nach 2–3 Jahren Standzeit) mit einer wiederum nur flach ausgeführten Bodenbearbeitung der oberirdische Teil der Pflanze entfernt, stirbt diese ab. Die in den tieferen Bodenschichten ausgebildete Wurzel bleibt zunächst erhalten, wird dann mit der Zeit durch Bodentiere und diverse Bodenpilze und Bakterien langsam zersetzt und abgebaut und es bleibt eine stabilisierte Biopore („Drainagekanal") für die Infiltrationsprozesse von Niederschlagswasser im Boden zurück. Wie Abbildung 29 zeigt, ist die Wurzelausprägung einiger perennierend krautiger Begrünungspflanzen mit allorhizer Wurzelstruktur für eine solche Erschließung tieferer Bodenschichten auch in relativ kurzen Zeiträumen (ein bis zwei Jahre Standzeit) doch ganz erheblich.

Die Effekte einer solchen Gefüge orientierten Bodenpflege auf die Porengrößenverteilung und Porenkontinuität sind umso größer, je mehr man den perennierend krautigen Begrünungspflanzen mit allorhizer Wurzelstruktur Zeit und die Möglichkeit zur Fotosynthese und Assimilatbildung gibt, sodass sie ihren Wurzelkörper entsprechend ausbilden und in tiefere Bodenschichten vordringen können. Eine Standzeit der Begrünungspflanzen von der Einsaat bis zum erneuten Umbruch und der Wiedereinsaat von mindesten 2½ bis 3 Jahren sind mit Blick auf die Wirkungen auf das Bodengefüge vorteilhaft.

Vor diesem Hintergrund sollte zur Auflösung der Konkurrenzsituation zwischen Rebe und Begrünung in Abhängigkeit von den standortspezifischen Rahmenbedingungen (Klima, Boden) auch die Möglichkeit einer Bodenbearbeitung in jeder zweiten Rebgasse im Frühjahr mit zeitnaher Einsaat in Betracht gezogen werden. Bis eine solche Frühjahrseinsaat gekeimt und aufgelaufen ist, und diese durch zunehmendes Wachstum dann auch einen höheren Wasserbedarf hat, ist das vegetative Wachstum der Reben in den meisten Fällen bereits so weit fortgeschritten, dass, wenn die anderen beiden Rebgassen (Fahrgassen) in der Zwischenzeit abgewalzt bzw. gemulcht werden, eine ausreichende Wasserversorgung der Reben sichergestellt werden kann. An einigen Weinbaustandorten erscheinen die Niederschlagsmengen – die sich durch den Klimawandel ja in der Tendenz eher noch erhöhen werden – für ein solches Bewirtschaftungssystem ausreichend. Hier gilt es, durch Praxiserprobungen an dem jeweiligen Standort entsprechende Erfahrungen zu sammeln. Und natürlich sind die Möglichkeiten für die Umsetzung eines Gefüge orientierten Bodenpflegesystems an den verschiedenen Weinbaustandorten deutlich besser, wenn noch zusätzlich die Möglichkeit besteht, die Weinbergflächen bewässern zu können.

Um vor dem Hintergrund der Herausforderungen des Klimawandels möglichst viel der natürlichen Niederschläge an einem Standort halten und nutzen zu können, müssen auch ohne Möglichkeit der Bewässerung alle Maßnahmen der Bodenpflege ausgerichtet werden auf:

- die Förderung des Bodengefüges,
- die Förderung des Anteils an weiten und engen Grobporen am Gesamtporenvolumen,
- den Erhalt und die Förderung der Porenkontinuität der vorhandenen Poren.

Wie der schematische Ablauf der Arbeitsschritte eines solchen Gefüge orientierten Bodenpflegesystems aufgebaut sein kann, ist in Abbildung 30 im Überblick dargestellt.

Erster Schritt ist die Bearbeitung des Bodens (z. B. mit dem Grubber) und die Saatbeetbereitung, gefolgt von einer zeitnahen

Abb. 30 Schematischer Ablauf der Arbeitsschritte einer Gefüge orientierten Bodenbearbeitung und Begrünung mit entsprechend hohem Anteil perennierend krautiger Begrünungspflanzen.

Einsaat. Nachdem die Saat gekeimt und aufgelaufen ist, wird die Begrünung im kommenden Jahr zunächst bis ins späte Frühjahr nicht mehr bearbeitet. So haben die Begrünungspflanzen die Möglichkeit, entsprechend Fotosynthese zu betreiben und Blatt-, aber vor allen Dingen auch Wurzelmasse auszubilden.

Nach entsprechendem Aufwuchs wird dann im späten Frühjahr, in Abhängigkeit von den Witterungsbedingungen, zur Reduzierung der Wasserkonkurrenz zur Rebe die Begrünung in einem ersten Schritt abgewalzt. Neben dieser Reduzierung der Wasserkonkurrenz zur Rebe wird durch das Abwalzen ein mehr oder weniger dichter Pflanzenteppich auf den Boden gelegt. Durch diesen Pflanzenteppich wird die Evaporation aus dem Boden eingeschränkt und es entsteht eine feuchtwarme Zwischenschicht zwischen Bodenoberfläche und Pflanzenteppich. Mit dieser feuchtwarmen Mulchdecke entstehen für die Bodentiere, Bodenpilze und -bakterien der obersten Bodenschichten sehr förderliche Lebensbedingungen, mit entsprechender Auswirkung auf die Mineralisation von Nährelementen, wovon auch die Reben profitieren können.

Weiterhin werden durch das Abwalzen die Stängel der perennierend krautigen Begrünungspflanzen geknickt, dabei aber die Pflanze als solche nicht abgetötet, jedoch in ihrer vegetativen Entwicklung gebremst. Weiterhin wird durch diesen starken Reiz auch die Verholzung (Lignifizierung) der Begrünungspflanzen angeregt, wodurch sich die Zusammensetzung des Pflanzengewebes (z. B. C/N-Verhältnis) entsprechend ändert.

Wird nun der durch das Abwalzen der Begrünung entstandene Pflanzenteppich in einem nächsten Bearbeitungsschritt gegenläufig gemulcht, so stellt das zurückbleibende Mulchmaterial mit höherem Ligningehalt auch eine förderlichere Nahrungsgrundlage für Bodentiere wie z. B. den Regenwurm dar.

Im darauffolgenden Jahr erfolgt dann im Mai/Juni (2 bis 2½ Jahre nach der Einsaat) die erneute Bearbeitung (Umbruch) der Begrünung, um die Wasserkonkurrenz zur Rebe zu unterbinden. Die Bearbeitung erfolgt nur flach, sodass die tiefergehenden (Pfahl-)Wurzeln zunächst erhalten bleiben und dann in der Folge langsam zersetzt und abgebaut werden. Am Ende des Verrottungsprozesses bleiben Bodenporen zurück, die aufgrund der ehemaligen Dicke und Struktur der Wurzeln eine für die Infiltration von Wasser in den Boden förderliche Wirkung besitzen.

Durch die dargelegten Zusammenhänge werden mit den perennierend krautigen Begrünungspflanzen mit allorhizer Wurzelstruktur in einer Begrünungsmischung in Kombination mit einer Gefüge orientierten Bodenpflege vor allen Dingen die Anteile der weiten und engen Grobporen am Gesamtporenvolumen gefördert, was sich sehr positiv auf die Wasseraufnahmefähigkeit (Infiltration) des Bodens auswirkt und die Speicherfähigkeit des Bodens an pflanzenverfügbarem Wasser steigert. Mit grasdominierten Begrünungen hingegen wird aufgrund der homorhizen Wurzelstruktur (morphologisch gleichwertige und sprossbürtige Wurzeln) der Einkeimblättrigen Gräser überwiegend der Anteil an sehr engen Grobporen und vor allen Dingen Mittelporen gefördert, was mit Blick auf die Wasseraufnahmefähigkeit (Infiltration) des Bodens und Speicherfähigkeit des Bodens an pflanzenverfügbarem Wasser nur wenige, in den meisten Fällen keine Vorteile verschafft.

Neben diesen Wurzeleffekten der meist perennierend krautigen Begrünungspflanzen bringen verschiedene 1-jährige krautige

Begrünungspflanzen noch weitere Vorteile mit sich. So eignen sich einige dieser krautigen Begrünungspflanzen auch gut dafür, die im Boden meist in ausreichender Menge vorhandenen Nährelemente aufzuschließen und für den Boden- und Pflanzenstoffwechsel in der Kulturfläche verfügbar zu machen. So verfügen z. B. *Phacelia*, Buchweizen und die Lupine (Weiße und Blaue) über ein sehr gutes Aneignungsvermögen für Phosphat.

Die Leguminosen unter den krautigen Begrünungspflanzen haben neben den genannten Effekten aufgrund ihrer Wurzelleistungen und Nährelementaufschlussvermögen auch noch den Effekt, dass sie über die Symbiose mit Knöllchenbakterien Stickstoff aus der Luft für das System Weinberg verfügbar machen.

Zu guter Letzt wird mit einer intensiveren Begrünung und der durch die Assimilationsleistung der Begrünungspflanzen bedingten Kohlenstofffixierung auch der Humusgehalt (organische Substanz) des Bodens erhöht, was wiederum einen positiven Effekt mit Blick auf den Aufbau von stabileren Bodengefügeformen hat (siehe Kap. 2.3, Ton-Humus-Komplex).

3.1.3 Mulchen, organische Düngung

Eine weitere unterstützende Maßnahme im Zusammenhang mit der Förderung des Bodengefüges, der Wasseraufnahmefähigkeit (Infiltration) und Wasserspeicherfähigkeit des Bodens ist die Zufuhr von organischer Substanz in den Boden über eine organische Düngung (Stroh, Mist, Kompost, organische Handelsdünger). Welche Effekte durch die Erhöhung des Gehalts an organischer Substanz im Boden auf Wasseraufnahmefähigkeit (Infiltration) und Wasserspeicherfähigkeit erzielt werden können, wurde in Kapitel 2.3 bereits beschrieben. Die Steigerung der Wasserspeicherkapazität ist dabei nur in relativ bescheidenen Grenzen möglich.

Doch die positiven Effekte der Zufuhr von organischer Substanz hinsichtlich der Strukturverbesserung und damit einhergehend der Erhöhung der Wasseraufnahmefähigkeit (Infiltration) sind demgegenüber sehr beachtlich, sodass eine entsprechende organische Düngung mit Blick auf den Wasserhaushalt des Systems Weinberg grundsätzlich positiv wäre. Jedoch konnte anhand umfangreicher Bodenuntersuchungen gezeigt werden, dass die weinbaulich genutzten Böden in den Weinbaugebieten in Deutschland sehr häufig einen überhöhten Phosphat-Gehalt in den Versorgungsstufen D und E aufweisen. Aufgrund dieser Situation und den mit einer organischen Düngung in der Regel verbundenen hohen Phosphat-Frachten ist der Spielraum für die Einbringung von organischer Substanz in Form organischer Düngung (Stroh, Mist, Kompost, organische Handelsdünger) durch die geltenden gesetzlichen Regelungen im Bereich Düngung (Dünge-Verordnung) relativ begrenzt.

3.1.4 Grün-Lese, Ertragsreduktion

Als eine weitere Maßnahme zur Optimierung der Nutzung der vorhandenen Bodenwasservorräte ist die Anpassung des Ertragsniveaus in durch Trockenheit geprägten Jahren durch „Grün-Lese“, bzw. mit Blick auf die Veränderungen aufgrund des Klimawandels, die grundsätzliche Anpassung (Reduzierung) des Ertragsniveaus durch reduzierten Anschnitt (Stockbelastung), eine mögliche Option. Und beides jeweils bei ggf. möglicher Ausdehnung der Begrünung. Hinsichtlich der notwendigen Ertragsanpassung zur Erhaltung der qualitativen Ertragsleistung unter den zukünftigen Standortbedingungen aufgrund des Klimawandels werden in der Praxis und in weinbauwissenschaftlichen Fachkreisen notwendige Ertragsreduktionen von 20–30 % diskutiert. Ob dies jedoch bei allen der angebauten Rebsorten und für den überwiegenden Teil der Anbauflächen als Anpassung an vermehrte Trockenheit eine ausreichende Option ist, bleibt noch offen. Denn die Problematik in Zusammenhang mit einem beschleunigten und intensiveren Säureabbau durch höhere Temperaturen während der Reifephase kann mit Reduzierung des Ertrags nur bedingt gelöst werden.

Ebenso offen bleibt im Zusammenhang mit der diskutierten Ertragsreduktion zur Anpassung an die veränderten Standortbedingungen aufgrund des Klimawandels bisher auch, wie eine Ertragsanpassung in dieser Größenordnung preispolitisch (v. a. bzgl. Traubenerzeuger) dargestellt werden kann. Die Auszahlungspreise für die Traubenerzeugung sind in den letzten Jahren in der Tendenz eher stagnierend bzw. (inflationsbedingt) rückläufig denn steigend. Insofern ist es äußerst fraglich, ob eine entsprechend umfangreiche Preissteigerung zur monetären Kompensation einer 20–30 %igen Ertragsreduzierung realistisch umgesetzt werden kann.

Aber natürlich ist die Maßnahme der Ertragsanpassung ein weiterer kleiner, aber doch sehr wichtiger Baustein bei der Regulierung des Wasserhaushalts im System Weinberg und dessen Anpassung an den Klimawandel.

3.2 Bewässerungstechnik

Wie beschrieben, gibt es eine Reihe von pflanzenbaulichen Maßnahmen (insbesondere Bodenpflege und Begrünung), um den Wasserhaushalt der Rebanlagen positiv zu beeinflussen. Begrenzendes Moment ist dabei aber die sehr häufig bestehende Konkurrenzsituation zwischen Rebe und Begrünung um die Wasservorräte im Boden. Dies kann besonders zu bestimmten Phasen der Rebenentwicklung (vornehmlich im Zeitraum Juni bis Ende August) auftreten.

Für die Verbesserung des Bodengefüges und Steigerung der Wasseraufnahmefähigkeit (Infiltration) sowie der Wasserspeicherfähigkeit wäre die Umsetzung eines Gefüge orientierten Bodenpflegesystems mit möglichst umfassender Begrünung äußerst sinnvoll. Jedoch kommt man ohne eine Möglichkeit der Bewässerung der Rebanlagen bei der Umsetzung eines solchen Gefüge orientierten Bodenpflegesystems nicht selten in einen Zwiespalt: Es muss je nach Witterungsverlauf doch immer wieder zu ungünstigen Zeiten in den Boden eingegriffen werden, um die Konkurrenz aufzulösen; mit den entsprechend negativen Folgen für die Bodenstruktur und den Wasserhaushalt insgesamt. Ein schlechteres Bodengefüge bedeutet immer auch weniger Wasseraufnahmefähigkeit (Infiltration) und Wasserspeicherfähigkeit des Bodens. Durch den Klimawandel bedingt, wird sich dieser Zwiespalt noch verschärfen.

Deswegen kann eine Bewässerung für manche Weinbaustandorte eine gute Option darstellen. Mit einer Bewässerung kann der Handlungsspielraum für die Bodenpflege und Begrünung der Rebanlagen bedeutend ausgeweitet und das Bodengefüge deutlich positiver gestaltet werden.

3.2.1 Bewässerungsverfahren

Zur Ausbringung des zusätzlichen Wassers in den Pflanzenbestand wurden zahlreiche Bewässerungsverfahren entwickelt. Bewässerungsanlagen werden unterschieden in:

- **Bewegliche Bewässerungsanlagen**
  Alle Anlagenteile sind oberirdisch und beweglich. Sie können beliebig auf- und abgebaut werden. Bewegliche Anlagen haben einen geringeren Investitionsaufwand, jedoch einen höheren Betriebsaufwand als die teilortsfesten oder ortsfesten Anlagen.
- **Teilortsfeste Bewässerungsanlagen**
  Einzelne Anlagenteile, in der Regel Brunnen, Pumpe und Hydrantenleitungen zu den einzelnen Flurstücken, sind fest installiert. Die Wasserverteilung auf den Flurstücken erfolgt über bewegliche Anlagenteile.
- **Ortsfeste Bewässerungsanlagen**
  Alle Anlagenteile sind fest installiert und damit flächengebunden. Ein Vorteil dieser Anlagen ist die stetige Betriebsbereitschaft und ein geringerer Betriebsaufwand im Vergleich zu den anderen Anlagen. Ein Nachteil ist der höhere Investitionsaufwand.

3.2.1.1 Bewegliche (mobile) Bewässerungsanlagen

Ein sehr einfaches Verfahren unter den beweglichen (mobilen) Bewässerungsanlagen ist das Ausbringen des zusätzlichen Wassers in der Anlage mit gezogenem Wasserbehälter, Trauben- oder Maischewagen. Die Befüllung des Behälters oder Wagens erfolgt nach Möglichkeit an der nächst möglichen Wasserquelle, um die Rüstzeiten des Verfahrens möglichst klein zu halten. Das Wasser wird über Verteilerschläuche unter der Rebzeile ausgebracht.

- 1. Möglichkeit: vom Parzellenrand aus durch Einleitung des Wassers in eine Furche unter der Rebzeile, welche dann für die weitere Verteilung in Zeilenrichtung sorgt. Positiv zu bewerten ist die Einbringung unter der Rebzeile, da sich dort ein großer Anteil der Rebwurzelmasse befindet. In Kombination mit der Belüftung aufgrund der Unterstockbodenbearbeitung werden gleichzeitig auch die Bedingungen für die Bildung von Feinwurzeln in der Zone der Wasserausbringung verbessert.
- 2. Möglichkeit: Während der Fahrt mit dem Maischewagen durch die Rebgasse. Hier kann durch Einleiten des Wassers hinter einem Unterstockbodenbearbeitungsgerät das Wasser in tiefere Bodenschichten eingebracht werden, wodurch Verdunstungsverluste minimiert werden.
- 3. Möglichkeit: Vom Parzellenrand aus durch Einleitung des Wassers in eine mobile Tropfbewässerungsanlage.

> **Das Ausbringen des Wassers mit dem Maischewagen – eine Variante, die nur für kleine, wenig geneigte Rebflächen geeignet ist.**

Aufgrund der Einschränkungen hinsichtlich der Größe des Behälters, ist dieses Verfahren aber nur für kleinere und wenig geneigten Rebflächen einsetzbar. Die Obergrenze für die Füllmenge des Behälters dürfte nicht wesentlich über 1 000 Liter liegen. Wird eine beabsichtigte Wassergabe von 10 l/m^2 unterstellt, können mit einer Fahrt ca. 100 m^2 Rebfläche bewässert werden. Diese Verhältnismäßigkeiten zeigen die begrenzte Einsetzbarkeit dieses Verfahrens. Weitere Nachteile dieses sehr einfach umsetzbaren Verfahrens sind die Ungenauigkeit der Ausbringung und die erneute Bodenbelastung in der Rebgasse durch die Überfahrt (Zunahme der Bodenverdichtung durch Multi-Pass-Effekt). Zudem werden in einer sehr arbeitsintensiven Phase der Vegetationsperiode Maschinen und Arbeitskraft gebunden, die dann für die anderen zu

Abb. 31 Mobile Tropfbewässerungsanlage.

erbringenden Maßnahmen nicht zur Verfügung stehen. Für das Ausbringen einer ausreichenden Wassermenge je Gabe darf die Fahrgeschwindigkeit nicht zu hoch gewählt werden. Zu beachten ist bei diesen Verfahren, dass mit zunehmender Hangneigung und Hanglänge auch die zunehmende Gefahr von Bodenerosion durch Rinnenbildung gegeben ist.

> Die mobile Tropfbewässerungsanlage – eine rationelle Lösung für kleine Flächen und einzeln gelegene Weinberge.

Beim Einsatz einer mobilen Tropfbewässerungsanlage (Möglichkeit 3) kann der Faktor Erosion ausgeschlossen werden. Auch hier gibt es unterschiedliche, mehr oder weniger technisch ausgereifte Lösungen. So wird am Feldrand auf einem Anhänger ein Wasserspeicher deponiert. An diesem Wasserspeicher gibt es eine oder mehrere Austrittsöffnungen, an die wiederum mehrere Tropfbewässerungsschläuche angeschlossen werden können. Die Tropfschläuche sind entlang der Rebzeile ausgelegt. Durch die Schwerkraft angetrieben, fließt das Wasser in die Tropfschläuche und dann zu den Pflanzen. Sollte die Topographie der Rebanlage es erfordern, kann zwischen dem Wasserspeicher und dem Einspeisepunkt der ausgelegten Tropfschläuche noch eine Druckerhöhungspumpe angebracht werden, um die Verteilgenauigkeit zu gewährleisten. Je nach Anzahl der Leitungen können mehrere Reihen gewässert werden. Das Wasser dringt langsam in den Boden ein und verhindert damit eine Verschlämmung. Eine Bewässerung in der Nacht zur Verminderung der Verdunstung ist möglich. Auch die Wasseraufnahme des Bodens ist dann günstiger. Dieses Verfahren eignet sich vor allen Dingen für sehr kleine, dezentral gelegene Weinberge oder bei Neupflanzungen und Junganlagen, oder wenn nur bestimmte Teilbereiche eines Weinbergs bewässert werden sollen. Abbildung 31 zeigt eine mobile Tropfbewässerungsanlage in der praktischen Anwendung.

Eine großflächige Anwendung dieses Bewässerungsverfahrens ist aufgrund des immensen arbeitszeitlichen Aufwands und der damit verbundenen Kosten, und durch die starke Begrenzung der ausbringbaren Wassermenge pro Zeiteinheit nicht realistisch (siehe Kap. 7).

3.2.1.2 Teilortsfeste Bewässerungsanlagen

Bei den teilortsfesten Bewässerungsanlagen sind an den Flurstücken Brunnen, Pumpen und Hydrantenleitungen als fest installierte Einheiten vorhanden. Zur Verteilung des Wassers in den jeweiligen Flächen können dann unterschiedliche Systeme zum Einsatz kommen. Dies können in Flurstücken mit geringer Hangneigung mobile Beregnungsmaschinen sein oder bei größerer Hangneigung Reihenregnerverfahren. Mobile Beregnungsmaschinen können unter Umständen auch für sehr klein parzellierte Terrassenanlagen mit hohem Mauer- und Treppenanteil eine Alternative darstellen. Voraussetzung ist jedoch in diesem Fall eine ausreichende Wegeerschließung ober- und unterhalb der Terrassenanlage.

Beregnungsmaschinen

Die Beregnungsmaschinen sind meist mit Starkregnern mit einer Beregnungsintensität von 21 mm/h bis 40 mm/h ausgerüstet. Um eine gute Strahlauflösung und Wurfweite zu erreichen, ist ein Wasserdruck am Hydranten von mindestens 0,8 MPa (= 8 bar) notwendig. Die Druckverhältnisse am Regner selbst liegen bei 0,4 MPa (= 4 bar) bis 0,5 MPa (= 5 bar). Hinsichtlich der technischen Ausführung werden Beregnungsmaschinen mit Regnereinzug und Beregnungsmaschinen mit Maschinenvorschub unterschieden. Bei den Beregnungsmaschinen mit Regnereinzug gibt es drei Grundkonzeptionen bezüglich Trommelaufbau und Verfahrensablauf:

- Die Rohrtrommel ist rechtwinklig zur Fahrgestellachse angeordnet. Bei dieser Konstruktion muss das PE-Rohr für die Zuleitung zum Regnerwagen von einem Schlepper ausgezogen werden.
- Die Rohrtrommel ist parallel zur Fahrgestellachse angeordnet. Bei dieser Konstruktion kann nach der Verankerung des Regnerwagens das PE-Rohr zur Wasserzuleitung von der Beregnungsmaschine ausgelegt werden.
- Die Rohrtrommel ist schwenkbar auf dem Fahrgestell angebracht. Sie lässt sich um 180° drehen, sodass die Wasserzufuhr mit diesem Verfahren von gegenüberliegenden Feldstücken flexibler gestaltet werden kann.

Bei der Beregnungsmaschine mit Maschinenvorschub wird zu Beginn des Beregnungsdurchgangs die Beregnungsmaschine an dem Feldrand positioniert, welcher der Wasserquelle (Hydrant oder Schlauchzuleitung) gegenüberliegt. Die Beregnungsmaschine mit aufgebautem Starkregner wird dann am PE-Rohr für die Wasserzuleitung über das Feld gezogen. Dabei wird das PE-Rohr von einer Trommel aufgenommen, die sich auch auf der Beregnungsmaschine befindet.

Reihenregnerverfahren

Beim Reihenregnerverfahren erfolgt von der Wasserquelle aus über eine Hauptleitung (Zuleitung) die Erschließung des Flurstücks. An der Hauptleitung werden eine oder mehrere Reihenregnerleitungen angeschlossen, über die die endgültige flächige Verteilung des Wassers gewährleistet wird. Abbildung 32 zeigt den schematischen Aufbau einer Reihenregner-Bewässerungsanlage.

Als Regner können je nach Flächengröße Drehstrahlregner mit oder ohne Sektorenschaltung, oder Schwenkregner zum Einsatz kommen. In Tabelle 14 sind die technischen Kenndaten für die Reihenregnerverfahren und in Tabelle 15 Kenndaten für die bei einer Reihenregner-Bewässe-

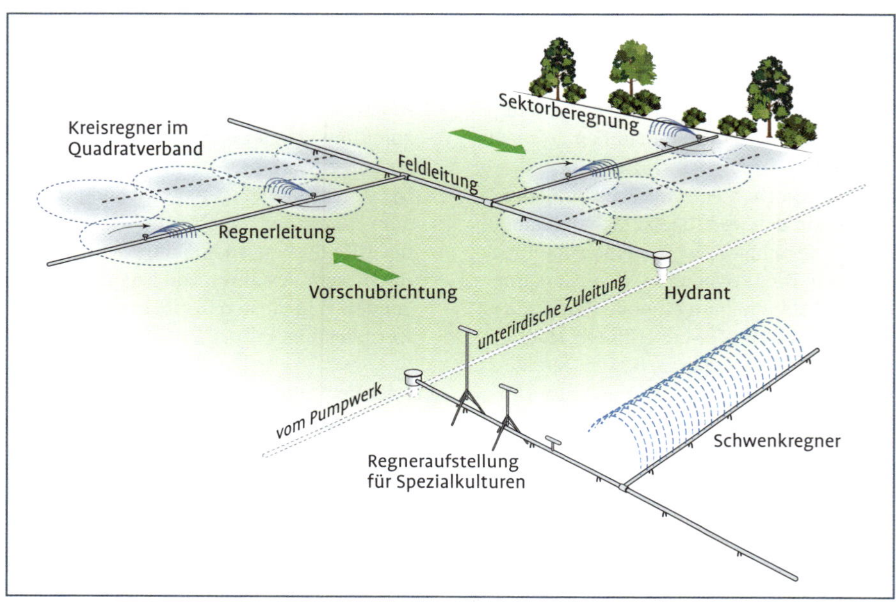

Abb. 32 Schematischer Aufbau einer Reihenregner-Bewässerungsanlage.

rungsanlage verwendeten Drehstrahlregner zusammengefasst. Die Aufstellung kann entweder im Rechteck- oder im Dreieckverband erfolgen.

Die Ausbringung erfolgt über dem Pflanzenbestand, weshalb bei Dauerkulturen bei diesen Verfahren auch von Überkronenberegnung gesprochen wird. Sowohl beim Einsatz von Beregnungsmaschinen als auch beim Einsatz des Reihenregnerverfahrens ist auf eine gute Überlappung der Beregnungskreise zu achten, damit eine gleich-

Tab. 14 Technische Kenndaten für die Reihenregnerverfahren

Verfahren	Regnerleitung NW (mm)	Max. Feldlänge (m)	Düsengröße (mm)	Druck am Regner Æ (bar)	Wasserverbrauch (m³/h) je Regner	Seitenschlauch NW (mm)
Rohrberegnung (Bandstahl bzw. Polyethylenrohr)	70	300–500	4–10	3,5	1,10–7,10	–
	89					
Rohrschlauchberegnung (Bandstahlrohr)	70	300–500	4–6	3,5	1,10–2,50	20–25
	89					
Schlauch-Schlauchberegnung (nylonarmierter PVC-Schlauch)	70	–500	4–6	3,5	1,10–2,50	20–25

Tab. 15 Kenndaten eines Drehstrahlregners im Reihenregnerverfahren (Perrot 1966)

Düsenweite mm	Betriebsdruck am Regner 100 k Pa (= bar)	Wasserverbrauch (m^3/h)	Wurfweite (m)	Regnerabstand bei Aufstellung im		Beregnungsintensität bei Aufstellung im	
				Rechteckverband (m)	Dreieckverband (m)	Rechteckverband (mm/h)	Dreieckverband (mm/h)
4	3,0	1,0	15,3	18 × 18	18 × 124	3,15	2,36
	4,0	1,2	16,4	18 × 118	18 × 124	3,67	2,75
	5,0	1,3	16,8	18 × 124	24 × 124	3,05	2,29
5	3,0	1,6	16,0	18 × 118	18 × 124	5,04	3,77
	4,0	1,9	17,3	18 × 124	24 × 124	4,35	3,26
	5,0	2,1	17,9	18 × 124	24 × 124	4,86	3,64
6	3,0	2,4	17,6	18 × 124	24 × 124	5,50	4,12
	4,0	2,7	18,1	18 × 124	24 × 124	6,25	4,76
	5,0	3,0	19,0	24 × 124	24 × 130	5,31	4,25
7	3,0	3,2	19,4	24 × 124	24 × 130	5,58	4,48
	4,0	3,7	20,6	24 × 124	30 × 130	6,48	4,14
	5,0	4,2	21,3	24 × 130	30 × 130	6,78	4,63

mäßige Verteilung auf der Gesamtfläche gewährleistet ist. Abbildung 33 zeigt eine teilortsfeste Reihenregner-Bewässerungsanlage in einer Rebanlage im praktischen Betriebseinsatz.

In der Regel erfolgt der Einsatz dieser Verfahren überbetrieblich. Hier bietet sich die Möglichkeit von Gemeinschaftsanlagen im Rahmen einer Bewässerungsgenossenschaft bzw. eines Wasser- und Bodenverbands, oder der Einsatz von Beregnungsmaschinen oder Reihenregneranlagen eines Maschinenrings an. Beide Verfahren haben im Vergleich zu den ortfesten Bewässerungsanlagen einen geringeren Investitionsbedarf. Allerdings ist ein nicht unerheblicher Arbeitsaufwand für Installation und Betrieb dieser Anlagen notwendig. Weitere Vorteile sind:

- große Wurfweiten
- schneller Flächenwechsel
- relativ gute Dosierbarkeit
- geringe Bindung an die Geländeform
- Eignung zur Frostschutz-Beregnung

Nachteil dieser beiden Bewässerungsverfahren ist der relativ hohe Wasserverlust durch Verdunstung. Im Trockenjahr 2003 wurden bei Beregnungsversuchen im Mittel Wasserverluste durch Verdunstung in der Luft und Interzeptionsverluste (Verdunstung vom wasserbenetzten Blatt) von 14 % ermittelt. Durch Beregnung in der Nacht konnten diese Verluste auf 6 % reduziert werden. Im Vergleich zu Tropfbewässerungsanlagen ist der Wasserverbrauch einer Beregnungsmaschine oder einer Reihenregner-Bewässerungsanlage fast doppelt so hoch.

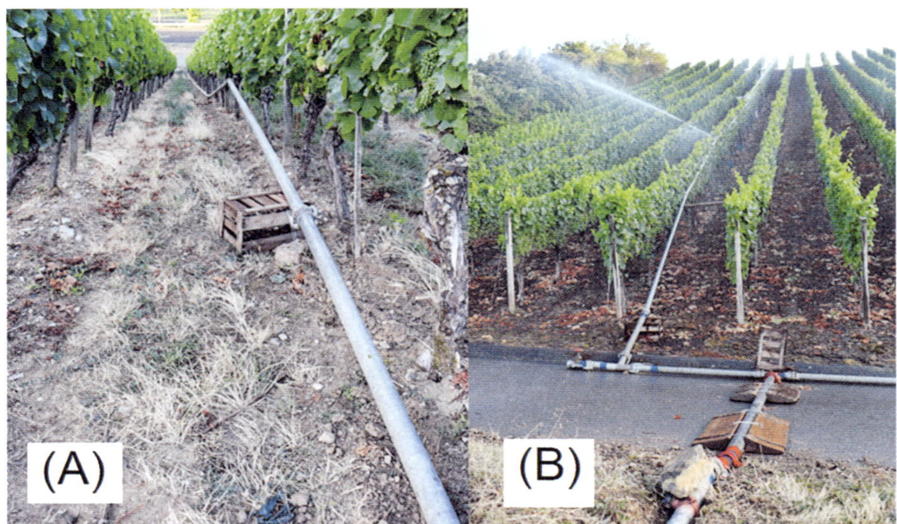

Abb. 33 Teilortsfeste Reihenregner-Bewässerungsanlage in einer Rebanlage im praktischen Betrieb: (A) mobil verlegte Zuleitung ausgehend von der Pumpe an der Wasserquelle, (B) Übergang von Zuleitung in die Querverteilung (entlang dem Flurstück) mit angekoppelten Reihenregnerleitungen in die Rebanlage, (C) Reihenregner-Bewässerungsanlage im Betrieb mit Wasserausbringung über dem Rebenbestand.

Durch die relativ hohe und über den ganzen Pflanzenbestand verteilte Verdunstung können Kühleffekte auftreten. Diese können sich je nach Situation auch positiv auswirken, aber es kann auch zu Reifeverzögerungen und zur Einschränkung der Erntequalität kommen. Zudem sind diese Bewässerungsverfahren sehr anfällig gegenüber Windeinfluss, wodurch die Verteilgenauigkeit beeinträchtigt werden kann. Ein weiterer Nachteil dieser Verfahren ist, dass die Laubfläche der bewässerten Kulturpflanzen mit Wasser benetzt wird und dadurch unter Umständen das Potenzial für Pilzinfektionen ansteigen kann. Weiterhin erfolgt die Ausbringung ganzflächig, was sich je nach Kultur nachteilig auswirken kann, da nicht nur die Kulturpflanze, sondern auch die Konkurrenzpflanzen (Begrünungspflanzen) mit Wasser versorgt werden. Bei unzureichender Bodenbedeckung ist beim Einsatz dieser Beregnungsverfahren auch zu berücksichtigen, dass eine Beeinträchtigung der Bodenstruktur möglich ist. Durch die relativ großen Wurfweiten der verwendeten Starkregner einerseits und dem relativ hohen Betriebsdruck andererseits, kommt das Wasser mit einer relativ hohen Geschwindigkeit und damit kinetischer Energie am Boden an und beeinträchtigt die Bodenaggregate (mögliche Verschlämmung). Darüber hinaus werden bei diesen Beregnungsverfahren relativ hohe Wassermengen (30 mm/m^2 bis 40 mm/m^2) großflächig ausgebracht, sodass der Oberboden relativ stark durchnässt wird – damit ist das Befahren der Rebanlage unmittelbar nach dem Bewässerungsvorgang für einen gewissen Zeitraum nicht möglich. Aufgrund der Bewässerung kann es so auch zu Verzögerungen bei der Durchführung von anderen Pflegearbeiten (Pflanzenschutz, Laubschnitt, Entblätterung) kommen.

3.2.1.3 Ortsfeste Bewässerungsanlagen

Als ortsfeste Bewässerungsanlagen werden die Überkronenberegnungs- und die Tropfbewässerungsanlage unterschieden. Das Verfahren der Tropfbewässerung ist, neben der Überkronenberegnung, in Europa eines der am meisten verwendeten Verfahren zur Bewässerung. Es hat im Vergleich zu den anderen Verfahren in den letzten Jahrzehnten wohl die größten technischen Weiterentwicklungen erfahren. Dadurch ist es auch für den Weinbau inzwischen das wichtigste Verfahren für eine zusätzliche Bewässerung.

Überkronenberegnunganlage

Bei dieser Beregnungsanlage wird das Bewässerungswasser in fest installierten Rohrleitungen zu Drehstrahlregnern (siehe Abb. 34) geleitet. Die Anordnung der Drehstrahlregner erfolgt entweder im Dreiecks- oder Rechtecksverband. Wie schon beim Reihenregnerverfahren ist darauf zu achten, dass die Beregnungskreise ausreichend überlappen, um eine gleichmäßige Verteilung des zusätzlich zugeführten Wassers auf der Gesamtfläche gewährleisten zu können. Die Windanfälligkeit ist auch bei der ortsfesten Überkronenberegnungsanlage zu beachten.

In der Regel werden in der Praxis bei einem Bewässerungsdurchgang mit einer Überkronenberegnungsanlage Wassermengen im Bereich von 30 mm/m^2 und 40 mm/m^2 ausgebracht. Vorteil dieses Verfahrens sind die relativ niedrigen Verfahrenskosten. Ebenso bestehen bei diesem Verfahren gute Möglichkeiten der Automatisierung. Unter Umständen auftretende Kühleffekte aufgrund gesteigerter Verdunstung durch die Verteilung des Wassers über den gesamten Pflanzenbestand können sich auch bei die-

Abb. 34 Ortsfeste Überkronenberegnungsanlage im Einsatz (oben), fest montierte Zuleitung (unten).

sem Beregnungsverfahren je nach Situation positiv oder negativ auf das Produktionsziel auswirken.

Nachteilig kann wiederum die Benetzung der Laubfläche bei der Wasserausbringung über dem Pflanzenbestand sein. Je nach sonstigen Rahmenbedingungen kann sich dadurch ein höheres Infektionsrisiko bezüglich Pilzerkrankungen einstellen. Ebenso nachteilig zu bewerten ist auch der bei diesem Verfahren relativ hohe Wasseraufwand aufgrund von Verdunstungsverlusten. Wie auch bei den beiden teilortsfesten Beregnungsverfahren (Beregnungsmaschinen, Reihenregnerverfahren) kann es aufgrund der relativ hohen und ganzflächig ausgebrachten Wassermengen zu Einschränkungen der Befahrbarkeit der Rebanlage unmittelbar nach dem Bewässerungsvorgang kommen und so nachfolgende Pflegearbeiten (Pflanzenschutz, Laubschnitt, Entblätterung) beeinträchtigt werden.

An Standorten mit erhöhter Spätfrostgefahr (z. B. Wallis) kann dieses Bewässerungsverfahren auch zur Frostschutzberegnung genutzt werden.

Sollte in Weinbergen mit vorhandener Überkronenberegnungsanlage eine Umstellung auf das Verfahren der Tropfbewässerungsanlage angestrebt werden, ist zu überlegen, inwieweit vorhandene Anlagenteile der Überkronenberegnung erhalten bleiben, um sich die genannte Option offen zu halten. In einigen Anbaugebieten investieren manche Winzer ganz bewusst in zwei unterschiedliche Systeme: Für die Ausbringung des Wassers zur Wasserversorgung nutzen sie das System der Tropfbewässerungsanlage und für Frostschutzmaßnahmen das System der Überkronenberegnungsanlage.

Tropfbewässerungsanlage

Das Verfahren der Tropfbewässerung hat in den letzten Jahrzehnten eine enorme technische Weiterentwicklung erfahren. Hinsichtlich des Verfahrensaufwands stellt die Tropfbewässerungsanlage die höchsten Ansprüche. Jedoch bietet es, aufgrund der Verteilgenauigkeit und dem damit einhergehenden geringeren Wasserverbrauch im Vergleich zu den anderen Verfahren, enorme Vorteile. Die Möglichkeit zur Automatisierung ist gegeben. Darüber hinaus sind gewisse Bewässerungsstrategien wie z. B. das partielle Austrocknen der Wurzelzone (Partial Rootzone Drying-PRD) praktisch an den Einsatz einer Tropfbewässerungsanlage gebunden.

Eine ortsfeste Tropfbewässerungsanlage ist aus den drei abgrenzbaren Bereichen Kopfeinheit, Leitungssystem und Tropfelement aufgebaut. Je nach Automatisierungsgrad der Bewässerungsregelung sind eine Wetterstation und ein Bewässerungscomputer zur Verarbeitung der Daten weitere Bestandteile.

Der Wassereintritt in die Bewässerungsanlage erfolgt an der Kopfeinheit. Diese sollte mindestens einen Filter, ein Druckreduzierventil und ein Manometer enthalten. Ein Wasserzähler oder Mengendosierventil sowie ein Düngerdosiergerät zur Beimischung von Flüssigdünger in den Bewässerungskreislauf sind eine sinnvolle Ergänzung. Je nach den örtlichen Gegebenheiten ist auch eine Pumpe notwendig. Abbildung 35 zeigt den schematischen Aufbau einer Tropfbewässerungsanlage.

Die einzelnen Komponenten der Kopfeinheit dienen dazu, die Wasserzufuhr zu regeln und das Wasser hinsichtlich der Anforderungen der Tropfelemente aufzubereiten. Der Filter ist in der Regel ein so genannter Lamellenfilter. Die verwendete

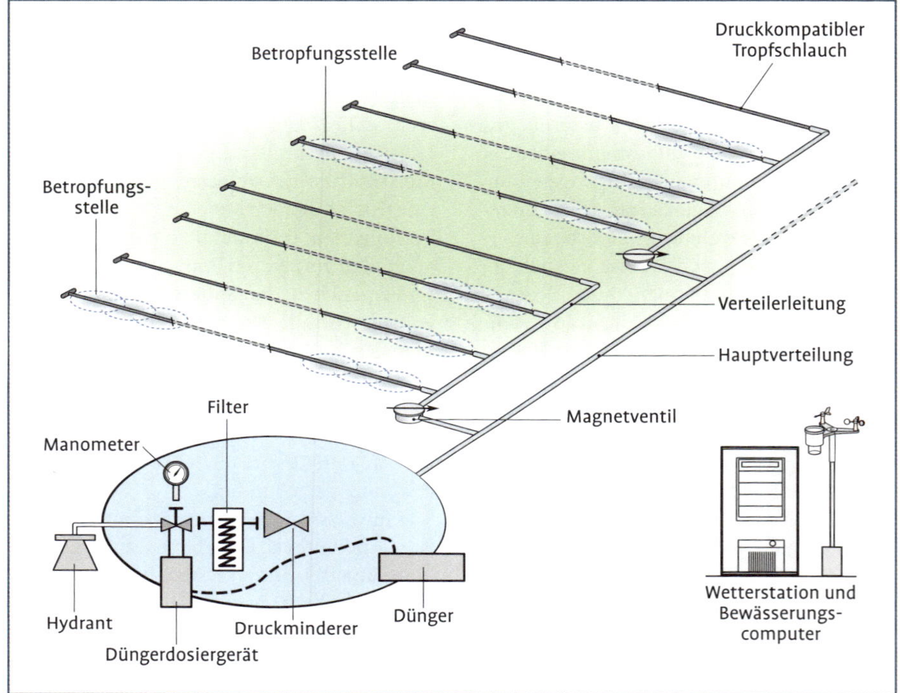

Abb. 35 Schematischer Aufbau einer Tropfbewässerungsanlage mit unterschiedlichen Bewässerungsquartieren.

Maschenweite liegt zwischen 80 und 120 Mesh. Das Leitungssystem besteht aus der Hauptleitung, der Hauptverteilerleitung, der Verteilerleitung sowie der Tropfleitung. Hauptleitung, Hauptverteilerleitung und Verteilerleitung werden in der Regel frostfrei unter der Erde verlegt. Für die Verlegung werden inzwischen von verschiedenen Anbietern schon spezielle Maschinen und Anbaugeräte für den Weinbau angeboten.

Durch die Hauptleitung gelangt das Wasser von der Entnahmestelle zur Kopfeinheit, die meist in räumlicher Nähe zu dem zu bewässernden Areal positioniert ist. Die Hauptverteilerleitung schließt an die Kopfeinheit an und führt dann über ein Ventil zur Verteilerleitung (siehe Abb. 36).

An die Verteilerleitung wiederum sind die Tropfleitungen über die Anbohrschelle angeschlossen. Die Tropfleitungen sind je nach System am Drahtrahmen befestigt oder werden auf oder im Boden verlegt. In Tropfbewässerungsanlagen im Steilhang wurde bei am Drahtrahmen verlegten Tropfschläuchen teils erhebliche Differenzen bei der Wasserverteilung festgestellt. Hintergrund war, dass das aus der Tropfleitung ausgetretene Wasser zunächst an der Leitung entlanggelaufen war, bevor es an der nächstbesten – zufälligen – „Soll-Tropf-Stelle“ abgetropft war. Um diesem Problem zu begegnen, kann die Tropfleitung auch auf oder im Boden verlegt werden (siehe Abb. 37). Jedoch ist dabei zu beachten, welches Bearbeitungssystem unter der Rebzeile eingesetzt wird. Erfolgt hier eine mechanische Bearbeitung, ist eine Verlegung auf dem Boden nicht möglich. Bei einer Verlegung im Boden ist in diesem Fall darauf zu achten, dass die Tropfleitung in einer Tiefe eingebracht wird, die Beschädigungen verhindert.

Für das ganze Leitungssystem werden schwarz eingefärbte Polyethylen-Rohre verwendet. Das Material ist korrosionsbeständig und sehr unempfindlich gegenüber UV-Einstrahlung. Weiterhin gewährleisten die Materialeigenschaften von Polyethylen, dass die Druckverluste durch Reibung an der Innenwand der Leitung relativ gering sind.

Je nachdem, welche Wassermengen in welchem Zeitraum an das zu bewässernde Areal zu befördern sind, werden die Innendurchmesser der Hauptleitung, der Hauptverteilerleitung und der Verteilerleitung dimensioniert. Verwendung finden in der Regel Leitungen mit den mit den Innendurchmessern DN 110, DN 90 und DN 75. Die Tropferleitungen werden mit Innendurchmessern zwischen 12 mm bis 20 mm angeboten.

Die Tropfsysteme sind entweder als sogenannter Einzeltropfer (siehe Abb. 38) gestaltet, die während des Verlegens der Tropfleitung von Hand angebracht werden. Oder die Tropfelemente (siehe Abb. 38) sind in festen Abständen in die Tropfleitung integriert. Bei den nachträglich montierten Einzeltropfern kann die Tropfstelle direkt an der zu bewässernden Pflanze platziert werden. Die Tropfleitungen mit fest integrierten Tropfelementen lassen diese Zuordnung nur zu, wenn der Pflanzabstand der Kulturpflanzen mit den von den Herstellern

Abb. 36 Kopfeinheit Sand- und Lamellenfilter (oben) und Magnetventil zu den Verteilerleitungen (unten).

angebotenen Tropfelementabständen von 30 cm, 50 cm oder 1 m übereinstimmt.

Sowohl für die Einzeltropfer als auch für die Tropfleitungen mit integriertem Tropfelement werden nicht druckkompensierende und druckkompensierende Ausführungen angeboten. Bei den druckkompensierenden Ausführungen überwindet das Wasser ein hydraulisches Hindernis, an

Abb. 37 Tropfleitung am Drahtrahmen befestigt (oben), auf dem Boden verlegt (unten).

dem der Leitungsdruck nach und nach bis zum Austritt des Wassers aus der Tropfereinheit ins Freie abgebaut wird.

Den höchsten Entwicklungsstand zeigen die so genannten Mikrokanaltropfer. Bei diesen Tropfelementen wird das Wasser über mehr oder weniger lange Wasseraustrittskanäle mit einem Durchmesser >1 mm geleitet. Je nach Bauart sind diese Mikrokanäle nur wenige Zentimeter oder bis zu 1 m lang. Dadurch wird gewährleistet, dass Höhenunterschiede und Druckverluste bedingt durch die Länge der Tropfleitung ausgeglichen werden können. So wird unabhängig vom Leitungsinnendruck eine relativ konstante Wassermenge je Tropfstelle abgegeben. Für den Einsatz in hängigem Gelände, wie es im Weinbau die Regel ist,

Abb. 38 Tropfleitung mit integriertem Tropfelement (links), Einzeltropfer nachträglich zu montieren (rechts).

sollte in jedem Fall die druckkompensierende Ausführung gewählt werden. Die Wasserabgabe je Tropferstelle reicht dabei von 1 l/h bis 8 l/h. Welche Wasserabgabemenge gewählt wird, ist sehr stark von der Geländestruktur abhängig. In sehr starken Hanglagen sollte die Wasserabgabe je Tropfstelle möglichst klein gewählt werden. Für den Weinbau empfiehlt es sich, mit der Wasserabgabemenge nicht über 2 l/h je Tropfstelle zu gehen.

Hinsichtlich der Wasserverteilgenauigkeit (Cv-Werte) zeigen die Tropfschläuche mit integriertem Tropfelement gegenüber den Einzeltropfersystemen einen geringfügigen Vorteil.

3.2.1.4 International eingesetzte Bewässerungstechnik

In vielen Weinanbaugebieten der Welt wird der natürliche Niederschlag als einzige Wasserquelle bevorzugt, da sie dem Weinberg erlaubt, seine Terroir-Charakteristik zu erhalten. Von Kritikern wird die Bewässerung von Rebanlagen als unangemessen manipulativ angesehen, mit dem Potenzial zur Ertragssteigerung und dadurch bedingten negativem Einfluss auf die Weinqualität. In vielen Ländern der Europäischen Union (EU) war deshalb Bewässerung von Rebflächen über viele Jahre hinweg sogar explizit verboten. Doch nicht zuletzt aufgrund des Klimawandels wurden diese gesetzlichen Bestimmungen in den meisten Ländern inzwischen gelockert und die Bewässerung von Rebflächen zur Weinerzeugung ermöglicht, um die qualitative und quantitative Ertragsleistung der Rebanlagen sicherzustellen. So hat der Einsatz von Bewässerung im Weinbau in den letzten Jahren auch in den Ländern der EU mehr und mehr zugenommen. Historisch bedingt kommen in einigen Ländern dazu Überkronenberegnungsanlagen zum Einsatz (Südtirol/Italien, Wallis/Schweiz, Deutschland). Der überwiegende Teil der Bewässerungsflächen im Weinbau ist aber inzwischen mit Tropfbewässerungsanlagen bestückt bzw. wird mit mobilen Tropfbewässerungsanlagen bewässert.

In sehr trockenen Klimazonen, wo sehr wenig Niederschläge fallen, wird die Bewässerung als essenziell für den Weinanbau angesehen. In Australien, den USA (Kalifornien) sowie in südamerikanischen Weinanbaugebieten und auch im israelischen Weinbau ist der Einsatz von Bewässerung in der Regel fester Bestandteil des Bewirtschaftungssystems. In einigen Anbaugebieten dieser Länder, wo es auch zu Spätfrösten kommt, werden die Rebanlagen häufig mit zwei Bewässerungssystemen ausgestattet: eines für die Tropfbewässerung zur Sicherstellung der Wasserversorgung der Reben während der Vegetationsperiode und parallel dazu ein zweites für den Fall, dass eine Frostschutz-Beregnung der Rebanlage nötig ist (siehe Abb. 39).

Abb. 39 Rebanlage in Chile, ausgestattet mit zwei Bewässerungssystemen: eine Tropfbewässerung für die Wasserversorgung der Reben und ein Bewässerungssystem für die Frostschutz-Beregnung.

In allen Ländern wird der Einsatz von Bewässerung aber auch immer auf ein Minimum beschränkt (Defizitbewässerung), um negative Auswirkungen auf die Weinqualität aufgrund zu starken vegetativen Wachstums und zu hoher Erträge zu vermeiden. Vor allen Dingen in Australien, den USA (Kalifornien), den südamerikanischen Weinanbaugebieten und in Israel wurden in den letzten Jahrzehnten zu der Bewässerungsstrategie der Defizitbewässerung umfangreiche Grundlagen erforscht. Dabei wurden verschiedene Ansätze der Defizitbewässerung verfolgt, nämlich die regulierte Defizitbewässerung (Regulated Deficit Irrigation-RDI), das partielle Austrocknen der Wurzelzone (Partial Rootzone Drying-PRD) und die nachhaltige oder anhaltende Defizitbewässerung (Sustained Deficit Irrigation-SDI). Dadurch wurde der Einsatz von Bewässerung im Weinbau hinsichtlich einer quantitativen und qualitativen Ertragssicherung deutlich optimiert.

Mit dem zunehmenden Einsatz von Tropfbewässerung in den Weinbaugebieten der EU-Länder wurden diese verschiedenen Bewässerungsstrategien von der Weinbauforschung in den EU-Ländern aufgegriffen und an die klimatischen Rahmenbedingungen der jeweiligen Länder adaptiert. Jedoch besteht hinsichtlich spezifischer Standortbedingungen und der Handhabung von Bewässerung bei regionalen Rebsorten noch erheblicher Forschungsbedarf.

3.2.2 Regelung (Steuerung) der Bewässerungsanlage

Um die Bewässerung betriebs- und arbeitswirtschaftlich sowie qualitätsoptimierend einsetzen zu können, kommt der Regelung der Bewässerungsanlage eine große Bedeutung zu. Als Regelungsgrößen kann eine Vielzahl von Parametern Verwendung finden. Nachfolgend ist eine Auswahl von möglichen Parametern zur Regelung einer Bewässerungsanlage dargestellt. Je nach Wahl der Parameter und Gestaltung des Regelkreises ist eine unterschiedliche Regelgenauigkeit und damit Optimierung des Betriebsergebnisses zu erreichen. Im Einzelfall ist genau zu prüfen, welcher zusätzliche Nutzen dem dafür notwendigen Material- und Arbeitsaufwand bei der Messtechnik und Regelung gegenübersteht.

3.2.2.1 Parameter zur Bewässerungssteuerung

Als Regelungs- bzw. Steuerungsgrößen für den Bewässerungseinsatz können klimatische, pflanzenphysiologische sowie bodenspezifische Parameter herangezogen werden. Anhand dieser Angaben ist in Verbindung mit aktuellen Klimadaten eine erste grobe Bedarfsanalyse möglich. In der Regel ist aber für die Traubenerzeugung eine sehr differenzierte Zielsetzung hinsichtlich des Produktionsziels zu unterstellen. Neben einem wirtschaftlichen Mengenertrag ist ein angemessenes Mostgewicht, optimaler Säuregehalt, pH-Wert des Mostes, ein für die Hefeernährung optimaler Aminosäuren-Spiegel des Mostes und ein angemessener Gehalt an Primäraromen angestrebt. Dieses sehr umfangreiche Produktionsziel erfordert unter Umständen die Berücksichtigung von Parametern, die eine komplexe Bewertung der Wassersituation im Weinberg und des physiologischen Zustands der Pflanzen zulassen.

Bodenwassergehalt und Bodenwasserpotenzial

Das im Boden verfügbare Wasser ist die wichtigste Versorgungsgröße für die Nachlieferung von Wasser in die Pflanze. Darum ist es auch nicht weiter verwunderlich, dass im Zusammenhang mit der Regelung einer Bewässerungsanlage sehr häufig auf den Parameter Bodenwassergehalt oder Bodenwasserpotenzial zurückgegriffen wird. Das Bodenwasserpotenzial ist ein Maß für die Energie, mit der das Wasser im Boden gebunden vorliegt.

Zur Charakterisierung des Bodenwassers kann der Wassergehalt oder die Wasserverfügbarkeit bzw. die Kraft, mit der das Wasser gebunden ist (Matrixpotenzial), gemessen werden. Im Gegensatz zum Wassergehalt kann das Matrixpotenzial unabhängig von den Bodeneigenschaften miteinander verglichen und daraus die Wasserbewegung abgeleitet werden. Für die Bestimmung des Bodenwassergehalts oder des Bodenwasserpotenzials können direkte oder indirekte Verfahren genutzt werden. Beim direkten Verfahren wird das im Boden enthaltene Wasser gemessen. Bei den indirekten Methoden wird eine andere physikalische Größe bestimmt, welche mit dem Bodenwassergehalt in Zusammenhang steht.

> Gravimetrische Bestimmung – eine direkte Methode zur Bestimmung des Bodenwassergehalts.

Als direkte Methode zur Bestimmung des Bodenwassergehalts oder Bodenwasserpotenzials kann die gravimetrische Bestimmung eingesetzt werden. Dabei werden im Feld in unterschiedlichen Tiefen Bodenproben mit definiertem Volumen genommen. Diese werden gewogen und danach einer Ofentrocknung bei 65/105 °C unterzogen, bis ein konstantes Gewicht gewogen werden kann. Anhand der Unterschiede bei den verschiedenen Wägungen lässt sich dann der Wassergehalt bzw. das Wasserpotenzial berechnen. Ein Vorteil dieser Methode sind die geringen Kosten. Ein wesentlicher Nachteil ist, dass sich diese Methode nicht für eine fortlaufende Registrierung von Wassergehalten im Gelände eignet und sich damit nicht automatisieren lässt. Die Methode liefert jedoch sehr genaue Messwerte, weshalb sie für die Eichung der indirekten Messmethoden Verwendung findet.

> Gipsblöcke, Tensiometer, Time-Domaine-Reflectometry-(TDR)-Sonde und Kapazitätssonden – indirekte Methoden zur Bestimmung des Bodenwassergehalts.

Relativ einfache indirekte Verfahren zur Messung des Bodenwasserpotenzials sind die mithilfe von Gipsblöcken oder des Tensiometers (siehe Abb. 40). Bei der Messung mit Gipsblöcken wird der elektrische Widerstand von Elektroden gemessen, welche in den Gipsblock eingelassen sind. Dieser elektrische Widerstand ist abhängig vom Feuchtegehalt des Gipsblocks. Der Feuchtegehalt des Blocks ist wiederum abhängig vom Bodenwasserpotenzial. Da die Retentionscharakteristik von Gips bekannt ist, kann von der Widerstandsänderung auf die Änderung des Bodenwasserpotenzials geschlossen werden. Ein großer Vorteil dieser Methode ist, dass sie sehr kostengünstig ist und im Feld automatisiert werden kann. Nachteile sind eine mögliche Hysterese (Verharrungseffekte) und die Anfälligkeit für hohe Salzgehalte.

Das Tensiometer zur Bestimmung des Matrixpotenzials des Bodens besteht aus einer keramischen (porösen) Zelle, die mit einem Manometer in Verbindung steht. Die Zelle und der freie Raum zum Manometer sind mit Wasser gefüllt. Die Porosität der Zelle beträgt ca. 1 µm, ansonsten ist das System luftdicht verschlossen. Wenn die

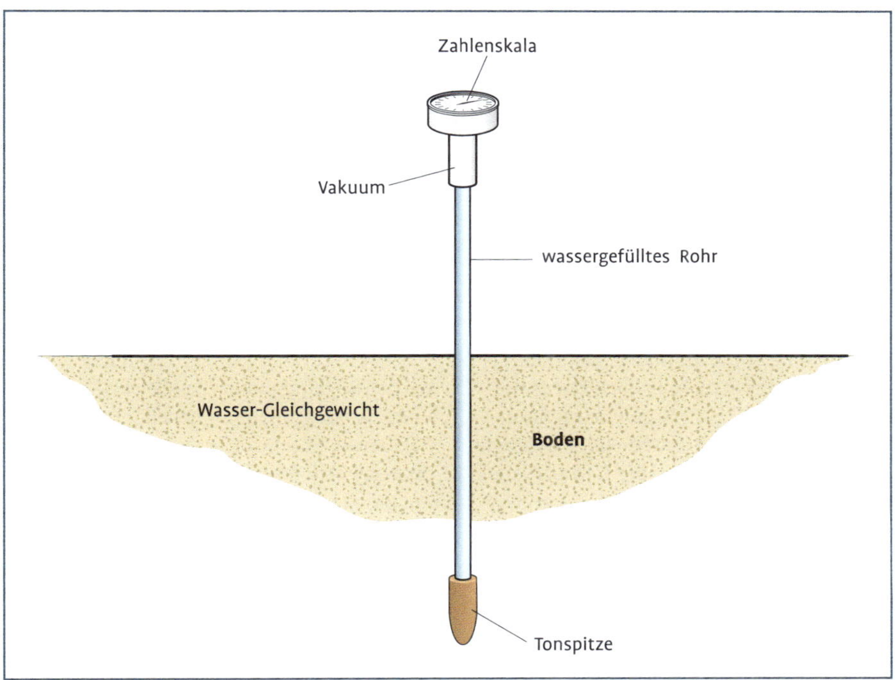

Abb. 40 Tensiometer zur Bestimmung des Bodenwasserpotenzials.

Zelle genau in der Grundwasseroberfläche liegt, zeigt das Manometer den Wert 0 an. Wird der Boden trockener, so wird Wasser aus dem Tensiometer gesaugt. Das Manometer zeigt einen Druck mit negativem Vorzeichen an. Die Messwerte werden in den Einheiten [cm WS], [bar] oder [MPa] angegeben. Die Messung erfolgt unabhängig vom Salzgehalt (z. B. durch Düngesalze) im Boden oder Pflanzsubstrat und misst direkt die Verfügbarkeit des Bodenwassers für die Pflanzen am Standort. Das Verfahren ist nicht direkt abhängig von der Bodenbeschaffenheit, von der Temperatur und von weiteren Einflussgrößen und bietet damit eine gute Messgröße für die automatische Steuerung von Bewässerungsanlagen. Die Messdaten können entweder für die Erstellung einer Wasserbilanz herangezogen werden oder es erfolgt eine Verwendung für die direkte Regelung der Bewässerungsanlage mit so genannten Tensioschaltern, einer Kombination aus Tensiometer und Magnetventil. Dabei werden ein oder mehrere Sollwerte für das Bodenwasserpotenzial festgelegt, die dann bei Über- oder Unterschreitung eine Magnetventilschaltung auslösen.

Nachteilig ist, dass Tensiometer lediglich punktuell messen. Die Bodenfeuchtigkeit kann in einer anderen Tiefe oder einige Zentimeter weiter weg völlig anders sein. Damit ist die Wahl eines repräsentativen Messortes entscheidend für die Validität der Messwerte. Weiterhin ist zu beachten, dass es bei der Messung mit Tensiometern unter

Umständen erforderlich ist, Wasser nachzufüllen, was einen entsprechenden Wartungsaufwand bedeutet. Dies gilt besonders für Messungen in trockenen Böden oder Substraten.

Eine indirekte Methode zur Messung des Bodenwassergehalts ist die Messung mit einer Time-Domaine-Reflectometry-(TDR)-Sonde. Die gemessene physikalische Größe ist die relative Dielektrizitäts-Konstante des Bodens. Diese ist eine Materialeigenschaft, welche besagt, wie stark sich eine elektromagnetische Welle im Boden ausbreitet. Dabei ändert sich diese je nach Bodenwasserpotenzial. Die TDR-Sonde sendet nun einen elektromagnetischen Puls durch eine Probe und misst die Zeit, bis der Puls reflektiert wird. Es wird die Zeit des elektromagnetischen Pulses (Ausbreitungsgeschwindigkeit) entlang der „Messgabel" im Boden gemessen. Auf der Basis dieses Messwertes kann dann der Wassergehalt des Bodens bestimmt werden. Vorteil dieser Methode ist die Automatisierbarkeit (direkt im Feld). Nachteilig sind die relativ hohen Kosten der Methode und mögliche Interferenzen mit der Salzkonzentration.

Das kapazitive Messprinzip ist eine weitere indirekte Methode zur Bestimmung des Wassergehaltes. Die Kapazität eines Kondensators wird vom Medium zwischen zwei Platten bestimmt, in diesem Fall vom Boden und dem Wassergehalt des Bodens. Auch bei diesem Verfahren wird wie zuvor bei den TDR-Sonden die relative Dielektrizitäts-Konstante des Bodens bestimmt. Um bei diesem Messprinzip exakte Werte zu erhalten, ist für jede Bodenart eine Eichkurve zu erstellen, was den Aufwand für die Kalibrierung der Messeinrichtung erhöht. Auch dieses Verfahren ist im Vergleich zu den Verfahren „Gipsblöcke" und „Tensiometer" mit relativ hohen Kosten verbunden.

Ist die zu bewässernde Fläche sehr klein, kann die Regelung der Bewässerungsanlage auf der Basis der relativ einfachen Messung des Bodenwassergehalts erfolgen. Ein wesentliches Problem dabei ist jedoch zum einen, dass der Bodenwassergehalt alleine keine Auskunft über den Stresszustand der Pflanze gibt. Zum anderen kann der Bodenwassergehalt unter Umständen eine große räumliche Variabilität aufweisen und ist nur dort von Bedeutung, wo die im Blickfeld stehende Pflanze ihre aktiven Wurzeln zur Wasseraufnahme hat.

Bei größeren Bewässerungsflächen ist bei der Regelung über die Messung des Bodenwassergehalts zu beachten, dass die flächenspezifische Heterogenität des Bodens mitberücksichtigt wird. Dies erfordert mit zunehmender Größe einen steigenden Messaufwand.

Bodenwasserbilanz

Die Bodenwasserbilanz stellt ein sehr einfaches Verfahren zur Regulierung einer Bewässerungsanlage dar. Vor Ort werden die Wetterparameter Lufttemperatur, relative Luftfeuchte, Niederschlag, Windgeschwindigkeit und Globalstrahlung erfasst. Aus diesen Witterungsdaten wird dann die potenzielle Evapotranspiration [ETP] (= potenzielle Verdunstung) nach Penman oder die reale Evapotranspiration [ETR] (= reale Verdunstung) nach Pitts errechnet. Der Bodenwassergehalt ergibt sich danach aus dem Niederschlag minus der Evapotranspiration und der Versickerung sowie Interzeptionsverlusten. Da die Messung der genannten Klimaparameter relativ einfach automatisiert und kontinuierlich ermittelt werden kann, ist auch eine fortlaufende Berechnung der Bodenwasserbilanz möglich. Der Bodenwassergehalt, als nFK angegeben, sollte sich auf einem bestimmten, an der physiologischen Entwicklung der Rebe orientierten Niveau befinden. Sie sollte bei ausreichend hohen Temperaturen zwischen 40 % und maximal 80 % nFK liegen.

Wobei das Optimum – natürlich in Abhängigkeit der Rebsorte – zu Beginn der vegetativen Entwicklungsphase der Rebe (BBCH 01 Beginn des Anschwellens der Knospen bis BBCH 57 Die Gescheine sind voll entwickelt und die Einzelblüten spreizen sich) bei einem Wert zwischen 65 % und 80 % nFK liegt. In den anschließenden Entwicklungsphasen BBCH 60 (Beginn der Blüte, die ersten Blütenkäppchen lösen sich vom Blütenboden) bis BBCH 79 (Ende des Traubenschlusses, das Stielgerüst wird durch die Beeren verdeckt) liegt mit Blick auf eine dann nicht zu intensive Zellteilung und ein zu starkes vegetatives Wachstum während den Beerenentwicklungsphasen I und II dann in einem Bereich zwischen 55 % und 70 % nFK. Für die Reifephase (BBCH 81 Beginn der Reife: erste Beeren verfärben sich bis BBCH 89 Vollreife der Beeren, Lesereife) genügt mit Blick auf eine optimale Einlagerung von wertbestimmenden Beereninhaltstoffen eine nFK im Bereich zwischen 40 % und 50 % nFK.

Weicht der errechnete Wert von den Vergleichswerten ab, ist der Einsatz der Bewässerung angezeigt. Bei Überprüfung der errechneten Werte durch eine tatsächlich durchgeführte Bodenwasserbestimmung ergab sich eine relativ gute Übereinstimmung. Inzwischen bietet der Deutsche Wetterdienst auf seiner Internetseite die Möglichkeit zur Erstellung einer Verdunstungsberechnung nach Penman an. Dabei werden kurzfristige Wettervorhersagen mit einbezogen. So kann die Bewässerungsstrategie nicht nur an der aktuellen Situation hinsichtlich des vorhandenen, von der Pflanze nutzbaren Wassers in der Bodenmatrix, sondern auch an der Wetterentwicklung orientiert werden.

Blattwasserpotenzial

Der Parameter Blattwasserpotenzial gibt an, welche Arbeit aufgewendet werden muss, um dem Blatt Wasser entziehen zu können. Die Messung des Blattwasserpotenzials erfolgt in der Regel mit einer tragbaren Druckkammer. Das Blatt, an dem die Messung durchgeführt werden soll, wird von der Pflanze getrennt und in die Druckkammer verbracht. Dabei wird es so eingefügt, dass der Blattstiel aus der Druckkammer herausragt (siehe Abb. 41).

Dann wird in der Druckkammer solange der Druck erhöht, bis Wasser aus dem Stiel austritt. Der zu diesem Zeitpunkt in der Druckkammer herrschende Druck entspricht dem Blattwasserpotenzial.

Da nun das Blatt ein Bestandteil des Systems Boden-Pflanze-Atmosphäre ist, kann aufgrund der Messung des Blattwasserpotenzial ein Rückschluss auf das Gesamtsystem gezogen werden.

Einen Sonderfall stellt die Messung des Blattwasserpotenzials vor Sonnenaufgang (Predawn-Leaf-Water-Potenzial, Ψ_{PLWP}) dar. Unter der Annahme, dass sich ohne Transpiration im Verlaufe der Nacht ein Gleichgewicht zwischen dem Wasserpotenzial des Bodens und dem Wasserpotenzial der Pflanze einstellt, ist der zu diesem Zeitpunkt gemessene Wert ein Maß für die Verfügbarkeit des Bodenwassers. Abbildung 42 zeigt die Dynamik der Wasserpotenziale im Blatt, in der Wurzel und im Boden während einer Trockenperiode und veranschaulicht diesen Zusammenhang.

Mit der Messung des Blattwasserpotenzials vor Sonnenaufgang steht für die Regelung einer Bewässerungsanlage ein sehr sensibler und hinsichtlich des aktuellen Wasserstatus des Systems Boden-Pflanze-Atmosphäre sehr aussagekräftiger Parameter zur Verfügung. Ein wesentlicher Nach-

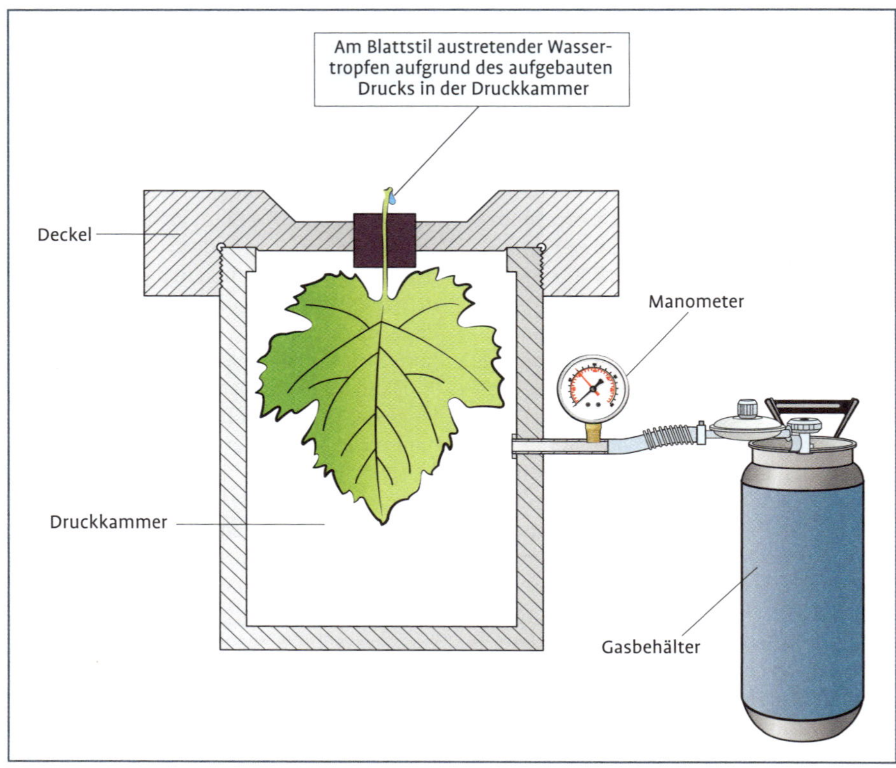

Abb. 41 Schematischer Aufbau einer Druckkammer zur Messung des Blattwasserpotenzials.

teil ist jedoch der vergleichsweise hohe Aufwand an Kosten und Arbeitszeit und der Umstand, dass sich diese Messung nicht automatisieren lässt. Auf der Basis von Untersuchungen in Ertragsanlagen wurde mit Blick auf die Optimierung der Wasserversorgung ein Schwellenwert für das Wasserpotenzial vor Sonnenaufgang definiert ($-0{,}25\ \text{MPa} \leq \Psi_{PLWP} \geq -0{,}3\ \text{MPa}$). Dieser Schwellenwert wurde so gewählt, dass sich nach Möglichkeit noch keine Reduzierung der Assimilationsleistung, aber bereits eine stärkere Reduzierung des vegetativen Wachstums zeigt. Die Kosten für die Anschaffung einer Druckkammer zur Messung des Blattwasserpotenzials liegen derzeit je nach Bauart und Ausstattung des Messgeräts zwischen 2700 Euro und 8000 Euro.

Modellierung der nutzbaren Feldkapazität (nFK)

Erfolgt die Bewässerung in einem größeren Landschaftsareal (z. B. eine ganze Weinbergslage) kann die Regelung bzw. Steuerung der Bewässerungsanlage auch auf der Basis der Modellierung der nutzbaren Feldkapazität (nFK) mit Hilfe eines standortspezifisch parametrisierten hydrogeologischen Wasserhaushaltsmodells und

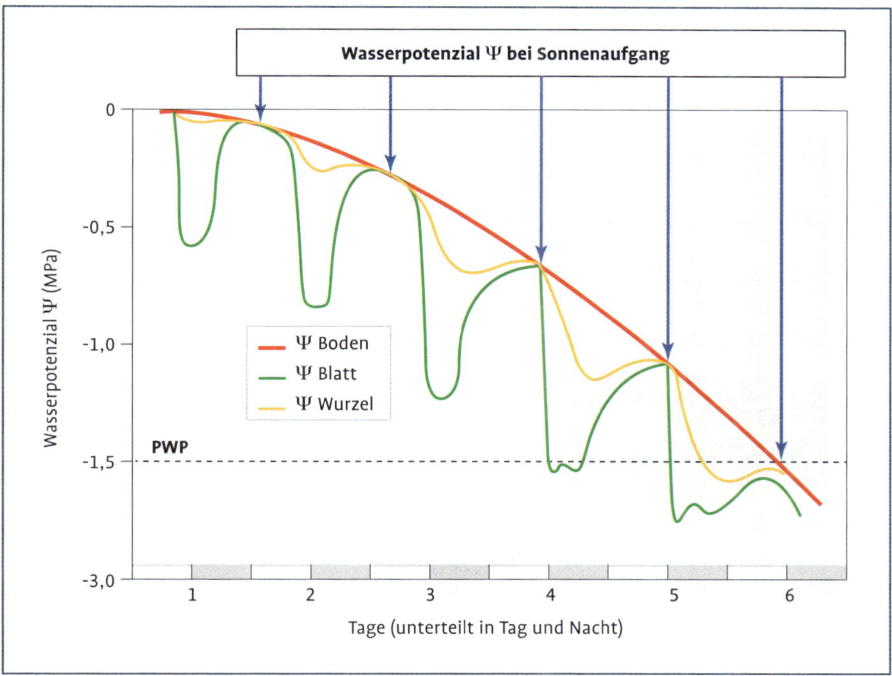

Abb. 42 Dynamik verschiedener Wasserpotenziale im System Boden-Pflanze-Atmosphäre während einer Trockenperiode (Slatyer 1967).

standortspezifischer Klima- und Wetterdaten erfolgen.

Um jedoch dieses Instrument der Modellierung der nFK nutzen zu können, ist es zu Beginn einmalig notwendig, das hydrogeologische Wasserhaushaltsmodell auf die standortspezifischen Bedingungen hin zu parametrisieren. Hierfür werden in dem zu bewässernden Weinbergsareal in einem ersten Schritt anhand von vorhandenem geologischen Datenmaterial Untersuchungspunkte festgelegt. An diesen Punkten werden dann im relevanten Wurzelraum der Rebkultur in verschiedenen Tiefen störungsfreie Bodenproben entnommen, um für die gewählten Untersuchungspunkte und die verschiedenen Tiefen die standort- und kulturspezifischen Bodeneigenschaften (Bodenart, pF-Kurve, Feldkapazität [FK], Permanenter Welkepunkt [PWP], gesättigte Wasserleitfähigkeit [kf-Wert]) zu ermitteln. Aufbauend auf den Ergebnissen dieser Bodenanalysen und Daten zur spezifischen Landnutzung (Flurstückkarte mit Flächen Reben, Flächen Begrünung und Wegeanteil) sowie einem standortspezifischen Höhenmodell wird dann in einem zweiten Schritt eine Elementarflächenkarte des Modells erstellt und das hydrogeologische Wasserhaushaltsmodell auf die spezifischen Rahmenbedingungen des Standorts parametrisiert. Abbildung 43 zeigt den Ablauf der standortspezifischen Parametrisierung im Überblick.

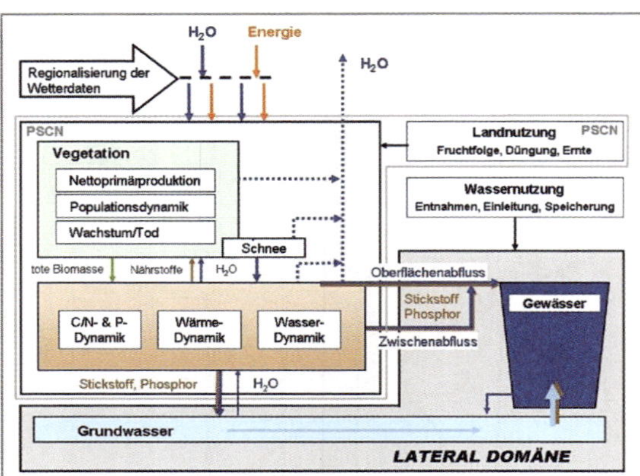

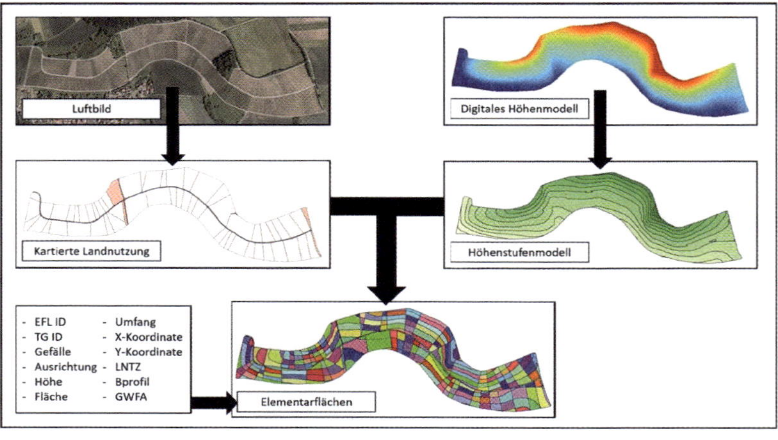

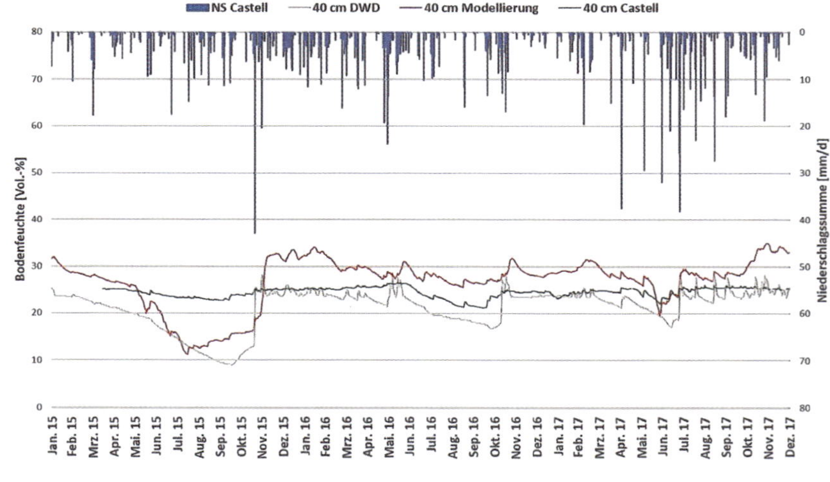

Abb. 43 Standortspezifische Parametrisierung eines hydrogeologischen Wasserhaushaltsmodells zur Modellierung der nutzbaren Feldkapazität (nFK) in größeren Landschaftsarealen (z. B. Weinbergslage).

Ist diese standortspezifische Parametrisierung einmal erfolgt, kann anhand von standortspezifischen Klima- und Wetterdaten die nFK in dem für die Rebkultur relevanten Hauptwurzelbereich kontinuierlich ermittelt und für die Regelung (Steuerung) der Bewässerungsanlage herangezogen werden. Dabei kann ggf. auch ein gewisser Grad an Automatisierung der Regelung (Steuerung) realisiert werden.

Grundsätzlich ist die Nutzung eines solchen hydrogeologischen Wasserhaushaltsmodells aufgrund des entsprechenden Aufwands für die standortspezifische Parametrisierung für größere Bewässerungsareale (Bewässerungsprojekte) von Bedeutung.

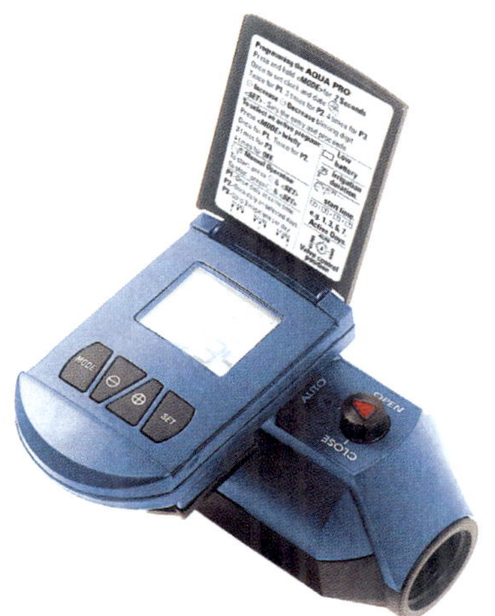

Abb. 44 Einfache Steuergeräte zur Regelung einer Bewässerungsanlage.

3.2.2.2 Manuelle Bewässerungssteuerung

Bei der manuellen Regelung der Bewässerungsanlage wird nach Möglichkeit auf Basis der genannten Parameter eine Entscheidungsgrundlage erarbeitet. Die Auslösung der Bewässerung erfolgt aber letztlich durch den Betreiber der Bewässerungsanlage per Hand. Dies ist vor allen Dingen bei den sehr einfachen mobilen Bewässerungsverfahren möglich, kann aber auch bei den ortsfesten Anlagen so eingerichtet werden. Wird in umfangreichere Bewässerungstechnik investiert, wird jedoch zu einer optimalen Nutzung dieser Investition ein gewisser Grad an Automatisierung empfohlen.

3.2.2.3 Automatisierte Bewässerungssteuerung

Wie in Kapitel 3.2.2.1 dargestellt, eignen sich die für eine Regelung der Bewässerung in Frage kommenden Parameter mehr oder wenig gut für eine Automatisierung. Aber auch das sehr diffizile Produktionsziel erlaubt nur einen gewissen Automatisierungsgrad. Mit Hilfe von Zeitschaltuhren im Batteriebetrieb an Verteilerventilen lassen sich relativ starr festgelegte Bewässerungsregime definieren und automatisch auslösen (siehe Abb. 44).

Weiterhin kann auf der Basis einer Wetterstation eine kontinuierliche Aufzeichnung klimatischer Daten erfolgen. Mit entsprechender Sensorausstattung und der Nutzung von mehr oder weniger komplexen Modellen für den Wasserhaushalt einer Rebanlage (siehe Internetangebot des DWD, Adcon-Software u. a.) ist ein bedarfsorientiertes automatisches Auslösen der Bewässerung möglich, indem nach dem Unter- oder Überschreiten von bestimmten Grenzwerten entsprechende Magnetventile ein Signal zur Änderung ihrer Position erhalten.

Nicht zu vernachlässigen ist jedoch der personelle Betreuungsaufwand derartiger Systeme. Dies könnte jedoch über Bewässerungsgenossenschaften, Wasser- und Bodenverbände oder Bewässerungsvereine gut gelöst werden.

3.2.3 Filtrations- und Pumpentechnik

Je nach Wasserquelle ist zur Förderung des Bewässerungswassers der Einsatz von Pumpen notwendig. Meist werden Zentrifugalpumpen (Kreiselpumpen) eingesetzt. Je nach Fabrikat weist eine Zentrifugalpumpe ein für die Nenndrehzahl charakteristisches Verhältnis von Fördermenge (Q = [m³/h] und Förderhöhe (H = m Wassersäule) auf (Q-H-Linie). Pumpen, welche eine flache Q-H-Linie aufweisen, eignen sich besonders für den Einsatz bei Beregnungsanlagen. Pumpen mit einer solchen Charakteristik gewährleisten, dass bei unterschiedlicher Wasserentnahme ein möglichst gleicher Druck zur Verfügung steht. Zunächst ist zu klären, welche Art der Energieversorgung vor Ort zur Verfügung steht. Zentrifugalpumpen werden mit Elektromotoren, Dieselmotoren und Benzinmotoren angeboten. Letztere werden meist nur bei kleineren zu erbringenden Leistungen oder bei nur geringen jährlichen Betriebszeiten eingesetzt. Dieselmotorpumpen bringen Fördermengen von 15–100 m³/h bei Förderhöhen von 40 bis 70 mWS. Die Bandbreite der einzelnen Größen ist sehr vielfältig und muss jeweils im Einzelfall auf die Bedingungen vor Ort abgestimmt werden. Steht ein Schlepper (Altschlepper) für die Bewässerung zur Verfügung, kann durch den Einsatz einer zapfwellengetriebenen Schlepperpumpe der Investitionsbedarf einer Bewässerungsanlage erheblich gesenkt werden.

Abb. 45 Kies-/Sandfilter (rechts), Lamellenfilter und Scheibenfilter (links) zur Wasseraufbereitung bzw. Entfernung von Trübstoffen.

Unter Umständen sind jedoch regionale Auflagen zu beachten (Wasserschutzzone o. Ä.), die den Einsatz von Diesel- oder Benzinaggregaten ausschließen, sodass auf Elektromotoren zurückgegriffen werden muss. Diese erfordern jedoch den höchsten Investitions- und Wartungsaufwand (Stromanschluss etc.).

Je nach gefordertem Wasserangebot über den Bewässerungszeitraum kann es je nach Geländeformation auch sinnvoll sein, mit einer leistungsstarken Förderpumpe einen Zwischenspeicher (Fassungsvermögen eine Bewässerungsgabe) in kurzer Zeit aufzufüllen und den eigentlichen Bewässerungsvorgang mittels Falldruck zu gewährleisten. Dafür ist jedoch notwendig, dass für den Wasseraustritt nur ein geringer Druck an der Wasseraustrittstelle gefordert ist.

Je nach Wasserquelle ist die Qualität des Wassers hinsichtlich Trübstoffen unterschiedlich. Unter Umständen muss vor Einleitung in das System der Bewässerungsanlage eine Filtration erfolgen. Hierfür werden unterschiedliche Filtersysteme angeboten. Wird Oberflächenwasser verwendet, ist eine Filterung über so genannte Sandfilter notwendig. Sie werden zur Wasserreinigung eingesetzt, um Trübstoffe abzufiltrieren. Die Trübstoffe bestehen meistens aus mineralischen Sediment-Partikeln (Schluff). Zum anderen können beim Kontakt mit Sauerstoff ständig Eisenocker-Partikel aus dem Grundwasser ausfallen. Auch diese können mit einem Sandfilter abgeschieden werden. Ein Sandfilter besteht aus einem Behälter, der mit Sand gefüllt ist. Die Trübstoffe werden im Sandfilter zurückgehalten. Wenn die Kapazität des Filters erschöpft ist, muss er in entgegengesetzter Richtung zurückgespült werden. Dadurch werden die festgehaltenen Partikel ausgetragen und die Filtersandfüllung ist anschließend wieder aufnahmefähig. Die verwendeten Materialien für den Mantel des Filters sind entweder Stahl, Edelstahl oder glasfaserverstärkter Kunststoff (GfK).

Die Größe der Filter richtet sich vor allem nach dem zu reinigenden Volumenstrom und der Schmutzfracht. Die Filter werden in der Regel mit Filter-Quarzsand gefüllt. Eine typische Körnung ist 0,7–1,2 mm. Bei Korngrößen ab 2 mm spricht man von Kiesfiltern.

Weiterhin gibt es zur Aufbereitung des Bewässerungswassers eine Reihe verschiedenster Lamellen- und Scheibenfilter. Es werden manuell zu reinigende oder selbstreinigende Modelle angeboten. Grundlage für die Entscheidung über die Art des Filtrationsverfahrens ist die Wasseranalyse. Um einen kontinuierlichen Ablauf der Bewässerung gewährleisten zu können, sollten die Filter jeweils in zweifacher Ausführung vorhanden sein. Dies ermöglicht die Rückspülung während des laufenden Bewässerungsvorgangs.

3.3 Bewässerungswasser – quantitative und qualitative Anforderungen

Bei den Überlegungen zu der örtlichen Wasserverfügbarkeit sind neben der Menge und dem zeitlichen Anfall auch die Qualität des Wassers sowie rechtliche und betriebswirtschaftliche Rahmenbedingungen zu beachten.

3.3.1 Herkunft und Beschaffung

Als Bezugsquellen für das Bewässerungswasser kommen das öffentliche Trinkwassernetz, eigene Brunnen oder die Entnahme aus Oberflächengewässern sowie Sammelbecken (Speicher) für den Oberflächenabfluss in Frage. Welche der möglichen Bezugsquellen wirtschaftlich genutzt werden kann, hängt von der jeweiligen Situation vor Ort ab und ist für jeden einzelnen Fall zu prüfen. Wichtige Parameter sind dabei:

- Entfernung zur Bewässerungsfläche
- verfügbare Wassermenge je Zeiteinheit
- Wasserqualität
- administrativer Aufwand

Die Entnahme aus Oberflächengewässern ist nur mit Genehmigung der Wasserbewirtschafter möglich. Unter Umständen kann auf bestehende, aber ruhende Entnahmerechte zurückgegriffen werden. Die Erteilung neuer Nutzungsgenehmigungen ist auch von den Bedürfnissen der weiteren Nutzer (z. B. Schifffahrt) des betreffenden Gewässers und von der Dynamik des Wasserangebots abhängig. Bei Vorflutern, die in niederschlagsarmen Jahren vergleichsweise wenig Wasser führen, wird die Genehmigung zu einer weiteren Wasserentnahme eher schwierig werden. Generell ist aber auch seitens der Wasserbewirtschafter zu prüfen, wie durch eine intensivere Zusammenarbeit mit den weinbautreibenden Betrieben auch für sie Vorteile z. B. im Bereich Hochwasser- und Trinkwasserschutz entstehen können. Aus qualitativer Sicht ist bei der Nutzung von Oberflächengewässern in der Regel eine intensivere Aufbereitung

(z. B. Filterung) notwendig, was den Aufwand und die Kosten dieser Wasserbereitstellung deutlich erhöht. Trotzdem kann die Wasserquelle Oberflächengewässer sowohl für große Bewässerungsflächen und vor allen Dingen aber auch für kleine Bewässerungsflächen und mobile Bewässerungsanlagen eine gute Option sein.

> Brunnenanlagen anlegen – eine Option für größere Bewässerungsflächen.

Einen eigenen Brunnen anzulegen oder vorhandene Brunnen mit zu nutzen können weitere Wasserquellen sein. Unter Umständen können bestehende Brunnenanlagen von Wasserversorgern, welche für die öffentliche Trinkwasserversorgung nicht mehr in Nutzung und daher stillgelegt sind, wieder in Betrieb genommen werden. Je nach Region bestehen derartige Anlagen teilweise in nicht geringer Zahl. Für eine Wiederinbetriebnahme ist neben der Qualität des Brunnenwassers und dem baulichen Zustand der Brunnenanlage zu prüfen, wie weit entfernt die Brunnenanlage zu den Weinbergen ist und wie hoch der administrative Aufwand und die Kosten für die Inbetriebnahme sein werden. Die Erstellung einer eigens für ein bestimmtes Weinbergsareal vorgesehenen Brunnenanlage birgt ebenfalls Schwierigkeiten. So ist es stark abhängig von den jeweiligen hydrogeologischen Verhältnissen, ob an dem betreffenden Standort in den wasserrechtlich genehmigungsfähigen Bodenschichten überhaupt Wasser in ausreichender Menge gefunden wird. Grundsätzlich ist eine Brunnenanlage genehmigungspflichtig. In der Regel werden von Seiten der Genehmigungsbehörden Gemeinschaftsanlagen positiver gesehen. Die Herstellungskosten sind von den örtlichen Gegebenheiten sehr stark abhängig. Sie bewegen sich in einem Bereich von ca. 10 000 Euro bis 40 000 Euro. In der Regel lohnt sich eine derartige Erschließung nur für größere Bewässerungsflächen.

> Wasser aus dem Trinkwassernetz – sichere Wasserqualität, aber teuer.

In Deutschland, Österreich, der Schweiz und den Niederlanden ist Trinkwasser das am intensivsten kontrollierte Lebensmittel. Da bei Trinkwasser seitens des Gesetzgebers von einem lebenslangen Verzehr ausgegangen wird, sind die Anforderungen an Trinkwasser höher als bei industriell abgepacktem Wasser wie z. B. Mineralwasser. Vor allen Dingen sind die Trinkwasserversorger bestrebt, dem Endnutzer in gewissen Grenzen eine möglichst gleichbleibende Qualität anzubieten. Dadurch stellt das öffentliche Trinkwassernetz in der Regel eine relativ sichere, aber auch eine sehr teure Wasserquelle für die Bewässerung dar. Diese Kosten sind für eine zusätzliche Bewässerung oft schon zu hoch. Generell wird die Nutzung von Trinkwasser für Bewässerung in größerem Umfang auch gesellschaftlich eher kritisch gesehen.

> Durch Kooperation mit der Wasserwirtschaft oder Unternehmen der Trinkwasserversorgung Wasserquellen erschließen.

Eine sehr ergiebige und aus Sicht des präventiven Hochwasserschutzes und teilweise auch aus Sicht des Trinkwasserschutzes sehr interessante Möglichkeit der Wasserbeschaffung wäre die Umrüstung beziehungsweise der Ausbau bestehender Wasserableitungssysteme in den meist flurbereinigten Weinbergsarealen. Hierfür ist die Kooperа-

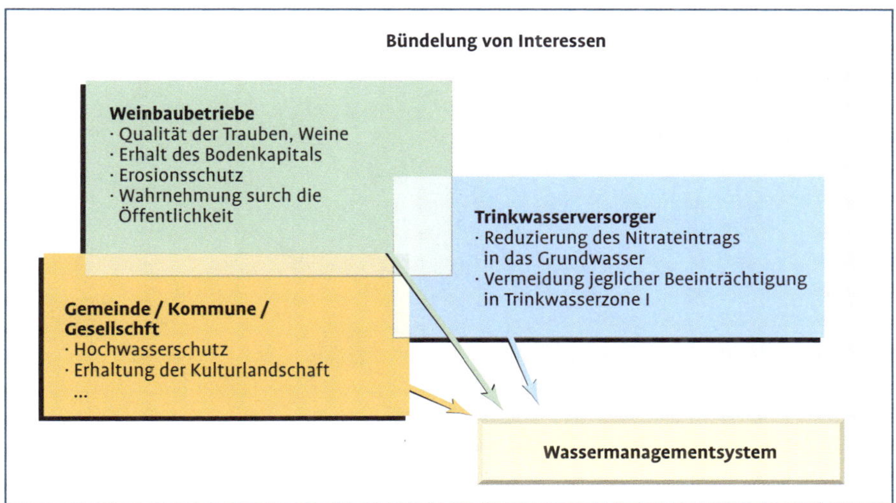

Abb. 46 Kooperation unterschiedlichster Partner als grundlegende Basis des Pilotprojekts VINAQUA-Wassermanagementsystem am Standort Volkach.

tion der Wasserwirtschaft und der Trinkwasserversorger mit der Winzerschaft gefragt. Wie in Kapitel 2.4 dargelegt, fällt vor allen Dingen in den Wintermonaten, aber auch während der Vegetationsperiode, in nicht unerheblichem Maße Oberflächenabfluss vom Wegenetz und von den Rebflächen an. Die derzeitige Strategie im Umgang mit diesem Oberflächenabfluss ist, dass das anfallende Wasser möglichst rasch dem Vorfluter zugeführt wird.

Bei einer entsprechenden Umrüstung der Ableitungssysteme, auch im Sinne des präventiven Hochwasserschutzes, könnte dieses Wasser zunächst in entsprechende Wasserspeicher und dann auf die Rebflächen zurückgeführt werden. Im Weinanbaugebiet Franken wurde am Standort Volkach an der Mainschleife im Rahmen eines Kooperationsprojekts der Fernwasserversorgung Franken (FWF) – dem regionalen Trinkwasserversorger – und der Volkacher Winzerschaft dieser Ansatz in der Praxis realisiert.

In diesem zukunftsweisenden Pilotprojekt am Standort Volkach am Main wurden die Interessen des Trinkwasser- und Hochwasserschutzes einerseits mit den Interessen der Winzer andererseits in synergistischer Weise verknüpft (siehe Abb. 46).

Nach einer ca. 2 Jahre dauernden Informations- und Planungsphase wurde 2009 in der Weinbergslage Volkacher Ratsherr (Bereich Kirchberg) das VINAQUA-Wassermanagementsystem aufgebaut (siehe Abb. 47). Der Oberflächenabfluss wird aufgefangen, zwischengespeichert und über eine Tropfbewässerungsanlage in die ganzjährig und ganzflächig begrünten Rebflächen rückgeführt. In dieser Form wird in kleinräumigem Maßstab ein kurz geschlossener Wasserkreislauf realisiert.

Im Rahmen einer wissenschaftlichen Begleitung der Einführung der VINAQUA-Anlage konnte gezeigt werden, dass durch die Umstellung des Bewirtschaftungssystems hin zu einer ganzflächigen ganzjährigen

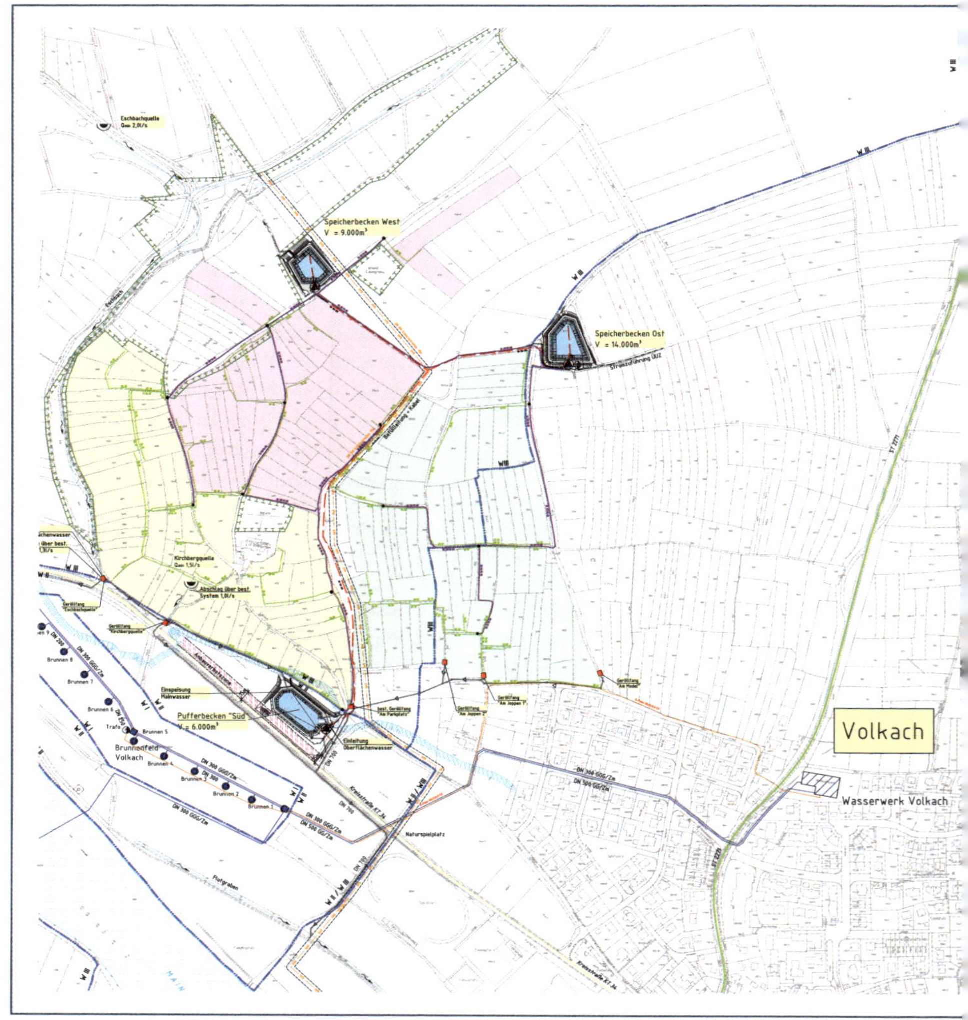

Abb. 47 Übersichtsplan des VINAQUA-Wassermanagementsystems am Standort Volkach.

Begrünung bei gleichzeitiger Möglichkeit der Bewässerung innerhalb kurzer Zeit das Bodengefüge und die Infiltrationsrate im Oberboden positiv verändert wurden. In Folge dieser Veränderung und der generellen Bedeckung des Bodens wurde die Bodenerosion auf ein Maß reduziert (eine landwirtschaftliche Landnutzung ohne jegliche Bodenerosion ist grundsätzlich nicht möglich), dass diese bei mittel- bis langfristiger Betrachtung als nachhaltig bezeichnet werden kann. Weiterhin zeigte

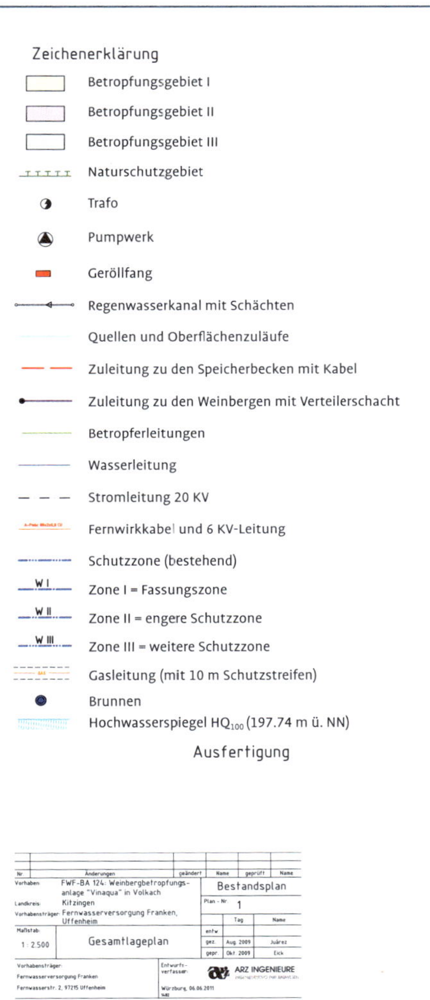

sich bei dem neuen Bewirtschaftungssystem (ganzflächige ganzjährige Begrünung + Tropfbewässerung) in allen betrachteten Bodenhorizonten in dem für Reben relevanten Hauptwurzelbereich eine um bis zu 23 % höhere nutzbare Feldkapazität als in den auf herkömmliche Weise bewirtschafteten Vergleichsflächen. Und auch die quantitative und qualitative Ertragsleistung konnte mit dem neuen Bewirtschaftungssystem gesichert bzw. gesteigert werden.

Mit Blick auf eine nachhaltige Entwicklung der Anbauflächen von Weinbaubetrieben, aber auch andere landwirtschaftliche Anbauflächen, könnten hier in einem größeren Umfang Lösungen gefunden werden. Diese Maßnahmen könnten bei der zu erwartenden klimatischen Entwicklung durchaus den existenzsichernden Charakter wie die vielerorts einst durchgeführten Flurbereinigungsmaßnahmen erlangen.

3.3.2 Anforderungen an die Wasserqualität

Ein sehr wichtiger Aspekt für den ökologisch vertretbaren und nachhaltigen Einsatz einer qualitätsorientierten Bewässerung ist die Qualität des Bewässerungswassers. Sie entscheidet endgültig darüber, ob eine mögliche Wasserquelle für eine Bewässerung von landwirtschaftlichen und weinbaulichen Kulturflächen genutzt werden kann, ob eine Aufbereitung notwendig ist oder ob eine Nutzung aufgrund zu hoher Belastung mit nicht erwünschten Inhaltsstoffen (z. B. organische Verbindungen, Schwermetalle) überhaupt nicht in Betracht kommt. Aus bewässerungstechnischer und pflanzenbaulicher Sicht spielen vor allen Dingen Feststoffe und Kolloide, Salze, Schwermetalle sowie organische Verbindungen eine Rolle.

3.3.2.1 Schwebstoffgehalte

Das Wasser soll vor einer Einleitung in die Bewässerungsanlage möglichst klar sein. Je nach Gehalt an Feststoffen oder Kolloiden ist eine Filterung notwendig, um Beeinträchtigungen bei der Bewässerung durch

Tab. 16 Physikalische Anforderungen an das Bewässerungswasser mit Blick auf mögliche technische Probleme aufgrund von Ablagerungen in den Tropferelementen (Albrecht/Pfleger 2003)

Parameter	Verstopfungsrisiko		
	niedrig	mittelmäßig	hoch
Materiendichte (physikalisch)	50 mg/l	50–100 mg/l	> 100 mg/l

Verstopfung verschiedener Bauteile zu verhindern und die Verteilgenauigkeit zu gewährleisten. Das Verstopfungsrisiko wird dabei anhand der Materialdichte charakterisiert. Tabelle 16 zeigt die physikalischen Anforderungen (Materiendichte [mg/l]) an das Bewässerungswasser mit Blick auf mögliche technische Probleme aufgrund von Ablagerungen in den Tropfelementen einer Tropfbewässerungsanlage (Verstopfungsrisiko). Höhere Schwebstoffgehalte können zu Beeinträchtigungen des Betriebs von Bewässerungsanlagen (bewegliche Teile sowie Tropferelemente von Beregnungsanlagen) führen.

Bis zu einem Gehalt von 50 ppm an Schwebstoffen kann das Wasser jederzeit problemlos eingesetzt werden. Ist der Wert > 50 mg/l, ist in jedem Falle eine Filtration des Bewässerungswassers vorzusehen.

3.3.2.2 Chemische Beschaffenheit

Eine wichtige Größe im Zusammenhang mit den chemischen Anforderungen (Eigenschaften) des Bewässerungswassers ist zunächst der pH-Wert. Ein empfehlenswerter Bereich ist zwischen pH 6 und pH 8. Weist das für die Bewässerung vorgesehene Wasser einen pH-Wert <5,5 auf, ist auf den Gehalt an Aluminium und Schwermetallen ein besonderes Augenmerk zu legen. Wässer mit einem Wert unter pH 5,0 sollten für eine Bewässerung nicht genutzt werden.

Bei der Bewertung der Wasserqualität ist sowohl der Gesamtsalzgehalt als Parameter für die osmotischen Eigenschaften als auch das Spektrum der Salze mit Blick auf deren Funktion als Nährelemente und Härtebildner von Bedeutung.

Dabei ist zu unterscheiden zwischen den Hauptbestandteilen und den Nebenbestandteilen.

Die **Hauptbestandteile** sind:

- Kationen: Kalzium, Magnesium, Natrium, Kalium
- Anionen: Hydrogencarbonat, Sulfat, Chlorid, Nitrat und Phosphat

Die **Nebenbestandteile** sind:

- Aluminium, Arsen, Barium, Blei, Bor, Cadmium, Eisen, Fluor, Kobalt, Mangan, Nickel, Quecksilber, Selen, Vanadium, Zink und Kupfer

3.3.2.3 Härtegrad

Die Gesamtwasserhärte ist im Zusammenhang mit der Vermeidung von Ablagerungen in den Anlagenbauteilen und der damit einhergehenden Beeinträchtigung der Funktion von Bedeutung. Als Wasserhärte wird die Konzentration der im Wasser gelösten Ionen der Erdalkalimetalle bezeichnet. Zu diesen zählen Kalzium, Magnesium, Strontium und Barium. Magnesium- und Kalziumionen können durch einfache Löseprozesse in das Wasser gelangen. Die Härte natürlicher Wässer wird hauptsächlich von Magnesium und Kalzium gebildet, Strontium und Barium spielen eine untergeordnete Rolle. Die Wasserhärte wird in °dH (Grad deutscher Härte) angege-

Tab. 17 Härtegrad und Härtebereich von Wasser (Mutschmann 2002)

Härtegrad des Wassers (° dH)	Härtebereich
0–3,0	sehr weich
3,1–7,0	weich
7,1–14,0	mittel
14,1–21,0	hart
>21,0	sehr hart

ben, wobei 1 °dH als 1 mg CaO pro 100 ml Wasser definiert ist. Hinsichtlich der Bewertung des Härtegrades von Wasser sind unterschiedliche Härtebereiche definiert. Die Tabelle 17 zeigt diese Härtebereiche im Überblick.

> Der Härtegrad des Wassers – ein wichtiger Parameter im Zusammenhang mit der Funktionsbereitschaft einer Bewässerungsanlage.

Da Regentropfen beim Fallen kaum Härtebildner aufnehmen können, liegt die Härte von Regenwasser üblicherweise nahe bei Null. Die Wasserhärte entsteht in der Regel erst beim Durchtritt von versickerndem Regen- oder Schmelzwasser durch die Bodenschichten. Dadurch ist die Härte des Wassers sehr stark abhängig vom geologischen Untergrund seines Ursprungsgebiets und dem Umstand, welche und wie viele Härtebildner in Lösung gehen können. In durch magmatische Gesteine (Granit, Gneis, Basalt) geprägten Gegenden sind die Wässer ebenfalls sehr weich. Höhere Härtegrade im Wasser findet man in Regionen, in denen Sandstein, Kalkgesteine oder Gips vorherrschen. Wasser aus gipshaltigen Schichten kann im Extremfall die Sättigungskonzentration für Gips erreichen. Diese entspricht einer Härte von 78,5 °dH. Für den optimalen Betrieb einer Bewässerungsanlage sollte der Härtegrad des Bewässerungswassers nach Möglichkeit weniger als 20 °dH betragen.

Weist das zur Verfügung stehende Wasser einen höheren Härtegrad auf, sind entsprechende Maßnahmen zur Enthärtung des Wassers notwendig.

3.3.2.4 Bewertung der Wasserbalance (Sättigungsgrad des Wassers)

Für die Bewertung des möglichen Bewässerungswassers hinsichtlich des Potenzials, durch Korrosion oder durch Kalkablagerungen eine Beeinträchtigung der Funktionsfähigkeit einer Bewässerungsanlage zu verursachen, kann der sogenannte Langelier-Sättigungs-Index (LSI) herangezogen werden. In den Langelier-Sättigungs-Index (LSI) fließen nachfolgende Parameter ein, die auf das Korrosionsverhalten oder die Wasserhärte Einfluss haben:

- Total dissolved solids (TDS) in mg/l (Summe der gelösten Salze)
- Temperatur (T) des Wassers in °K
- Konzentration (C) Calciumcarbonat ($CaCO_3$) (mg/l)
- Alkalität (A) des Wassers (gemessen als $CaCO_3$ mg/l)
- pH-Wert des Wassers (pH)

Die Berechnung des Langelier-Sättigungs-Index (LSI) erfolgt nach der Formel:

$$LSI = pH - pHs$$

$$pHs = (9.3 + a + b) - (c + d)$$

$$a = (\log(TDS) - 1) / 10$$
$$b = -13.12 * \log(T) + 34.55$$
$$c = \log(C) - 0.4$$
$$d = \log(A)$$

Liegt der LSI unter –0.5, ist das Wasser in der Tendenz korrosiv und kann Schädigungen an Bauteilen der Bewässerungsanlage aus Metall verursachen. Liegt der LSI dagegen über +0.5, ist das Wasser sehr hart und es besteht leichter die Gefahr für Kalkablagerungen, was zur Verstopfung von Bauteilen (z. B. druckkompensierende Tropferelemente einer Tropfbewässerungsanlage) führen kann.

3.3.2.5 Gesamtsalzgehalt und die Salzkomponenten

Der Gesamtsalzgehalt des Bewässerungswassers spielt eine Rolle bei der Bewertung der osmotischen Eigenschaften und der damit zusammenhängenden Gefahr der Versalzung des Bodens. Wieviel Salz über das Bewässerungswasser dem Boden und der Pflanze zugeführt werden kann, ohne dass Schädigungen auftreten, hängt sehr stark von der Häufigkeit der Wassergaben, vom Klima, dem Boden und von der betrachteten Pflanze ab. Die Weinrebe gehört zu den salzempfindlichen Arten. Dies gilt insbesondere für Chlorid.

Der Gesamtsalzgehalt des Wassers und die Salzkomponenten sind wichtige Größen im Zusammenhang mit den Wirkungen des Bewässerungswassers auf den Boden (Versalzung, Infiltration) und bezüglich der Düngung.

Als Grenzwert für den Gesamtsalzgehalt im Boden gelten 3 000 ppm. Als Leitfähigkeit der Lösung gemessen (EC-Wert) entspricht dies einem Wert von ca. 3. Um eine unerwünschte Anreicherung (Versalzung) zu vermeiden, muss der Gesamtsalzgehalt des Bewässerungswassers natürlich deutlich niedriger liegen. Für die Klassifizierung und Bewertung des Bewässerungswassers nach dem Gesamtsalzgehalt wird üblicherweise die elektrische Leitfähigkeit (EC-Wert) herangezogen. Liegt der Wert der elektrischen Leitfähigkeit unter 250 µS/cm, kann meistens auf bewässerungsfähiges Wasser geschlossen werden. Neben dem Gesamtsalzgehalt sind natürlich auch die Gehalte der Salze im Detail von Bedeutung.

Tab. 18 Beurteilung der Wasserqualität zur Bewässerung hinsichtlich Versalzung und Infiltration (nach Empfehlungen der FAO, Ayres/Westcot 1985)

Potenzielles Bewässerungsproblem	Einheit	Wassernutzung problemlos	beschränkt	problematisch
Versalzung EC	(dS/m)	<0,7	0,7–3,0	>3,0
	SAR (–) EC (dS/m)	SAR 0–3 EC >0,7	SAR 0–3 EC 0,2–0,7	SAR 0–3 EC <0,2
	SAR (–) EC (dS/m)	SAR 3–6 EC >1,2	SAR 3–6 EC 0,3–1,2	SAR 3–6 EC <0,3
Infiltration SAR und EC	SAR (–) EC (dS/m)	SAR 6–12 EC >1,9	SAR 6–12 EC 0,5–1,9	SAR 6–12 EC <0,5
	SAR (–) EC (dS/m)	SAR 12–20 EC >2,9	SAR 12–20 EC 1,3–2,9	SAR 12–20 EC <1,3
	SAR (–) EC (dS/m)	SAR 20–40 EC >5,0	SAR 20–40 EC 2,9–5,0	SAR 20–40 EC <2,9

Tab. 19 Beurteilung der Wasserqualität zur Bewässerung hinsichtlich toxischer Ionen (nach Empfehlungen der FAO, Ayres/Westcot 1985)

Potenzielles Bewässerungsproblem	Einheit	Wassernutzung		
Toxische Ionen		problemlos	beschränkt	problematisch
Natrium Na				
bei Bodenbewässerung	SAR	<3	3–9	>9
bei Beregnung	mmol/l	<3	>3	
Chlorid Cl				
bei Bodenbewässerung	mmol/l	<4	4–10	>10
bei Beregnung	mmol/l	<3	>3	
Bor B	mg/l	<0,7	0,7–3,0	>3,0
Spurenelemente				
Al	µg/l	5000		
As	µg/l	100		
Be	µg/l	100		
Cd	µg/l	10		
Co	µg/l	50		
Cr	µg/l	100		
Cu	µg/l	200		
F	µg/l	1000		
Fe	µg/l	5000		
Li	µg/l	2500		
Mn	µg/l	200		
Mo	µg/l	10		
Ni	µg/l	200		
Pd	µg/l	5000		
Se	µg/l	20		
V	µg/l	00		
Zn	µg/l	2000		
Verschiedene Effekte				
NO_3^--N	mg/l	<5	5–30	>30
bei Beregnung	mmol/l	<1,5	1,5–8,5	8,5
HCO_3^-				

In Tabelle 18 und Tabelle 19 stehen empfohlene Grenzwerte hinsichtlich der Salzkonzentrationen im Bewässerungswasser.

> Unter den Kationen kommt dem Natrium wegen seiner den Boden stark beeinflussenden Wirkung besondere Bedeutung zu.

Neben dem EC-Wert ist die Konzentration an Natrium von Bedeutung. Eine hohe Anzahl an Natriumionen im Wasser beeinflusst die Wasserdurchlässigkeit des Bodens und kann Infiltrationsprobleme verursachen. Der Grund dafür ist, dass Natrium im Boden Kalzium und Magnesium austauscht, die an den Bodenpartikeln adsorbiert sind. Die

Folge ist eine Dispersion der Bodenpartikel. Dadurch neigt der Boden stärker zur Verschlämmung und bildet beim Abtrocknen dichte, das Pflanzenwachstum erschwerende Krusten. Der Index SAR wird für „Sodium Adsorption Ratio“ benutzt. Dieser Wert entspricht der relativen Konzentration des Natriums zu den Konzentrationen von Kalzium und Magnesium. SAR ist definiert durch die Gleichung:

$$SAR = [\text{Konzentration Na}] / [\sqrt{(\text{Konzentration Ca} + \text{Konzentration Mg}) / 2}]$$

Bei gegebenem SAR-Wert erhöht sich die Infiltrationsrate mit der Erhöhung der Salzhaltigkeit oder umgekehrt. Zur Abschätzung der potenziellen Probleme kann die Relation der SAR- und EC-Werte in Kombination genutzt werden. Je höher die Salzhaltigkeit und der SAR-Index, desto wahrscheinlicher sind Probleme bezüglich der Infiltrationsrate.

Die Karbonate im Bewässerungswasser sind vor allen Dingen durch Bindung des Kalziums und Magnesiums und einer dadurch eintretenden Verstärkung der pflanzenschädlichen Wirkung des verbleibenden Natriums von Bedeutung. Das als Soda-Äquivalent oder Residual Sodium Carbonate (RSC) bezeichnete restliche Natriumkarbonat kann nach der folgenden Formel berechnet werden:

$$RSC = (CO_3 + HCO_3) - (Ca + Mg) \text{ (mval/l)}$$

Hinsichtlich des RSC-Wertes ist das betrachtete Wasser für die Bewässerung geeignet, wenn dieser >1,25 liegt. Bei Werten zwischen 1,25 und 2,50 ist das Wasser nur noch bedingt und bei Werten >2,50 nicht mehr für die Bewässerung geeignet. Bei der Beurteilung der Brauchbarkeit karbonathaltigen Wassers ist zu bedenken, dass Alkaliböden mehr geschädigt werden können als saure Böden. Gezielt aufgebracht, kann derartiges Wasser für saure Böden als Bodenverbesserung angesehen werden.

Darüber hinaus müssen natürlich die einzelnen Nährsalze bei der Düngerberechnung berücksichtigt werden. Ein besonderes Augenmerk gilt dabei neben den Makronährelementen auch den Spurenelementen. Bei diesen finden sich solche, die in gewissen Grenzen essenziell sind, aber auch relativ schnell toxisch wirken können. Und es finden sich solche, welche für die Pflanzen nicht essenziell sind, sich aber toxisch auswirken können. Auf Letztere ist ein besonderes Augenmerk zu richten. Die in Tabelle 18 angeführten Richtwerte sollten nicht überschritten werden. In jedem Fall sind bei Bemessungen der Wassergabe die einschlägigen bodenschutzrechtlichen Bestimmungen hinsichtlich der zulässigen Schadstofffrachten zu berücksichtigen.

Weiter muss beachtet werden, dass bei der Absorption durch die Blätter die Akkumulation dieser Ionen größer ist. Die direkte Absorption findet beim Bewässern mit Beregnungsmaschinen und Überkronenberegnung bei hoher Temperatur und niedriger Feuchte statt. Die Anpassungsfähigkeit an die Konzentration dieser Ionen ist von der Pflanzenart, dem Stadium des Wachstums, der Konzentration der toxischen Ionen oder deren Kombination, dem Klima und den Bodenbedingungen abhängig.

Aus technischer Sicht ist für die Funktionserhaltung der Leitungen und Wasseraustrittsstellen der Bewässerungsanlagen neben dem Härtegrad auch der Eisengehalt zu beachten. Gelangt Sauerstoff in ausreichender Menge in das Wasser, kann Eisen-II zu dreiwertigem Eisen oxidiert werden. Es kommt zur Ausfällung eines Eisen-III-Niederschlags. Dieser kann wiederum Wasser-

Tab. 20 Chemische Anforderungen an das Bewässerungswasser mit Blick auf mögliche technische Probleme aufgrund von Ablagerungen in den Tropferelementen (Albrecht/Pfleger 2003)

Parameter	Verstopfungsrisiko		
	niedrig	mittelmäßig	hoch
pH	7	7–8	> 8
wasserlösliche Elemente	500 mg/l	500 bis 2 000 mg/l	> 2 000 mg/l
Eisen (Fe)	0,1 mg/l	0,1 bis 1,5 mg/l	> 1,5 mg/l
Mangan (Mn)	0,1 mg/l	0,1 bis 1,5 mg/l	> 1,5 mg/l
Calcium	10 mg/l	10–50 mg/l	> 50 mg/l
Karbonat	100 mg/l	100 bis 200 mg/l	> 200 mg/l

austrittsstellen und Leitungen zusetzen und so deren Funktionsbereitschaft beeinträchtigen. Schon bei Eisengehalten von 2 ppm konnten nach 2–3 Jahren Systemverstopfungen festgestellt werden. Darüber hinaus kann Eisen im Boden zur Bodenversauerung und zu einem Mangel an den essenziellen Elementen Phosphor und Molybdän führen. Bei zu hohen Eisengehalten kann das Eisen vor Nutzung des Wassers zur Ausflockung gebracht werden. Man versetzt das Wasser mit ausreichend Luft und verbringt es in ein Speicherbecken, wo sich nach Ablauf der Oxidationsreaktion das Eisen am Boden absetzt. Im Anschluss daran kann das Wasser von den Feststoffen getrennt werden.

Tabelle 20 zeigt verschiedene chemische Anforderungen an das Bewässerungswasser mit Blick auf mögliche technische Probleme aufgrund von Ablagerungen in den Tropferelementen einer Tropfbewässerungsanlage.

3.3.2.6 Regelmäßige Boden- und Wasseranalysen

Für einen qualitätsorientierten Einsatz einer Bewässerungsanlage ist es notwendig, sowohl die Bodenkennwerte als auch das Bewässerungswasser in regelmäßigen Abständen zu analysieren. Der dabei zu berücksichtigende Beprobungszeitpunkt sowie die Beprobungshäufigkeit im Verlaufe eines Jahres ist dabei abhängig von der verwendeten Wasserquelle. Weiterhin wird die Beprobungshäufigkeit auch noch in Abhängigkeit der Untersuchungsveranlassung modifiziert, je nachdem, ob es sich um eine Einstiegsuntersuchung zu Beginn eines Bewässerungsprojekts (Planungsphase) oder um Wiederholungsuntersuchungen im laufenden Betrieb einer Bewässerungsanlage handelt. Tabelle 21 gibt einen Überblick über Beprobungszeitpunkte und Beprobungshäufigkeit im Zusammenhang mit der Entnahme von Wasserproben zur Überprüfung der Wasserqualität von Bewässerungswasser in Abhängigkeit von der Wasserquelle und der Untersuchungsveranlassung.

Stellt sich heraus, dass das für die Bewässerung vorgesehene Wasser Grenzwerte überschreitet, gibt es unterschiedliche Möglichkeiten, darauf zu reagieren. Eine sehr einfache Methode ist, das betreffende Wasser mit Wasser aus anderen Quellen zu verschneiden und dadurch die jeweiligen

Tab. 21 Beprobungszeitpunkte und Beprobungshäufigkeit im Zusammenhang mit der Entnahme von Wasserproben zur Überprüfung der Wasserqualität von Bewässerungswasser (Albrecht/Pfleger 2003)

Untersuchungs-veranlassung	Gewässer	Kriterien	Häufigkeit der Beprobung	Zeitpunkt der Beprobung
Einstiegsuntersuchung	Brunnen	bakteriologisch chemisch	1 x / Jahr 1 x / Jahr	unabhängig unabhängig
	Speicher / Kiesgrube	bakteriologisch chemisch	2 x / Jahr 1 x / Jahr	Mai, Juli Juli
	Fließgewässer	bakteriologisch chemisch	2–3 x / Jahr 2 x / Jahr	Mai, Juni, Juli Mai, Juli
Wiederholungs-untersuchung	Brunnen	bakteriologisch chemisch*)	alle 3 Jahre alle 3 Jahre	unabhängig unabhängig
	Speicher / Kiesgrube	bakteriologisch chemisch*)	1 x / Jahr 1 x / Jahr	Juli Juli
	Fließgewässer	bakteriologisch chemisch*)	2 x / Jahr 1 x / Jahr	Mai, Juli Juli

*) empfohlener Untersuchungsrhythmus für Schwermetalle: alle 5 Jahre

Konzentrationen unter die Grenzwerte zu bringen. Zur Regulierung des Härtegrades bietet sich einerseits als Verfahren die Umkehrosmose oder andererseits der Zusatz von Säuren (Schwefelsäure, Oxalsäure, Zitronensäure) an. Jedoch ist genau zu prüfen, ob der Aufwand in einem wirtschaftlichen Rahmen liegt.

Zur Vermeidung von Kalkablagerungen in den Bauteilen einer Bewässerungsanlage ist das Einspeisen von HNO_3 (38 %ig) mit Hilfe eines Dosiergerätes ein geeignetes Verfahren zur Reinigung. Die anzustrebende Konzentration am Tropfer(-element) sollte 0,2 bis 0,4 % betragen. Die benötigte Zeit für einen Reinigungsgang beträgt ca. 30 Min. Nach der Reinigung sollte die Anlage mit Wasser nachgespült werden.

3.4 Weinqualität und Bewässerung

Wie bei allen weinbaulichen Bewirtschaftungsmaßnahmen nimmt man auch mit der Bewässerung Einfluss auf die Trauben- und Weinqualität. Je nachdem, welches Produktionsziel mit welchem Bewirtschaftungssystem verfolgt wird und zu welchem Zeitpunkt in der Vegetationsperiode eine zusätzliche Wassergabe erfolgt, wirkt sich diese unterschiedlich auf die Trauben- und Weinqualität aus. Aufbauend auf den Erkenntnissen der generellen physiologischen Reaktionen von Reben auf einen zunehmenden Wassermangel wurden inzwischen unterschiedliche Bewässerungsstrategien entwickelt. Auf der einen Seite die fein abstimmenden Defizitbewässerungsstrategien, wie z. B. die Regulierte Defizit-Bewässerung (Regulated Deficit Irrigation – RDI) oder das System des Partiellen Austrocknens der Wurzelzone (Partial Rootzone

Drying – PRD). Auf der anderen Seite gibt es die Bewässerung nach dem „Feuerwehrprinzip“: wenn extreme Trockenheit zu verzeichnen ist und die Rebstöcke vor größeren irreparablen Schädigungen bewahrt werden sollen.

Bei der Strategie PRD wird jede Rebzeile mit zwei Tropfleitungen ausgestattet. Abwechselnd erfährt ein Teil der Wurzeln Trockenstress und der andere Teil der Wurzel Bewässerung. Durch den bewässerten Teil ist die Wasserversorgung gewährleistet. Auf der anderen Seite aber erfährt die Rebe Trockenstress, was über phytohormonelle Wurzelsignale zu einer Wuchshemmung führt und eine bessere Wasserausnutzung induziert. Hierfür ist der Einsatz einer Tropfbewässerung notwendig. Partielles Austrocknen der Wurzelzone (PRD) und kontrolliertes, abwechselndes Bewässern der Wurzelzone (CAPRI) zielen darauf ab, ein gleichbleibendes Ertragsniveau mit einer höheren Produktqualität durch einen geringeren Wasserdurchsatz durch das Boden-Pflanze-Atmosphäre-System zu erreichen.

Bei der Regulierten Defizit-Bewässerung (RDI) wird versucht, den Wasserstatus des Systems zwischen Rebblüte und Reifebeginn so zu gestalten, dass die Umstellung der Rebe auf die generative Jahresphase beschleunigt wird. Dies hat wiederum Einfluss auf die Inhaltsstoffbildung. Denn zwischen dem vegetativen Sprosswachstum und der Zuckereinlagerung sowie der Farbstoffeinlagerung in die Beere besteht eine stark negative Korrelation. Dies bedeutet, dass durch die frühzeitigere Einstellung des vegetativen Wachstums mehr Zeit für die Zucker- und Farbstoffeinlagerung zur Verfügung steht. Teilweise wurden Differenzen von der vegetativen zu der generativen Jahresphase von bis zu zehn Tagen ermittelt. Entscheidend dabei ist, dass die Rebe bei zu starker Stresssituation auch die Fotosyntheseleistung stärker reduziert. Um an dieser Stelle eine günstige Balance zu finden, ist eine kontinuierliche Beobachtung von pflanzenphysiologischen Parametern (siehe Kap. 3.2.2.1) notwendig, um unter Umständen lenkend eingreifen zu können. Das bei dieser Strategie verfolgte Ziel einer möglichst mäßig trockenen Phase von Rebblüte bis Reifebeginn zu erreichen, hebt je nach Klimazone und örtlicher Niederschlagsverteilung den Stellenwert einer Begrünung und des praktizierten Begrünungsmanagements.

3.4.1 Wassermengen und Bewässerungszeitpunkt

Der Hauptwasserbedarf der Rebe liegt zwischen dem BBCH Stadium 60 (Beginn der Blüte) und dem BBCH Stadium 85 (Weichwerden der Beeren). Der überwiegende Teil der Inhaltsstoffe der Beere wird in dem Zeitraum zwischen BBCH 75 (Beeren erbsengroß, die Trauben hängen) und BBCH 85 (Weichwerden der Beeren) eingelagert. Eine optimierte Wasserversorgung zu diesem Zeitpunkt ist von großer Bedeutung. Mit dem Ziel der Förderung der Qualität sollte in der Zellteilungsphase der Beerenentwicklung keine Bewässerung erfolgen, welche die nFK über 70–80 % nFK anhebt. Ein Bodenwassergehalt in dieser Phase über 80 % nFK führt zu einem deutlichen Anstieg des Ertrags, was einerseits die Menge-Güte-Relation zu Ungunsten der Qualität verschieben und andererseits auch ein höheres Risikopotenzial für Botrytis- und Sauerfäule-Befall an den Fruchtständen mit negativen Folgen für die Weinqualität verursachen kann.

Um in der Beerenentwicklungsphase I und Beerenentwicklungsphase II (siehe Abb. 19, Kap. 2.2) einerseits die Zellteilung und das vegetative Wachstum auf ein qualitativ sinnvolles Maß zu beschränken und andererseits aber einen optimalen Aufbau des Säure-Komplex und von Aromastoff-Vorstufen in den wachsendenden Weinbeeren zu gewährleisten, sollte – in Abhängigkeit von der jeweiligen Rebsorte – während dieser physiologischen Entwicklungsphasen BBCH 71 (Fruchtansatz: Fruchtknoten vergrößern sich, letzte Blütenkäppchen werden abgeworfen) bis BBCH 79 (Ende des Traubenschlusses, das Stielgerüst wird durch die Beeren verdeckt) der Bodenwassergehalt in einem Optimumsbereich von 55–70 % nFK liegen. In der dann anschließenden Beerenwachstumsphase III (BBCH 81 Beginn der Reife: erste Beeren verfärben sich bis BBCH 89 Vollreife der Beeren, Lesereife) ist ein Wert von 40–50 % ausreichend.

> Kleine Menge mit großer Wirkung.

Bezüglich der Wassermenge zeigt sich, dass schon sehr geringe Wassergaben (z. B. 4–6 mm/m^2), zum optimalen Zeitpunkt platziert, einen großen Effekt haben können. Ein weiteres Argument für mengenmäßig eher kleinere Gaben in etwas kürzeren Intervallen ist im Bereich Nährelementversorgung der Rebe und Nährelementauswaschung zu finden. Böden mit geringerer nFK zeigen eine höhere potenzielle Auswaschungsgefährdung als Böden mit einer hohen nFK. Ebenso ist die Infiltrationsrate des Bodens von Bedeutung. Es sollte eine an die Wasseraufnahmefähigkeit und Wasserspeicherfähigkeit des Bodens angepasste Gestaltung der Bewässerungsintervalle angestrebt werden. In Kapitel 2.3 sind die entsprechenden Kennwerte der verschiedenen Bodenarten dargestellt, welche als Basis für die Planung der einzelnen Wassergaben genutzt werden können.

Hinsichtlich des Parameters Blattwasserpotenzial vor Sonnenaufgang wurde inzwischen ein Bewässerungsschwellenwert ermittelt. Dieser Bewässerungsschwellenwert liegt in Abhängigkeit von der Rebsorte zwischen –0,25 MPa $\leq \Psi_{PLWP} \geq$ –0,35 MPa. Der Schwellenwert wurde so gewählt, dass sich nach Möglichkeit noch keine Reduzierung der Assimilationsleistung, aber bereits eine stärkere Reduzierung des vegetativen Wachstums zeigt. Der Korridor der Blattwasserpotenziale, in dem dieser Zustand zu finden ist, ist dabei in der Regel sehr eng. Dies erfordert deshalb eine möglichst kontinuierliche Beobachtung des genannten Parameters. Ebenso gilt es auch hier zu beachten, dass es, wie in den Kapiteln 2.1 und 2.2 aufgezeigt, sortenspezifische Unterschiede im Reaktionsmuster auf eine im Verlauf der Vegetationsperiode zunehmende Trockenheit gibt.

Mit Blick auf die Lese sollte beachtet werden, dass eine zusätzliche Wassergabe eine leicht reifeverzögernde Wirkung mit sich bringt. So empfiehlt es sich, bei spät reifenden Rebsorten ca. 3 Wochen vor der Lese nur noch bedingt zusätzliches Wasser über Bewässerung zu geben. Es sei denn, die Witterungsbedingungen sind so extrem, dass eine zusätzliche Wassergabe gerechtfertigt scheint.

Da die einzelnen Rebsorten auf eine zusätzliche Wasserzufuhr ganz unterschiedlich reagieren, sollte nach Möglichkeit getrennt nach Rebsorten bewässert werden. Zumindest die Differenzierung bei einer zusätzlichen Bewässerung in rote und weiße Rebsorten ist aufgrund des unterschiedlichen Produktionsziels sinnvoll.

3.4.2 Bewässerung differenziert nach Rebsorten

Zunächst sind, je nach nachdem, ob es sich bei der Rebsorte um eine in der Tendenz anisohydrische (hydrostabile) oder eine iso-

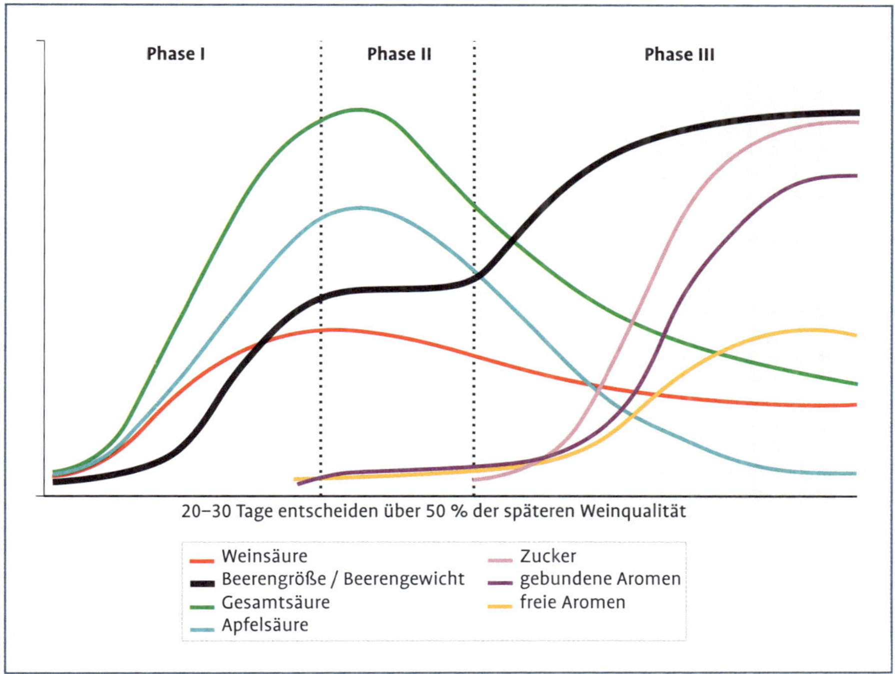

Abb. 48 Beerengrößenentwicklung und Beereninhaltsstoffe von Weinbeeren (*Vitis vinifera* ssp.) während der physiologischen Entwicklungsphasen BBCH 71 (Fruchtansatz: Fruchtknoten vergrößern sich, letzte Blütenkäppchen werden abgeworfen) und BBCH 89 (Vollreife der Beeren, Lesereife), eingeteilt in die Beerenentwicklungsphase I bis Beerenentwicklungsphase III.

hydrische (hydrolabile) Rebsorte handelt (siehe Kap. 2.1 und 2.2), unterschiedliche Bewässerungsstrategien erforderlich. Da die in der Tendenz isohydrischen (hydrolabilen) Rebsorten nach anfänglichem Offenhalten der Spaltöffnungen (Stomata) schon bei moderater weiterer Erhöhung des Blattwasserpotenzials mit dem Schließen der Stomata und damit mit der Reduzierung des allgemeinen Wasserflusses durch die Pflanze reagieren, sind bei zunehmender Trockenheit früher zusätzliche Wassergaben notwendig. Denn mit der Einschränkung der Transpiration und Reduzierung des allgemeinen Wasserflusses werden auch Stoffwechselvorgänge in der Pflanze (Rebe) reduziert. Dieser Umstand ist bei weißen Rebsorten von besonderer Bedeutung. Denn bei den weißen Rebsorten stehen andere Produktionsziele im Blickfeld als bei roten Rebsorten. So spielt bei den weißen Rebsorten neben dem Mostgewicht vor allen Dingen ein angemessener Säuregehalt eine wichtige Rolle, da der Geschmack des späteren Weins beim Weißwein sehr stark vom Wechselspiel von Süße und Säure sowie einer ausgewogenen Aromatik geprägt wird. Wichtig ist dabei zum einen der Gesamtsäuregehalt sowie die spezifischen Verhältnisse der einzelnen Säurekomponen-

Tab. 22 Phasendauer der Beerenentwicklungsphasen I, II und III von verschiedenen Rebsorten (Blaich et al. 2021)

Rebsorte	Dauer der Beerenwachstumsphase I	Dauer der Beerenwachstumsphase II	Dauer der Beerenwachstumsphase III
	[Tage]	[Tage]	[Tage]
Siegerrebe	27	4	24
Müller-Thurgau	38	7	38
Scheurebe	39	14	42
Silvaner	45	14	42
Riesling	42	21	35

ten des Säure-Komplexes, wie die Weinsäure, Äpfelsäure, Galakturonsäure sowie weiteren Säuren des Citratzyklus wie Citrat, Fumarat, Succinat. Die Erhaltung eines angemessenen Säuregehalts in den Weinbeeren ist deshalb ein zentrales Produktionsziel bei der Erzeugung von Trauben für die Weißweinbereitung. Doch wann und zu welchem Zweck wird überhaupt Säure in den Weinbeeren aufgebaut (eingelagert)? Abbildung 48 zeigt im Überblick, welche für die Weinbereitung sehr bedeutenden Beereninhaltsstoffe zu welchem Zeitpunkt und mit welcher Intensität während der physiologischen Beerenentwicklung in der Beere eingelagert oder wieder abgebaut werden.

Die physiologische Entwicklung der Weinbeere vom Fruchtansatz (BBCH 71) bis zur Vollreife/Lesereife (BBCH 89) kann in drei unterschiedliche Phasen unterteilt werden, in denen unterschiedliche Stoffwechselvorgänge ablaufen, welche alle zusammen die späteren Inhaltsstoffe der Weinbeere zum Zeitpunkt der Vollreife/Lesereife (BBCH 89) beeinflussen.

Nach der Befruchtung der Samenanlagen während der Blüte (BBCH 61–BBCH 69) wird durch dann einsetzende Zellteilungsprozesse in dem die Samenanlagen umgebenden Gewebe (Endokarp, Mesokarp, Epidermis und Cuticula) in Phase I der Beerenentwicklung eine mehr oder weniger stark ausgeprägte Schutzhülle für die Samen der Weinbeere ausgebildet. Gleichzeitig zu diesem Ausbau einer Schutzhülle kommt es in dem Gewebe der Schutzhülle zur Akkumulation von Säuren (zu 90 % Äpfelsäure und Weinsäure). Die Akkumulation von Säuren dient als Fraßschutz für die noch nicht ausdifferenzierten Samenanlagen. Solange die Samen noch nicht vollständig ausdifferenziert und potenziell keimfähig sind, sollen diese noch nicht durch Tiere (Vögel, Mäuse, Fuchs, u. a.) verbreitet werden, um das Überleben der Rebart zu sichern. Die Dauer der Beerenwachstumsphase I liegt zwischen 3 bis 7 Wochen (21–49 Tage), die der Beerenwachstumsphase II zwischen ½ Woche bis 3 Wochen (4–21 Tage) sowie die Beerenwachstumsphase III zwischen 3 bis 6 Wochen (21–42 Tage). Während (höhere) Temperatur und (intensiveres) Licht beschleunigend wirken, ist bei Niederschlag meist eine Verzögerung der Phasendauer zu festzustellen. Wobei die Verzögerung wahrscheinlich nicht auf das zusätzliche Wasser aufgrund des Niederschlags zurückzuführen sein wird, sondern eher dadurch bedingt ist, dass bei niederschlagsreichen Wetterlagen durch die intensive Bewölkung Temperatur und Lichtintensität im Pflanzenbestand verringert werden und das Niederschlagswasser selbst auch noch einen kühlenden Effekt hat. Neben den genannten Faktoren gibt es auch noch eine genetisch fixierte Sortenabhängigkeit der jeweiligen Phasendauer. Tabelle 19 zeigt die Phasendauer der Beerenentwicklungsphasen I, II und III von ausgewählten Rebsorten (*Vitis vinifera* ssp.).

Zum Ende der Beerenwachstumsphase I geht die Zellteilungsaktivität im Endo- und Mesokarp zurück, sodass das Beerenvolumen und -gewicht in der anschließenden Beerenwachstumsphase II fast nicht mehr zunimmt. Mit etwas zeitlicher Verzögerung zu der Reduzierung der Zellteilungsaktivität beim Übergang von Beerenwachstumsphase I zur Beerenwachstumsphase II, erreicht die Säureakkumulation nach ca. einem Drittel der Zeitdauer der Beerenwachstumsphase II das Säuremaximum. Der Säureaufbau in der Beerenwachstumsphase I erfolgt zum einen aus Zucker, welcher direkt durch die zu diesem Zeitpunkt in der Beere noch ablaufenden Fotosynthese entsteht. Allerdings ist die Fotosyntheserate des Beerengewebes zu gering und es entsteht zu wenig Phosphoenolpyruvat, um Äpfelsäure in den Umfang aufzubauen, wie es zum Säuremaximum für gewöhnlich gefunden wird. Von entscheidender Bedeutung für die aufgebaute Menge an Äpfelsäure ist deshalb auch die Zulieferung von Assimilaten (Saccharose) aus den Blättern. Eine gleichmäßig ablaufende Fotosynthese während der der Beerenwachstumsphase in den Hauptblättern der Rebe ist somit für den Säureaufbau in der Weinbeere und ein optimales Säuremaximum entscheidend. Denn dieses Säuremaximum bildet die Ausgangsbasis für den späteren Säuregehalt des Mosts bzw. Weins.

Doch nicht nur der Säuregehalt des Mosts bzw. Weins als solches (Gesamtsäure, g/l) wird während der Beerenwachstumsphase I maßgeblich beeinflusst, sondern auch die Vielfalt und das Verhältnis der einzelnen am Säurekomplex des Mosts bzw. Weins beteiligten Säuren. Tritt während der Beerenwachstumsphase I intensivere Trockenheit auf und wird die Fotosyntheseleistung der Rebenblätter dadurch reduziert, ergibt sich in Folge dessen auch ein reduzierterer Gesamtsäuregehalt (g/l) in den Weinbeeren zum Zeitpunkt des Säuremaximums. Umgekehrt lässt sich durch eine moderate Bewässerung in einer solchen Situation zum einen der Gesamtsäuregehalt (g/l) in den Weinbeeren zum Zeitpunkt des Säuremaximums erhöhen aber zum anderen auch das Verhältnis der am Säurekomplex beteiligten Säuren zueinander beeinflussen. Und ausgehend von einem höheren Gesamtsäuregehalt (g/l) bzw. Äpfelsäuregehalt (g/l) in den Weinbeeren zum Zeitpunkt des Säuremaximums laufen bei dem dann in der Beerenwachstumsphase II einsetzenden Abbau der Säure (überwiegend der Äpfelsäure) in dem Beerengewebe bis zur Vollreife deutlich mehr Stoffwechselvorgänge mit entsprechenden Zwischen-/Nebenprodukten (Zitronensäure, Bernsteinsäure, Fumarsäure, u. a.) ab.

In der Beerenwachstumsphase II werden außerdem bereits Vorstufen von gebundenen und freien Aromen des späteren Mosts bzw. Weins gebildet. Neben dieser stoffwechselphysiologischen Umstellung auf die Reife der Beeren werden in der Beerenwachstumsphase II auch die Embryonen in den Samenanlagen vollständig ausdifferenziert.

Die Beerenwachstumsphase III (Reifephase) beginnt mit dem Farbumschlag der

Tab. 23 Dauer des Säureabbaus in den Weinbeeren während der Beerenwachstumsphase III (Reifephase) in Abhängigkeit von der Rebsorte (Blaich et al. 2021)

Rebsorte	**Benötigte Anzahl an Tagen für den Säureabbau von 20 g/l während der Beerenwachstumsphase III**
	[Tage]
Bacchus	18
Müller-Thurgau	30
Kerner	26
Optima	25
Riesling	30

Tab. 24 Dauer der Zuckerakkumulation in den Weinbeeren während der Beerenwachstumsphase III (Reifephase) in Abhängigkeit von der Rebsorte (Blaich et al. 2021)

Rebsorte	**Benötigte Anzahl an Tagen für die Zuckerakkumulation von 25 °Oe auf 65 °Oe während der Beerenwachstumsphase III**
	[Tage]
Bacchus	25
Müller-Thurgau	23
Kerner	21
Optima	23
Riesling	27

Weinbeeren (BBCH 81). Von da an erfolgt parallel zum weiteren Abbau der Säure in der Weinbeere eine intensive Zuckerakkumulation sowie eine Akkumulation von gebundenen und freien Aromen. Sowohl die zeitliche Dauer des Säureabbaus als auch die zeitliche Dauer der Zuckerakkumulation sind dabei je nach Rebsorte unterschiedlich (siehe Tab. 23).

Neben der Tatsache, dass das Ausgangsniveau des Gesamtsäuregehalts zum Säuremaximum aufgrund der dargestellten Zusammenhänge relativ niedrig ausfallen kann, ist in manchen Jahren auch ein zu rascher Säureabbau ein Problem. Der Hintergrund ist, dass Trockenheit und hohe Lufttemperaturen die Respiration (Veratmung) der Äpfelsäure fördern. Eine zu intensive und zu schnelle Respiration der Äpfelsäure wirkt sich unter Umständen negativ auf den Säurekomplex des Mosts bzw. Weins aus. Günstiger ist es, wenn der Säureabbau langsamer vonstattengeht und dabei der Abbau der Äpfelsäure intensiver über den Stoffwechselvorgang der Glukoneogenese abläuft und letztlich zur Zuckerakkumulation in der Weinbeere beiträgt.

Da aus kellerwirtschaftlicher Sicht die Erhöhung des Säuregehalts durch Zugabe von spezifischen Säuren nur in engen Grenzen möglich ist, kann in extrem heißen Jahren eine klimatisierende Bewässerung eine Maßnahme sein, um einen übermäßigen Säureabbau bei gleichzeitig stagnierender oder nur auf geringem Niveau ansteigender Zuckerproduktion abzumildern. Hierfür kommen zum einen mobile Bewässerungssysteme oder die ortsfeste Überkronenberegnungsanlage in Frage. Ebenso kann aber auch durch eine entsprechende Wassergabe über eine Tropfbewässerungsanlage dieser erhöhten Respiration entgegenwirkt werden.

Am deutlichsten zeigen sich die Möglichkeiten zur Qualitätssteigerung durch zusätzliche Bewässerung beim Parameter Mostgewicht. Hier sind in Abhängigkeit von der Rebsorte Steigerungen zwischen 1–15 °Oe erzielbar. Dabei ist das Ausgangsniveau für die tatsächliche Ausschöpfung dieser Spanne sehr entscheidend. In „normalen“ Jahren kann mit einer möglichen Steigerung von 3–5 °Oe kalkuliert werden. Zu berücksichtigen ist dabei auch, dass die anderen Pflegemaßnahmen hier ebenfalls noch Auswirkungen haben. Dies kann sowohl in verstärkender als auch in abschwächender Richtung erfolgen.

> Neben den Auswirkungen auf das Mostgewicht und den Säuregehalt wirkt sich eine zusätzliche Bewässerung auch auf die Farbstoff- und Aromakomponenten aus.

Aromastoffe spielen für die Beurteilung der Qualität von Weinen eine wichtige Rolle. Das Aroma von Weinen wird dabei von mehreren hundert verschiedenen Komponenten geprägt. Neben den positiv belegten Aromakomponenten spielen vor allen Dingen die als Weinfehler angesprochenen Aromakomponenten, wie z. B. Böckser oder die untypische Alterungsnote (UTA), eine wichtige Rolle.

Eine zusätzliche Bewässerung kann, wenn man sie optimiert einsetzt, den Gehalt an hefeverwertbarem Stickstoff im Most deutlich erhöhen. Dies hat zur Folge, dass die Lebensbedingungen für die Hefen begünstigt werden und dadurch Gärstockungen und Böckserbildung sowie das Auftreten der untypischen Alterungsnote (UTA) reduziert werden können.

Weiterhin konnte gezeigt werden, dass Unterschiede in der Wasserversorgung über direkte und indirekte Effekte die Struktur der Phenole und die Aromazusammensetzung von Weißwein beeinflussen. Phenolische Verbindungen sind im Pflanzenreich weit verbreitete Inhaltsstoffe. Hinsichtlich ihrer chemischen Struktur lassen sich all diese Verbindungen auf das Phenol zurückführen. Da phenolische Verbindungen nicht im Primärstoffwechsel der Pflanze gebildet und verbraucht werden, zählen sie zu den sekundären Pflanzeninhaltsstoffen.

> Nachgewiesene Funktionen der Phenole in der Pflanze sind:
> 1. Schutz gegen Pilz- und Bakterieninfektionen
> 2. Schutz vor UV-Strahlung
> 3. Regelung des pflanzlichen Hormonhaushalts
> 4. Signalsubstanzen in verschiedenen Prozessen

Die Biosynthese der Polyphenole erfolgt durch relativ komplizierte chemische Vorgänge. In Abbildung 49 ist der Ablauf stark vereinfacht dargestellt.

Ausgangsbasis sind Verbindungen, die aus dem Kohlenhydratstoffwechsel stammen. Ein optimal ablaufender Kohlenhydratstoffwechsel ist damit Grundvoraussetzung für die daran anschließende Biosynthese der Polyphenole. Diese kann in die drei Teilbereiche „Shikimisäure-Bereich“, „Phenylpropanoid-Bereich“ und „Flavonoid-Bereich“ unterteilt werden. Aus dem Shikimisäure-Bereich werden die Aminosäuren Phenylalanin, Tyrosin und Tryptophan synthetisiert. Der Phenylpropanoid-Bereich liefert Hydroxyzimtsäure-Derivate und Vorstufen der Flavonoide und des Lignins. Im Flavonoid-Bereich erfolgt letztlich die Synthese der Flavonoide. Ein Schlüsselenzym bei der Biosynthese der Polyphenole ist die Phenylalanin-Ammonium-Lyase (PAL). Ihre Induktion wird durch verschiedene Faktoren – in der Regel Stressfaktoren – veranlasst. PAL wird aktiviert durch Phenylalanin, Ethylen, Hormone, Wundreiz, Licht. Gehemmt wird PAL durch phenolische Substrate. Auch Wasserstress kann über eine verstärkte Ethylenproduktion zu einer verstärkten PAL-Aktivität führen.

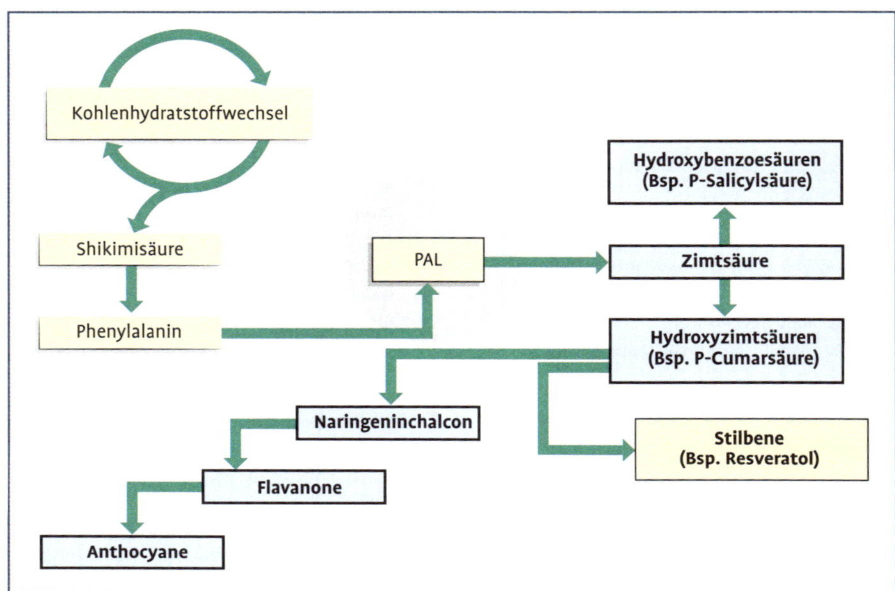

Abb. 49 Biosynthese der Polyphenole.

> Ein Wasserdefizit steigert den Gehalt an Hydroxyzimtsäuren und damit den Vorstufen von unerwünschten Aromakomponenten bei Weißwein.

Durch höheres Wasserdefizit während der Reifephase wird in der Regel der Gehalt an Hydroxyzimtsäuren gesteigert, während bei moderatem Wasserstress der Gehalt an Proanthocyanidinen und Catechinen höher liegt. Ein erhöhter Gehalt an Hydroxyzimtsäuren kann im späteren Wein unter anderem zu verstärkten Bräunungsreaktionen führen, was sich vor allen Dingen bei Weißwein negativ auf die Akzeptanz durch den Kunden auswirken kann. Die Hydroxyzimtsäuren selbst sind zunächst nicht aromawirksam. Sie können jedoch während der Fermentation auch zu geruchsaktiven Phenolen umgewandelt werden, welche in geringen Konzentrationen „rauchige", „holzige", „ledrige" sowie „pfeffrige" Geruchsausprägungen hervorbringen und somit auch zum Aroma des Weines beitragen. Kommen derartige Verbindungen in deutlich höherer Konzentration vor, können diese Geruchskomponenten dem Wein einen pharmazeutischen oder medizinischen Aromaausdruck verleihen und dadurch das sortenspezifische Fruchtaroma negativ beeinträchtigen.

Eine weitere wichtige Aromakomponente bei Weißweinen stellen die Terpene dar. Bezüglich dieser Aromakomponenten gibt es Hinweise dafür, dass Trockenstress zu einer Zunahme an glycosidisch gebundenen Monoterpenen im Wein führen kann.

> Rotwein lebt vor allen Dingen von der Farbe und einer harmonischen Tanninstruktur.

Bei den roten Rebsorten ist neben den Parametern Mostgewicht und Säure insbesondere der Gehalt und die Struktur der Farbstoffe oder Anthocyane sowie die Tanninstruktur von Bedeutung. Eine Wassergabe über Tropfbewässerung kann eine positive Wirkung auf den Farbstoffgehalt haben. Bei Reben der Rebsorte 'Tempranillio' wurden die Effekte von unterschiedlicher Wasserversorgung auf die Farbentwicklung der Traubenbeere während der Reifephasen untersucht. Die zusätzliche Bewässerung zeigte dabei einen signifikant höheren Ertrag, und sowohl der Gesamtgehalt als auch die Zusammensetzung der Anthocyane änderte sich durch die zusätzliche Bewässerung. In den nicht so stark bewässerten Varianten waren dabei in allen Versuchsjahren der Gesamtphenolgehalt und der Gesamtgehalt an Tannin höher. Auch bei Untersuchungen an der Rebsorte 'Cabernet Sauvignon' wurde eine Veränderung des Gehalts an Anthocyanen und Flavonoiden nachgewiesen, wenn mit einer geringeren Wassermenge bewässert wurde. Die Untersuchungen zeigten auch sehr deutlich, dass bei dieser Maßnahme die jeweiligen Standortbedingungen mit entscheidend sind.

Neben dem Gesamtgehalt an Anthocyan und Flavonoiden ist auch hier die Zusammensetzung der einzelnen Komponenten und vor allen Dingen deren Stabilität von Bedeutung.

So kommt es beim Einsatz einer Bewässerung bei roten Rebsorten noch wesentlich stärker darauf an, den Bewässerungszeitpunkt zu optimieren, um keine Verdünnungseffekte hinsichtlich des Farbstoffgehalts zu bekommen. Dies gilt insbesondere in Anbaugebieten, in denen es von Grund auf schwieriger ist, einen entsprechend hohen Farbstoffgehalt zu erzielen. Ein Einsatz in der Reifephase der Beeren ist deshalb bei Rotweinsorten sehr genau zu prüfen. In jedem Fall sollte hier noch mehr die Strategie der häufigeren, aber kleineren Wassergaben (3–4 l/m² und Einzelgabe) verfolgt werden.

> **Mit Bewässerung dem Schrumpfen der Beeren von spät reifenden Rebsorten aufgrund von Dehydrierung entgegenwirken.**

Aufgrund von Trockenheit kann unter Umständen die Situation eintreten, dass die Verdunstung und der potenzielle Wasserrückfluss zur Pflanze den Import von Wasser in die Beere übersteigen und es zur Dehydrierung mit einhergehender Schrumpfung der Beeren kommt. Solche Schrumpfungsvorgänge können je nach Intensität den Ertrag um bis zu 25 % verringern, was in Folge erhebliche wirtschaftliche Auswirkungen haben kann. Aber auch die Zusammensetzung und Qualität der Beereninhaltsstoffe wird im Verlauf eines solchen Schrumpfungsprozesses tiefgreifend verändert. Untersuchungen zeigten bei Rotweinen aus Trauben der Rebsorte 'Syrah', deren Beeren zu 80 % von solchen Schrumpfungsprozessen betroffen waren, einen signifikant höheren Alkoholgehalt (>1 Vol.-% mehr), einen höheren Farbton, eine geringere Farbintensität sowie ein höheres chemisches Alter. Die Veränderung des Farbtons ergibt sich aus der Verschiebung des Farbstoffspektrums von violett nach orange. Die Veränderung bzgl. des chemischen Alters ergibt sich aus einer niedrigeren Anthocyankonzentration und einer Veränderung des Polymerisierungsgrads zwischen Anthocyanen und Tanninen. Darüber hinaus verringern solche Schrumpfungsprozesse die Konzentration an Substanzen, welche fruchtige Aromen verstärken (z. B. Beta-Damascenon) und der Anteil an Verbindungen, welche in Zusammenhang mit vorzeitiger Alterung stehen

(Aromen von Pflaumen und gekochten Früchten) wird erhöht.

Mit einer Bewässerung vor dem Eintreten einer längeren Trockenphase (Hitzewelle) kann der Wasserrückfluss von den Beeren zur Pflanze begrenzt und die genannten Veränderungen verhindert werden. Jedoch ist dabei zu beachten, dass eine Verhinderung des Wasserrückflusses von der Beere in die Pflanze durch eine Bewässerung über den Boden nach dem Erreichen des Plateaus der Zuckereinlagerung zum Ende der Reifephase nicht immer erreicht werden kann und eine Wasserzufuhr über die Beerenhaut mit Hilfe einer Sprühberegnung (siehe Frostschutzberegnung, Kap. 5) eher zum Ziel führt.

> **Überjährige Effekte von Bewässerung durch positive Beeinflussung der Reservestoffbildung und -einlagerung.**

Als überdauernde Pflanze verfügt die Rebe über eine entwicklungsphysiologische Strategie, um vegetationsarme, von kalten/kühlen Temperaturen dominierte Entwicklungsphasen (BBCH 00, Winterruhe) zu überstehen, wo aufgrund der klimatischen Rahmenbedingungen und fehlender Blattmasse keine Fotosynthese zur Energiegewinnung möglich ist. Die grundlegenden physiologischen Vorgänge dieser entwicklungsphysiologischen Strategie der Reservestoffbildung und Reservestoffeinlagerung in die Überdauerungsorgane der Rebe (Holzkörper und Wurzeln) wurde in Kapitel 2.1 näher erläutert. Zum Ende der Beerenwachstumsphase II hin (Anfang August) erfolgt eine grundsätzliche physiologische Umstellung der Rebe mit Blick auf die Akkumulation von Beereninhaltsstoffen einerseits und parallel dazu die Reservestoffbildung und Reservestoffeinlagerung andererseits. Ist während der daran anschließenden Beerenwachstumsphase III die Wasserversorgung der Reben unzureichend, wirkt sich dies nicht nur auf den Traubenertrag und die Beereninhaltsstoffe negativ aus, sondern auch auf die Reservestoffbildung und Reservestoffeinlagerung in die Überdauerungsorgane der Rebe und damit auf die Frostresistenz der Rebe, sowie zu guter Letzt auf die kontinuierliche Ertrags- und Qualitätsleitung der Rebanlage in den folgenden Jahren. Deshalb ist eine ausreichende Wasserversorgung während diesem Zeitraum sehr wichtig. Eine moderate Bewässerung während dieser Entwicklungsphase kann hierbei entscheidenden Einfluss auf den ungestörten Ablauf dieser Stoffwechselvorgänge haben.

Auch nach der Traubenlese bietet sich die Möglichkeit, mit einer moderaten Bewässerung positiven Einfluss auf die Reservestoffbildung und Reservestoffeinlagerung zu nehmen. Durch das Entfernen der reifenden Fruchtstände (Trauben) wird ein sehr starkes Sink für Assimilate aus dem System Weinberg entfernt und der Stoffwechsel nochmals stark beeinflusst. In Folge dessen kann es in Abhängigkeit von den Standortbedingungen häufig auch nochmals zu einem kurzfristigen Wurzelspitzenwachstum kommen. Sind die Blätter der Haupttriebe und längeren Geiztriebe in dieser Phase noch intakt und noch in der Lage, Fotosynthese zu betreiben, kann sich eine den Stoffwechsel unterstützende moderate Bewässerung nach der Traubenlese positiv auf die Reservestoffbildung und Reservestoffeinlagerung auswirken. Mit dieser dann umfangreicher ablaufenden Reservestoffbildung und Reservestoffeinlagerung, kann dies auch zu einer über die Jahre hinweg betrachtet kontinuierlicheren Ertrags- und Qualitätsleistung einer Rebanlage beitragen.

Insgesamt zeigt sich, dass die Möglichkeiten, die Trauben- und Weinqualität durch Bewässerung zu beeinflussen, sehr vielfältig sind. Es gilt, die Bewässerung als einen Produktionsfaktor zu begreifen, dessen Potenzial bis jetzt noch bei weitem nicht ausgeschöpft ist. Es ist deshalb notwendig, sich für jede einzelne Situation eine geeignete auf das betriebliche Qualitäts- und Ertragsziel ausgerichtete Bewässerungsstrategie zu erarbeiten.

3.4.3 Phytosanitäre Aspekte einer zusätzlichen Bewässerung

Ob sich durch eine zusätzliche Bewässerung ein erhöhtes Risiko in phytosanitärer Hinsicht einstellt, ist abhängig vom eingesetzten Bewässerungsverfahren und von der Regelung der Bewässerung hinsichtlich Zeitpunktes und verabreichter Wassermenge.

Erfolgt die zusätzliche Bewässerung mit Hilfe einer Tropfbewässerungsanlage und wird diese aufgrund von Parametermessungen geregelt (gesteuert), ist in der Regel nicht mit einer Zunahme von phytosanitären Problemen wie z. B. einer Botrytisinfektion zu rechnen. Ohne eine auf standortspezifischen Messdaten (Klimaparameter, Bodenparameter, physiologische Entwicklung der Rebe) basierende Regelung (Steuerung) der Bewässerung kann es aber auch beim Einsatz von Tropfbewässerungsanlagen aufgrund von nicht angepassten Wassergaben durchaus zu phytosanitären Problemen kommen.

Bei allen Bewässerungsverfahren, die die Wasserverteilung über dem Pflanzenbestand vorsehen, werden aufgrund der Benetzung der Blattfläche und der Trauben die Bedingungen für eine Pilzinfektion potenziell gesteigert. Inwieweit sich dann tatsächlich phytosanitäre Probleme mit Pilzinfektionen einstellen, hängt sehr stark von den durchgeführten Pflanzenschutzmaßnahmen und den sonstigen klimatischen Rahmenbedingungen ab.

3.4.4 Bewässerung in Junganlagen

Bis der Wurzelkörper einer Rebe in eine gewisse Bodentiefe vorgedrungen ist und auch in der horizontalen Ausbreitung eine gewisse Wurzelmasse aufgebaut hat, ist in der Regel ein Zeitraum von 7–12 Jahren notwendig (siehe Kap. 1.2, Abb. 11).

Gerade in den ersten 4–5 Jahren nach der Neupflanzung ist eine ausreichende und kontinuierliche Wasserversorgung im Oberboden von ganz entscheidender Bedeutung. Trockenperioden können aufgrund des noch spärlich ausgebildeten Wurzelkörpers relativ schnell dazu führen, dass in den Reben die Zellteilung (und damit auch das Wurzelwachstum) gehemmt wird oder sie das Wachstum einstellen (siehe Kap. 2.1, Abb. 17).

Insofern wirken sich zusätzliche Wassergaben im Jungfeld in aller Regel positiv auf das vegetative Wachstum aus. Dadurch können die Junganlagen etwas früher in den Ertrag gebracht werden. Jedoch ist zu bedenken, dass die zusätzliche Wassergabe nicht zu früh und natürlich auch auf der Basis von Parametererhebungen (Bodenfeuchte u. a.) verabreicht werden. In der Junganlage wird mit der Ausbildung des Wurzelkörpers und des Rebenstamms die Grundlage für den ganzen Wasser- und Nährelementtransport in den Folgejahren gelegt.

> **Die zusätzliche Bewässerung modifiziert Wurzelwachstum und Wurzellebensdauer.**

Durch ein gleichmäßiges und zügigeres Wachstum aufgrund optimierter Wasserverfügbarkeit wird auch die Qualität und räumliche Ausprägung des Wurzelkörpers sowie des Rebstamms in vielerlei Hinsicht beeinflusst. Vielfach wird argumentiert, dass eine Wassergabe in der Zeit der Junganlage einen Verwöhneffekt hätte. Dem steht gegenüber, dass ohne eine ausreichende vegetative Wuchsleistung (Fotosyntheseleistung) auch kein optimales Wurzelwachstum möglich ist.

Was sich häufiger bei zusätzlicher Wassergabe zeigt, ist die Tendenz des Wurzelkörpers, sich zur oberen Bodenschicht hin zu orientieren. Da hier in Abhängigkeit der Bodenstruktur die höheren Umsatzraten an Nährelementen zu verzeichnen sind, ist dieser Effekt durchaus als positiv zu werten. Neben diesem Effekt wirkt sich eine angemessene Wassergabe auch positiv auf die Lebensdauer der Wurzelspitzen aus, was wiederum für die Aufnahme von Wasser und Nährelementen günstig ist.

In Junganlagen sind, sofern nicht schon eine Tropfbewässerungsanlage vorhanden ist, vor allen Dingen die aus Sicht der Kosten günstigen Beregnungsmaschinen einsetzbar, da noch keine Trauben wachsen und der phytosanitäre Aspekt (Botrytis u. a.) nicht so sehr im Vordergrund steht wie bei einer Ertragsanlage.

3.4.5 Bewässerung von Tafeltrauben

Der Anbau von Tafeltrauben wird in jüngster Zeit zunehmend als eine attraktive Möglichkeit der Betriebsentwicklung weinbaulich orientierter Betriebe diskutiert. Aber auch landwirtschaftliche Betriebe, die nicht in den traditionellen Weinanbaugebieten angesiedelt sind, sehen aufgrund des Klimawandels und dem allgemeinen gesellschaftlichen Trend zu mehr regional erzeugten Lebensmitteln im Anbau von Tafeltrauben mit regionaler Vermarktung eine Möglichkeit der Betriebsentwicklung. Vor dem Hintergrund des Klimawandels kann dies bei geeigneter Standortwahl (flachere Lage, Böden mit entsprechend hoher Wasserspeicherkapazität) und Sortenwahl durchaus eine realistische Option sein.

Dabei stellt der Tafeltraubenanbau jedoch andere Anforderungen an die Traubenqualität als der Anbau von Trauben für die Weinbereitung. Dies kommt im Bereich der verwendeten Rebsorten zum Ausdruck und es gelten auch andere Qualitäts- und Ertragsbedingungen.

Tafeltrauben müssen gesund sein und dürfen keine Fäulnis, keine optischen Mängel, keine SO_2-Schäden, keine Kühlschäden, keine Druckstellen und keinen Sonnenbrand aufweisen. Sie müssen sauber sein, das bedeutet frei von Staub und Schmutz, sowie keine sichtbaren Pflanzenschutzmittelrückstände zeigen.

Ebenso müssen sie frei sein von Schädlingen, deren Anwesenheit den Marktwert der Erzeugnisse und deren Akzeptanz durch den Verbraucher beeinträchtigen können. Weiterhin müssen sie frei sein von anomaler äußerer Feuchtigkeit (nicht gemeint ist Kondenswasser nach der Kühlung) sowie frei von fremdem Geruch oder Geschmack. Sie müssen gleichmäßig, gut und normal entwickelt sein und einen ausreichenden Reifegrad haben (keine Nachreife wie bei anderem Obst).

3.4.5.1 Vermarktungsnormen für Tafeltrauben

Hinsichtlich der Vermarktung der produzierten Früchte gibt es bei Tafeltrauben, die in Deutschland produziert werden, jedoch nur einen sehr begrenzten Zeitkorridor. Aufgrund dieser Anforderungen werden Rebanlagen für den Tafeltraubenanbau sehr häufig sowohl mit einer Bewässerungsanlage als auch mit einer Bestandsabdeckung ausgestattet.

Die Bestandsabdeckung dient dazu, die Trauben vor mechanischen Schädigungen (Hagel, Graupel) zu schützen. Zudem kann dadurch auch – ähnlich wie im intensiven Kirschenanbau – eine unkontrollierte Wasseraufnahme durch die Trauben und dadurch bedingte Beeinträchtigungen (Aufplatzen von Beeren, Fäulnis) verhindert werden. Wird eine Bestandsabdeckung eingesetzt, sollte sie idealerweise so konstruiert sein, dass die Niederschläge gesammelt und für die kontrollierte Bewässerung genutzt werden können.

Als Bewässerungsanlage kommt aufgrund der Hygieneanforderungen praktisch nur eine Tropfbewässerungsanlage in Frage. Sie dient dazu, sowohl den Ertrag als auch die Inhaltsstoffe positiv zu beeinflussen. Hierbei gelten zunächst dieselben physiologischen Grundlagen und Zusammenhänge wie bei der Bewässerung von Trauben, die zur Weinbereitung dienen. Der wesentliche Unterschied in der Auslegung der Bewässerungsstrategie liegt darin, dass das Optimum hinsichtlich der Relation Menge-Güte bei der Erzeugung von Tafeltrauben ein anderes ist. Eine Ertragssteigerung kann im Gegensatz zum Anbau von Trauben zur Weinbereitung durchaus gewünscht und von Seiten der Qualitätsanforderungen auch vertretbar sein. Deshalb ist der Einsatz der Bewässerung in der Beerenentwicklungsphase I (siehe Abb. 48) im Tafeltraubenanbau keine Seltenheit.

4 Bewässerung und Düngung (Fertigation) im Weinbau

Elementare Grundlage für ein optimales Wachstum der Rebkulturen ist das Vorhandensein von ausreichend Nährstoffen in den Böden. Um dies bewerten zu können, wurden (in Abhängigkeit von der Bodenart) für die einzelnen Nährelemente die anzustrebenden Nährelement-Gehaltsklassen ermittelt. Tabelle 25 zeigt beispielhaft die für die Rebkultur anzustrebenden Nährelementgehalte an Phosphat, Kalium, Magnesium und Bor.

Legt man diese Nährelementgehaltsklassen zugrunde, so zeigt sich, dass der überwiegende Teil der Weinbergböden in Deutschland hinsichtlich der Makronährelemente Phosphat, Kalium sowie Magnesium in der Regel ausreichend versorgt sind. Ca. 80 % der Böden liegen beim Phosphatgehalt sogar in den Versorgungsstufen (D) sehr hohe Versorgung und (E) extrem hohe Versorgung. Auf rund 40 % der Flächen ist bei weiterer weinbaulicher Nutzung in den nächsten 150 Jahren keine Phosphatzufuhr über die Düngung mehr erforderlich. Ein ähnliches Bild zeigt sich auch beim Nährelement Kalium. Bei den beiden Nähr-

Tab. 25 Bewertung der Nährelementgehalte (Phosphat, Kalium, Magnesium, Bor) von Böden für die Rebkultur nach fünf Versorgungsstufen: (A) niedrige Versorgung, (B) mittlere Versorgung, (C) anzustrebende Versorgung, (D) sehr hohe Versorgung und (E) extrem hohe Versorgung (Ziegler 2011)

Versorgungsstufe	Phosphat	Kalium			Magnesium	Bor
	P_2O_5	K_2O			Mg	B
	alle Böden	leichte Böden	mittlere Böden	schwere Böden	alle Böden	alle Böden
	mg/100 g Boden	mg/100 g Boden	mg/100 g Boden	mg/100 g Boden	mg/100 g Boden	mg/kg Boden
(A) niedrige Versorgung	< 6	< 5	< 8	< 10	< 5	< 0,35
(B) mittlere Versorgung	6–11	5–9	8–14	10–19	5–9	0,35–0,69
(C) anzustrebende Versorgung	**12–20**	**10–20**	**15–25**	**20–30**	**10–15**	**0,70–0,90**
(D) sehr hohe Versorgung	21–30	21–30	26–38	31–45	16–22	0,91–1,35
(E) extrem hohe Versorgung	> 30	> 30	> 38	> 45	> 22	> 1,35

elementen Magnesium und Bor ist überwiegend auch eine gute bis sehr gute (Magnesium) bzw. mittlere bis gute (Bor) Nährelementversorgung der Böden vorhanden.

Auch hinsichtlich der weiteren Makro- und Mikronährelemente ist für gewöhnlich mit einem mittleren bis anzustrebenden Nährelementgehalt zu rechnen.

Vor diesem Hintergrund ist für die weinbaulich genutzten Böden in der Regel davon auszugehen, dass eine ausreichende Nährelementversorgung vorliegt. In der Praxis problematischer ist die Verfügbarkeit dieser Nährelemente, die aufgrund von Bodenverdichtungen oder sonstigen, für eine entsprechende Mineralisierung ungünstigen Bodenbedingungen (z. B. Trockenheit), eingeschränkt sein kann.

In den meisten Fällen verbleiben sowohl das Rebholz als auch das Blattwerk der Reben auf der Anbaufläche, sodass sich der düngungsrelevante Nährstoffentzug im Wesentlichen nur darauf beschränkt, was durch den Abtransport der Trauben von der Fläche entzogen wird. Bei einem Traubenertrag von 12 t/ha werden dem System Weinberg in Abhängigkeit von der Rebsorte und dem Bewirtschaftungssystem Nährelementmengen entzogen, wie sie in Tabelle 26 dargelegt sind.

Um im Sinne einer nachhaltigen Nutzung die stoffliche Integrität der Anbaufläche zu wahren, sind dieser die entzogenen Nährelementmengen durch eine entsprechende Düngung wieder zuzuführen.

Die Düngung erfolgt entweder über die Zufuhr von organischem Dünger (Kompost, Mist, Stroh, organische Handelsdünger) oder mineralischem Handelsdünger. Mit Blick auf die Bodenstruktur und die organische Substanz des Bodens wäre der Einsatz von organischem Dünger grundsätzlich zielführend und wünschenswert.

Tab. 26 Entzug an Nährelementen durch den Abtransport der Trauben aus dem Weinberg bei einem Traubenertrag von 12 t/ha

Nährelement		Nährelemententzug durch Trauben [kg/ha]
Stickstoff	N	22–28
Phosphat	P_2O_5	7–10
Kalium	K_2O	40–48
Magnesium	MgO	4–5
Calcium	CaO	6–7
Bor	B	0,03–0,07
Kupfer	Cu	0,03–0,04
Eisen	Fe	0,17–0,27
Mangan	Mn	0,02–0,03
Zink	Zn	0,03–0,06

Jedoch ist wegen
- der oft sehr hohen Phosphatgehalte in den weinbaulich genutzten Böden,
- dem relativ geringen Phosphatentzug über den Traubenertrag und
- der gesetzlichen Regelungen der Dünge-Verordnung (DüV)

ein Einsatz von organischen Düngern oft nur sehr begrenzt bzw. auch gar nicht möglich.

Bleibt der Ausgleich des Nährelemententzugs über die Anwendung von mineralischem Handelsdünger. Doch die Anwendung von mineralischem Handelsdünger bedarf passender Niederschläge in Form von sehr leichtem Regen, um den meist flächig ausgebrachten Dünger in Lösung und dadurch in die Bodenmatrix zu bringen. Ist der Niederschlag im Anschluss an die Düngerausbringung zu stark, kann es zu mehr oder weniger hohen Verlusten durch Auswaschung und oberflächigem Abfluss kommen. Eine weitere Problematik ergibt sich, wenn der passende Niederschlag im Anschluss an die Düngergabe ausbleibt und es zu trocken ist: Der ausgebrachte Mineraldünger verbleibt in diesem Fall an der Bodenoberfläche und wird erst mit dem nächsten ausreichenden Niederschlag in Lösung gebracht, wo die Reben sich dann unter Umständen bereits in einem nicht mehr passenden physiologischen Entwicklungsstadium befinden.

Diese beiden Problempunkte bei der Anwendung von mineralischem Handelsdünger in Form von Streugut werden durch den Klimawandel und dem vermehrten Auftreten von Wetterextremen verstärkt werden.

Eine mögliche Lösung kann in diesem Zusammenhang die Nährelementgabe in Kombination mit einer Bewässerung sein, die Fertigation. Dabei kommt als Verfahren für die Bewässerung nur eine Tropfbewässerung in Frage.

Wird die Nährelementgabe (Düngung) verfahrenstechnisch mit einer Tropfbewässerung kombiniert, wird dies auch als Fertigation bezeichnet. Aus technischer Sicht wird die Kopfstation der Tropfbewässerungsanlage mit einem Düngerbeimischgerät gekoppelt. Technisch werden drei Verfahren für die Düngerbeimischung unterschieden, auf die im Folgenden näher eingegangen werden soll:

- Druckdifferenztank-Verfahren
- Venturi-Injektoren-Verfahren
- Dosierpumpen-Verfahren

4.1 Das Druckdifferenztank-Verfahren

Beim Druckdifferenztank-Verfahren wird in einem Bypass zur Bewässerungsleitung ein Druckdifferenztank angebracht. Der meist feste Dünger wird in den Druckdifferenztank eingefüllt. Durch ein teilweise geschlossenes Ventil wird zwischen dem Einlass in den Druckdifferenztank und dem Auslass aus dem Druckdifferenztank eine Druckdifferenz erzeugt, die das Bewässerungswasser zwingt, in das Tankinnere zu gelangen. Durch das einströmende Wasser geht der eingefüllte Dünger in Lösung und verdrängt im Anschluss daran die entstandene Düngerlösung aus dem Druckdifferenztank zurück in die Bewässerungsleitung. Mit zunehmender Dauer des Zuflusses wird die Düngerlösung im Druckdifferenztank mehr und mehr verdünnt, bis nur noch Wasser im Tank ist. Aufgrund dessen ist die Konzentration des Düngers zu Beginn des Fertigations-Durchgangs zunächst relativ hoch und nimmt mit der Fertigations-Dauer dann kontinuierlich ab.

Um zu vermeiden, dass nicht gelöste Düngerreste in die Tropfbewässerungsanlage gelangen, sollte der Druckdifferenztank zur Einspeisung des Mineraldüngers immer vor der Filterstation (Filtereinheit) installiert werden.

4.2 Das Venturi-Injektoren-Verfahren

Beim Venturi-Injektoren-Verfahren wird in einem Bypass zur Bewässerungsleitung eine Venturi-Injektor-Düse installiert. Diese ist einfach aufgebaut und deshalb vergleichsweise preisgünstig. Ein Venturi-Injektor besteht aus einem glattwandigen Rohrstück mit einer Verengung des Querschnitts. Diese Verengung des Durchmessers wird erreicht durch zwei gegeneinander gerichtete Konen. Die beiden Konen treffen an der Stelle des jeweils geringsten Durchmessers aufeinander. Neben diesem Punkt, wo die Konen aufeinandertreffen, ist ein Abnahmerohr platziert. Wenn nun das Bewässerungswasser durch die konische Venturi-Öffnung fließt, kommt es zu einer schnellen

Geschwindigkeitsänderung. Und durch diese Geschwindigkeitsänderung wird ein Vakuum erzeugt, welches die in einem separaten Bevorratungstank gelagerte Nährelement-Stammlösung in das Bewässerungssystem ansaugt. Die Menge an zugeführter Nährelement-Stammlösung wird durch die Größe des Venturis und den Druckunterschied zwischen dem Einlass- und dem Auslassanschluss bestimmt. Die Zufuhrrate ist umso höher, je größer der Druckabfall im Venturi-Injektor ist. Jedoch kann bautechnisch bedingt ein bestimmter Maximalwert nicht überschritten werden.

4.3 Das Dosierpumpen-Verfahren

Das Dosierpumpen-Verfahren ist die vielseitigste und genaueste Methode zur Beimischung von Düngerlösungen in Tropfbewässerungssysteme. Die Dosierpumpe (Proportionaldosierer) wird dabei in einem Bypass der Bewässerungsleitung montiert und ihr Motor wird vom Bewässerungswasser selbst angetrieben. Wird die Dosierpumpe nun von dem Bewässerungswasser durchströmt und der Motor bewegt, wird aus einem Bevorratungsbehälter für die Nährelement-Stammlösung (Düngerlösung) eine entsprechende Menge an Düngerlösung angesaugt und dem Bewässerungswasser beigemischt. Die Höhe der Durchflussrate (l/s) durch den Proportionaldosierer ist dabei proportional zu der angesaugten und beigemischten Menge an Düngerlösung. Die Höhe der Durchflussrate (l/s) über den Bypass wiederum wird je nach Düngungsziel proportional zur Durchflussrate (l/s) der Bewässerungsleitung festgelegt. Aufgrund dieses gekoppelten Funktionsprinzips des Proportionaldosierers bleibt die Dosierung der Nährelement-Stammlösung während des gesamten Fertigations-Durchgangs konstant.

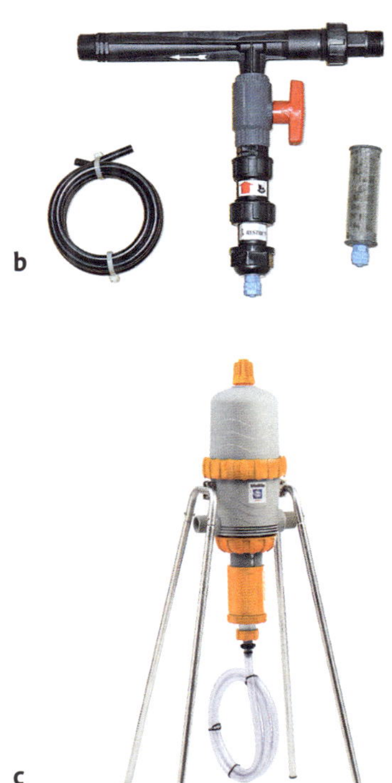

Abb. 50 Düngerbeimischgeräte für die Einspeisung von Nährelementlösung in das Bewässerungswasser: (a) Druckdifferenztank, (b) Venturi-Injektor, (c) Dosierpumpe (Proportionaldosierer).

Abbildung 50 zeigt die beschriebenen Düngerbeimischgeräte im Überblick. Allen drei Verfahren ist gemeinsam, dass sie ohne zusätzlichen Energieaufwand (z. B. Strom) auskommen. Die höchste Genauigkeit bei der Beimischung von Düngerlösung und damit auch Verteilung in der Anlage wird mit dem Dosierpumpen-Verfahren erzielt, weshalb es in der Praxis sehr häufig zum Einsatz kommt. Jedoch ist die Anschaffung einer Proportionaldosierers im Vergleich mit einem Venturi-Injektor mit höheren Kosten verbunden.

4.4 Menge, Zusammensetzung und Bevorratung der Nährelement-Stammlösung

Beim Druckdifferenztank-Verfahren wird der zu verabreichende Dünger, orientiert am momentanen Nährelementbedarf der jeweiligen Kulturpflanze, direkt in den Druckdifferenztank eingefüllt. Dort wird er durch das einströmende Bewässerungswasser in Lösung gebracht und in die Bewässerungsleitung zur Bewässerungsanlage zugeführt.

Bei den beiden anderen Verfahren zur Düngerbeimischung (Venturi-Injektor-Verfahren, Dosierpumpen-Verfahren) ist es notwendig, dass eine Nährelement-Stammlösung in einem separaten Bevorratungstank angesetzt wird. Als Bevorratungstank kommen sehr häufig sogenannte IBC-Tanks (Intermediate Bulk Container) zum Einsatz. Es werden Größen von 300 Liter bis 1 000 Liter in Gitterboxen angeboten.

Die Nährelement-Stammlösung selbst wird auf den Bedarf der jeweiligen Kulturpflanze und die standortspezifischen Bodenbedingungen abgestimmt und in dem Bevorratungstank vor dem eigentlichen Fertigations-Durchgang angesetzt. Der Bevorratungstank sollte so groß sein, dass nach Möglichkeit der gesamte Fertigations-Durchgang mit einer Charge Nährelement-Stammlösung durchgeführt werden kann. Wenn mehr als ein Vorratstank verwendet wird, sollte jeder Tank deutlich beschriftet sein, welche Düngerkomponenten er aktuell enthält.

Für das Ansetzen der Nährelement-Stammlösung können spezielle wasserlösliche Düngemittel eingesetzt werden. Tabelle 27 gibt einen Überblick über mögliche Düngemittel für den konventionellen Weinbau, die eine gute Löslichkeit in Wasser aufweisen und deshalb für eine Fertigation gut genutzt werden können.

Von Weinbaubetrieben, die ihre Weinberge nach den Richtlinien des ökologischen Weinbaus (siehe Verordnung (EG) Nr. 834/2007 des Rates vom 28. Juni 2007 über die ökologische/biologische Produktion und die Kennzeichnung von ökologischen/biologischen Erzeugnissen und zur Aufhebung der Verordnung (EWG) Nr. 2092/91 sowie Verordnung (EG) Nr. 889/2008 der Kommission vom 5. September 2008 mit Durchführungsvorschriften zur Verordnung (EG) Nr. 834/2007) bewirtschaften, können für den Fall einer geplanten Fertigation die in Tabelle 27 genannten gut wasserlöslichen Düngemittel aber nur bedingt eingesetzt werden – nämlich nur dann, wenn es sich um einen ausschließlichen Mikronährelement-Dünger handelt.

Für die nach dem Bewirtschaftungssystem des ökologischen Weinbaus arbeitenden Betriebe gibt es inzwischen ebenfalls eine ganze Reihe gut wasserlöslicher Düngemittel, welche auf der Basis von Vinasse, tierischen und/oder pflanzlichen Proteinen & Aminosäuren, weicherdigem Rohphosphat und mikronisierten Gesteinsmehlen hergestellt werden. Tabelle 28 zeigt einige Beispiele von solch gut wasserlöslichen Düngemittel für den ökologischen Weinbau. Somit steht auch für Öko-Weinbaubetriebe die Option der Fertigation offen.

Tab. 27 Gut wasserlösliche Düngemittel für die Verwendung bei der Durchführung einer Fertigation

Düngemittel	Nährelementgehalt (%)						
	N	P_2O_5	K_2O	MgO	B	Fe	Sonstige
Manna Lin B Spezial	12	12	24	4	–	–	+ Spurenelemente
Krista-Mag	11	–	–	15	–	–	–
Kristalon Orange	6	12	36	3	–	–	+ Spurenelemente
Hakaphos plus 14+6+24+3	14	6	24	3	–	–	+ Spurenelemente
Calcinit	15,5	–	–	–	–	–	26 % CaO
Hortisul	–	–	52	–	–	–	Sulfat
Aminosol, Plantasol	9	–	–	–	–	–	–
Azolon Fluid	28	–	–	–	–	–	–
Basfoliar 12.4.6	12	4	6	–	–	–	–
Basfoliar 36 Extra	27	–	–	3	–	–	–
Basfoliar Aktiv	3	27	18	–	–	0,02	0,02 Cu, 0,01 Mn, 0,01 Mo + Meeresalgen
Botrac	–	–	–	–	11	–	
Christoffel_Eisen DTPA	–	–	–	–	–	6	
Epso microtop (Bittersalz mit B u. Mn)	–	–	–	15	1	–	1,0 Mn
EpsoTop (Bittersalz)	–	–	–	16	–	–	
Falnet	–	–	–	83	–	–	
Fertileader Fe Mn	–	–	–	–	–	3,3	2,48 Mn
Fertileader Magnum Mg	7	–	–	9	–	–	
Fetrilon – Combi	–	–	–	9	0,5	4	1,5 Cu, 4,0 Mn, 0,1 Mo, 1,5 Zn
Fetrilon 13 %	–	–	–	–	–	13	
Folicin DP	–	–	–	–	–	6	
Folicin-Bor plus flüssig	–	–	–	–	11	–	
Folicin Mg plus flüssig	6,8	–	–	9,3	–	–	1,4 % Mn
Folur	20	–	–	–	–	–	biuretarmer Harnstoff
Geomar Fruton Spezial	5	–	–	4,8	1,7	–	Meeresalgen
Harnstoff	46	–	–	–	–	–	

Tab. 27 Gut wasserlösliche Düngemittel für die Verwendung bei der Durchführung einer Fertigation

Düngemittel	Nährelementgehalt (%)						
	N	P_2O_5	K_2O	MgO	B	Fe	Sonstige
Kelpak	–	–	–	–	–	–	Meeresalgenkonzentrat
Lebosol–Bor (11 % B)	–	–	–	–	11	–	
Lebosol Calcium_Forte	–	–	–	–	–	–	19 5 CaO, 1,5 % Mn, 0,5 Zn
Lebosol-Eisen-Citrat	–	–	–	–	–	4,4	
Lebosol-Kalium 450	3	–	31	–	–	–	
Lebosol-kalium Plus	3	27	18	–	–	–	(phosphorige Säure)
Lebosol-Magnesium 400	–	–	–	–	–	–	Mg–-Carbonat
Lebosol-Magnesium 500	–	–	–	33	–	–	
Lebosol-Magnesiumnitrat	7	–	–	10	–	–	
Lebosol-Magnesium Plus	10	26	–	7	–	–	+ Spurenelemente
Magnisal / Magnesiumnitrat	11	–	–	16	–	–	
Magnitra (Magnesiumnitrat)	7	–	–	10	–	–	
Multi K / Kalisalpeter (Kaliumnitrat)	13	–	46	–	–	–	
Phosfik	3	27	18	–	0,01	0,02	+ Spurenelemente (phosphorige Säure)
Phytoamin	–	–	–	–	–	–	Meeresalgenextrakt
PhytoAS-Fe	4	–	–	–	–	4,5	
PhytoAS-Mg400	–	–	–	25	–	–	Mg-Carbonat, 0,6 CaO, 0,6 SiO_2
Siapton	9	–	–	–	–	–	Aminosäuren
Solubor DF	–	–	–	–	17,5	–	
SprintAlga	–	–	–	–	–	–	Harnstoff-N + Algen
Wuxal Eisen Plus	5	–	–	–	–	5	
Wuxal Amino	9	–	–	–	–	–	Aminosäuren
Wuxal Aminocal	–	–	–	–	0,5	–	15 % Ca, 0,5 % Mn, Aminosäuren
Wuxal Ascofol	2	–	2	–	–	3	0,8 Mn, 0,5 Zn, Braunalgen-Suspension

Tab. 27 Gut wasserlösliche Düngemittel für die Verwendung bei der Durchführung einer Fertigation

Düngemittel	Nährelementgehalt (%)						
	N	P_2O_5	K_2O	MgO	B	Fe	Sonstige
Wuxal Calcium	10	–	–	2	0,05	0,05	15 CaO, 0,04 Cu, 0,1 Mn, 0,02 Zn
Wuxal Combi Fe	10	–	20	2	0,02	1	0,05 Cu, 0,05 Mn, 0,05 Zn
Wuxal Combi Mg	20	–	15	4	0,02	0,1	0,05 Cu, 0,05 Mn, 0,05 Zn
Wuxal K 40	3	–	25	2		0,1	+ Spurenelemente
Wuxal Magnesium	–	–	–	12	0,3	–	1,0 Mn, 0,7 Zn, Aminosäuren
Wuxal Miroplant	5	–	10	3	0,3	1	0,5 Cu, 1,5 Mn, 0,01 Mo, 1,0 Zn
Wuxal Zink	5	–	–	–	–	–	6 % Zn
ASKAPHY®-27	3	27	18	–	0,01	0,02	0,02 Cu, 0,01 Mn, 0,001 Mo, 0,01 Zn
PhytoGreen-NPK 12-4-6	12	4	6	–	0,01	0,02	0,002 Cu, 0,01 Mn, 0,001 Mo, 0,01 Zn
PhytoGreen-NPK 8-8-6	8	8	6	–	0,01	–	0,005 Cu, 0,01 Mn, 0,01 Zn
PhytoGreen®-NPK 5-20-5	5	20	5	–	–	–	
PhytoGreen®-NPK 7-21-7	7	21	7	–	0,02	0,05	0,05 Mn
PhytoGreen®-NPK Plus (9-6-3+Mg+Microel.)	9	6	3	1	0,03	0,006	0,18 Mn, 0,0004 Mo, 0,007 Zn
PhytoGreen®-NP Liquid 7-18	7	18	–	–	–	–	
PhytoGreen®-PK Plus (0-11-7+Mg+Mn)	–	11	7	–	0,6	–	0,8 Mn
PhytoGreen®-HiPhos (0-30-5+Mg)	–	31	5	3,4	–	–	
PhytoGreen®-NPK Complete (Feststoff)	20	8	14	1,2	0,01	0,05	11,7 S, 0,01 Cu, 0,03 Mn, 0,001 Mo, 0,01 Zn

Tab. 28 Für den ökologischen Weinbau geeignete, gut wasserlösliche Düngemittel für die Verwendung bei der Durchführung einer Fertigation

Düngemittel	Nährelementgehalt (%)						
	N	P_2O_5	K_2O	MgO	B	Fe	Sonstige
PhytoGreen®-NK-Bio	4	0,2	7	–	–	–	0,8 Ca, 1,3 S
PhytoGreen®-NPK-Bio 2-5-8	2	5	8	0,1	0,0005	0,1	0,1 Cu, 0,1 Mn, 0,1 Zn
PhytoGreen®-NPK-Bio 3-4-3	3	4	3	0,3	0,01	0,2	4,4 Ca, 1,0 S, 0,1 Cu, 0,2 Mn, 0,2 Zn
PhytoGreen®-NPK-Bio 4-1-5	4	1	5	0,3	0,0004	0,1	1,5 Ca, 1,0 S, 0,1 Cu, 0,1 Mn, 0,1 Zn
PhytoGreen®-NPK-Bio 7-2-2	7	2	2	0,1	0,0003	0,1	2,1 Ca, 0,3 S, 0,1 Cu, 0,1 Mn, 0,1 Zn
PhytoGreen®-NPK-Bio 8-3-4	8	3	4	0,1	–	0,1	0,5 Ca, 0,6 S, 0,1 Cu, 0,1 Mn, 0,1 Zn
PhytoGreen®-NPK-Bio 3-4-3 vinassefrei	3	4	3	1	1	0,4	0,05 Ca, 0,3 S, 7,0 Cu, 2,0 Mn, 7,0 Zn
PhytoGreen®-NPK-Bio 8-3-2 vinassefrei	8	3	2	0,2	1	0,5	0,1 Ca, 1,0 S, 6,0 Cu, 2,0 Mn, 5,0 Zn
PhytoGreen®-NPK-Bio 6-2-2 vinassefrei	6	2	2	0,1	0,5	0,5	0,4 Ca, 0,02 S, 4,0 Cu, 2,0 Mn, 3,0 Zn
PhytoGreen®-NPK-Bio 5-2-5 vinassefrei	5	2	5	0,1	0,6	0,04	0,3 Ca, 0,02 S, 4,0 Cu, 1,6 Mn, 3,0 Zn

4.5 Bedarfsorientierte Düngung

Durch die Fertigation kann der Dünger auf regelmäßige kleine Gaben verteilt ausgebracht werden. Somit besteht die Möglichkeit, sehr bedarfsorientiert zu düngen. Ein weiterer Vorteil ist, dass die Nährelemente schon in gelöster, für die Pflanze verfügbarer Form vorliegen. Und der zusätzliche Dünger gelangt in einen Bereich, wo der größte Teil der Wurzelspitzen anzutreffen ist (siehe Abb. 51).

Dadurch kann eine bessere Verwertung des ausgebrachten Düngers gewährleistet werden, was sich auch in der Qualität der Weinbeeren und des Mosts widerspiegelt. Durch den Einsatz von Fertigation im Vergleich zur bisher betriebsüblichen Düngerausbringung konnte ein Rückgang der Pilzbefall-Stärke (Botrytis) festgestellt werden. Weiterhin kann durch Fertigation vor allen Dingen bei dem sehr leicht mobilisierbaren und dadurch auch stark auswaschungsgefährdeten, für die Weinqualität (fruchtbetonte Aromen) aber sehr wichtigen Nährelement Stickstoff eine kontinuierliche und an die physiologische Entwicklung angepasste Versorgung über die gesamte Vegeta-

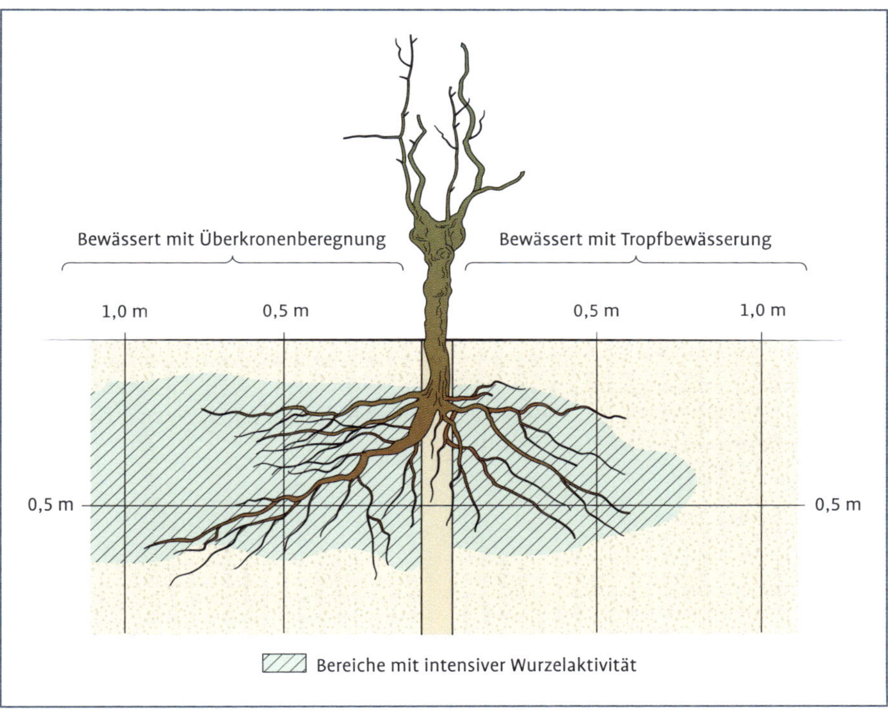

Abb. 51 Bereiche mit intensiver Wurzelaktivität bei unterschiedlichen Bewässerungsverfahren.

tionsperiode hinweg sichergestellt werden. Dadurch ist es auch möglich, den Anteil an hefeverwertbarem Stickstoff am Gesamtgehalt des Aminosäuren-Stickstoffs positiv zu beeinflussen (zu steigern). Infolgedessen zeigen die Weine von Trauben, die während der Vegetationszeit parallel zur Bewässerung mit Flüssigdünger versorgt wurden, im Vergleich zur Kontrollvariante einen höheren Anteil an fruchtig wirkenden Aromakomponenten und einen geringeren Anteil an rauchigen, würzigen oder an den Brettanomyces-Fehlton erinnernde Aromakomponenten. Vor allen Dingen im Weißweinbereich, wo Fruchtaromen im Hinblick auf die Weinqualität eine besondere Rolle spielen, eröffnet sich mit der Fertigation eine gute Möglichkeit, die Weinqualität positiv zu beeinflussen.

Die Vorteile der Fertigation sind:

- gezielte, dem jeweiligen Bedarf der Rebpflanze angepasste Düngung
- leichte und rasche Verfügbarkeit der Nährelemente für die Rebpflanzen
- Reduzierung der Auswaschungsgefahr von Nährelementen
- Verbesserung der Qualität der Weinbeeren, Erhöhung des Anteils an Fruchtaromen
- Rückgang von Botrytis-Befall

Darüber hinaus kann durch den Umstand, dass bei der Fertigation der Dünger nicht in der Fläche, sondern konzentriert unter der Rebzeile ausgebracht wird, einerseits die insgesamt ausgebrachte Düngermenge reduziert und andererseits die Auswaschungsgefahr und damit größere Nährelementverluste (v. a. beim Nährelement Stickstoff) verhindert werden. Ein sehr positiver Aspekt im Hinblick auf die allgemeinen Bestrebungen im Zusammenhang mit der Reduzierung des Nitrateintrags in das Grundwasser/Trinkwasser.

Ebenfalls mit Blick auf den Schutz des Trinkwassers sind für den Fall, dass das Wasser für die Bewässerung bzw. Fertigation aus dem öffentlichen Trinkwassernetz bezogen wird, entsprechende Vorkehrungen nach DIN 1988 zum Schutz gegen Rücksaugen bei Druckabfall zu treffen.

Die Fertigation wird in den Rebanlagen in den Weinanbaugebieten Deutschlands, die mit einer Tropfbewässerungsanlage ausgestattet sind, trotz aller beschriebenen Vorteile bisher nur vereinzelt und meist im Rahmen von Forschungsprojekten eingesetzt. In Australien, Südafrika, Spanien, den USA und Israel hat die Fertigation im Weinbau einen deutlich höheren Stellenwert und die Weinbaubetriebe dort versuchen, trotz der notwendigen Investitionen und Kosten, die erwähnten Vorteile einer Fertigation so umfangreich wie möglich zu nutzen.

5 Bewässerung zur Frostabwehr

Die Rebe besitzt als verholzende Pflanze in gewissem Umfang die Fähigkeit, sich an Frosttemperaturen anzupassen. Aufgrund des Klimawandels werden die Temperaturen im Winter im Mittel zwar steigen, trotzdem können aufgrund kontinental geprägter Winter-Wetterlagen auch in Zukunft in den Wintermonaten immer noch Frostperioden mit deutlichen Minus-Temperaturen auftreten. Deshalb sollte also auch in Zukunft der Frostresistenz oder Winterfrosthärte von Rebanlagen entsprechende Aufmerksamkeit geschenkt werden.

> **Die Bewässerung ist eine gute Möglichkeit, um Schäden an den Rebpflanzen durch Winterfrostereignisse und Spätfröste fernzuhalten.**

Ein wichtiges Merkmal der Frostresistenz ist ein günstiges Verhältnis von freiem und gebundenem Wasser im Holzgewebe. Dabei gilt, dass eine Pflanze (Rebe) umso toleranter bzgl. Frostweinwirkung ist, desto niedriger einerseits der Wassergehalt ist und desto mehr Wasser gebunden werden kann. Gerät eine Rebe unter den Einfluss tiefer Frosttemperaturen, kann sich in den Interzellularräumen oder in den Zellen selbst Eis bilden. Im Falle der Eisbildung innerhalb der Zelle sind irreversible Schäden die Folge. Erfolgt die Eisbildung extrazellulär außerhalb des Protoplasten im Interzellularraum, so wirkt diese auf den Protoplasten durch den Entzug von Wasser austrocknend und in der Folge kommt es zu einer Konzentration der gelösten Substanzen. Durch diese Konzentration der gelösten Substanzen innerhalb des Protoplasten wiederum wird die Wahrscheinlichkeit der Eisbildung innerhalb der Zelle herabgesetzt. Die Zelle ist dadurch gegenüber der Einwirkung der Frosttemperaturen in gewissem Umfang geschützt.

Jedoch sind diesem Vorgang auch Grenzen gesetzt. Die Zelle bzw. der Protoplast darf nicht zu stark entwässert werden, da es durch den Konzentrationsanstieg osmotisch wirksamer Substanzen wie Salze und Säuren auch zu Schädigungen an den Zellmembranen kommen kann. Übersteigt die Dehydrierung des Protoplasten eine kritische Schwelle, so bricht das Schutzsystem in sich zusammen und die Zellen werden irreversibel geschädigt.

Weiterhin ist die Frostresistenz von Reben nicht kontinuierlich in gleicher Intensität gegeben. In Wachstumsphasen sind praktisch alle Pflanzen (auch Reben) kälteempfindlich. Das frostresistente Verhalten erwirbt die Rebe jedes Jahr schrittweise aufs Neue im Verlauf der Vegetationsperiode und in Anpassung an die sich ändernden Standortfaktoren (Temperatur, Tageslänge). Dabei können drei Phasen der Abhärtung unterschieden werden:

- Die erste Abhärtungsphase, auch als Ruheperiode bezeichnet, wird für gewöhnlich ab August unter Kurztagbedingungen mit dem Beginn der Lignifizierung der Rebtriebe (Holzverfärbung) eingeleitet und dauert ungefähr bis September. Durch Aktivitäts- und Entwicklungsblocker sinkt die Stoffwechselaktivität der

Rebe ab und das vegetative Wachstum wird nach und nach eingestellt.
- Im weiteren Verlauf kommt es bis ungefähr November (1. Stärkemaximum) zur Anhäufung von Stärke in den Rebtrieben als Vorbereitung auf die Stresssituationen durch niedrige Temperaturen in den Wintermonaten.
- Die zweite Abhärtungsphase wird ungefähr Anfang bis Ende Januar abgeschlossen. Sie ist gekennzeichnet durch die Fähigkeit der Zelle zur raschen Entwässerung. Dabei wird Stärke zu niedermolekularem Zucker abgebaut.
- Die dritte Härtephase wird von Temperaturen unter –10 °C eingeleitet und sie ist gekennzeichnet durch sehr dynamische Verläufe hinsichtlich des Zucker-Stärkemetabolismus. Treten höhere Temperaturen auf, wird die Stärkesynthese begünstigt, niedrige Temperaturen hemmen diese bzw. kehren den Prozess wieder um. Da ab diesem Zeitpunkt bei genügend hoher Temperatursumme der Austrieb der Knospen jederzeit erfolgen kann, wird diese Phase auch als erzwungene Nachruhe bezeichnet. Im Verlaufe der als Nachruhe bezeichneten Härtephase kommt es mehr und mehr zum Nachlassen der Zuckermobilisierung und ungefähr Mitte März wird dann ein 2. Stärkemaximum erreicht. Die Rebe verliert dadurch allmählich zunehmend die Fähigkeit, tiefe Frosttemperaturen abzuwehren. Ab Mitte März setzt dann eine verstärkte Wasseraufnahme ein, mit der Folge einer Zuckerverfrachtung in apikaler Richtung als Vorbereitung des Austriebs.

> Schutz vor Frostschädigungen in den Pflanzenzellen durch ausreichende Wasserversorgung während der Wachstumsphase und nach der Lese.

Die wichtigste Basis für das Funktionieren des dargelegten Mechanismus der Frostresistenz ist eine ausreichende Fotosyntheseleistung der Rebe sowie ein optimal ablaufender Kohlenhydrat-Stoffwechsel während der Vegetationsperiode, sodass vor allen Dingen der Aufbau und die Einlagerung eines entsprechenden Stärkedepots erfolgen kann. Kommt es Aufgrund zu starker Trockenheit – ggf. noch gekoppelt mit höherem Traubenbesatz bzw. Traubenertrag (Fruchtstand = starkes Sink) – während der ersten Abhärtungsphase zu einer verringerten Reservestoffeinlagerung (Stärkeeinlagerung), so sind die Voraussetzungen für einen effizienten Schutz vor Frostschädigungen durch Winterfrostereignisse nicht mehr gegeben. Mit Hilfe von Bewässerung kann einer solchen – durch Trockenheit bedingten – reduzierten Reservestoffeinlagerung entgegengewirkt werden.

Darüber hinaus ist nach dem Entfernen der Fruchtstände (Trauben) für gewöhnlich noch einmal ein leichtes Wurzelspitzenwachstum mit entsprechender Nährelementaufnahme möglich, was in der Folge ebenfalls die Reservestoffeinlagerung begünstigt. Voraussetzung dafür ist eine ausreichende Wasserversorgung im Wurzelbereich. Ist also die Reife- und Erntephase durch starke Trockenheit geprägt, kann auch durch eine dezente Bewässerung nach der Lese noch ein positiver Impuls für eine bessere Reservestoffbildung und deren Einlagerung gesetzt und so eine bessere Frostresistenz bzw. Winterhärte der Rebanlagen erreicht werden.

Doch neben der Abwehr von Winterfrostschäden ist zukünftig auch das Thema Abwehr von Spätfrostschäden zunehmend von Bedeutung.

Wie in Kapitel 1 dargelegt, ist aufgrund des Klimawandels und dem damit verbundenen früheren Austrieb der Reben mit einer Zunahme des Spätfrostrisikos zu rechnen. Spätfrostschäden können von zwei unterschiedlichen Wettersituationen verursacht werden: Strahlungsfrost aufgrund einer Inversionswetterlage oder Windfrost (Advektionsfrost, Strömungsfrost).

Schädigungen durch Strahlungsfrost können dann auftreten, wenn in den Nachtstunden eine Unterschreitung von 0 °C infolge negativer langwelliger Strahlungsbilanz eintritt. Dies ist vor allem dann der Fall, wenn sich bei Windstille unter Hochdruckeinfluss eine Inversionswetterlage ausbildet. Für gewöhnlich ist die bodennahe Luft wärmer als die darüber liegenden Luftschichten. In kalten klaren Frostnächten kehrt sich dies jedoch um, da die aus dem Boden aufsteigende Warmluft ohne eine schützende Wolkendecke nach oben entweicht. Durch das Entweichen (Aufsteigen) der Warmluft kann gleichzeitig Kaltluft von den Höhenlagen ins Tal fließen und dadurch die Inversionsschichtung aufbauen. Dabei sind die Temperaturen in Bodennähe sehr kalt, jedoch kommen in einigen Metern Höhe deutlich wärmere Luftmassen zum Liegen. Da die kalten schwereren Luftmassen unter leichteren warmen Luftschichten zu liegen kommen, erfolgt auch kein Luftaustausch durch Wind. Für gewöhnlich treten die Minustemperaturen vorwiegend in den frühen Morgenstunden, zwischen 3 und 7 Uhr (bis knapp vor Sonnenaufgang) auf. Als begünstigend wirkende Faktoren für das Entstehen von Inversionswetterlagen und das Auftreten von Strahlungsfrost werden eine geringe Wärmekapazität des Untergrundes, geringe Luftfeuchtigkeit, Windstille bzw. wenig Wind und dadurch fehlende Durchmischung der Luftschichten sowie lange Nächte angesehen. Die Wärmekapazität und Wärmenachlieferung aus dem Boden hängt auch von der Bodenfeuchte ab. Ist der Boden im Frühjahr sehr trocken, wirken die dann luftgefüllten Poren wie eine Isolationsschicht; mit der Folge, dass sowohl der tagsüber zu verzeichnende Wärmefluss in tiefere Bodenschichten und damit Wärmespeicherung als auch der Wärmefluss in den Abend und Nachstunden in umgekehrter Richtung (an die Bodenoberfläche) gestört ist. Somit begünstigen sehr stark frühjahrstrockene Böden, welche über den Winter nicht mit Wasser aufgefüllt wurden, das Auftreten von Inversionswetterlagen und Spätfrostsituationen. Ein gut durchfeuchteter Boden kann bis zu 30 % mehr Wärme speichern.

Von Strahlungsfrost aufgrund von Inversionswetterlagen sind vor allen Dingen Rebanlagen in Senken oder Staulagen betroffen.

Demgegenüber können Windfröste in allen Lagen Schäden verursachen. Beim Windfrost (Advektionsfrost, Strömungsfrost) tritt die Frostsituation als Folge von horizontalem Zustrom (Advektion) einer unter 0 °C kalten polaren Luftmasse in das betreffende Gebiet auf. Das Aufbauen einer Inversionsschichtung ist aufgrund von Wind nicht zu verzeichnen.

Windfröste lassen sich weit schwieriger abwehren als Strahlungsfröste und eine Reihe von Frostverhütungsmaßnahmen sind bei Windfrost unwirksam. Auch die Frostabwehr durch Beregnung stößt bei Windfrösten an die Grenzen der Wirksamkeit, wenn Windgeschwindigkeiten von 1 m/s überschritten werden. Erfahrungsgemäß treten in der Praxis Windfröste deutlich weniger häufig auf als Strahlungsfröste.

> Schutz vor Strahlungsfrösten in bodennahen Schichten durch Frostschutzberegnung der Kulturen.

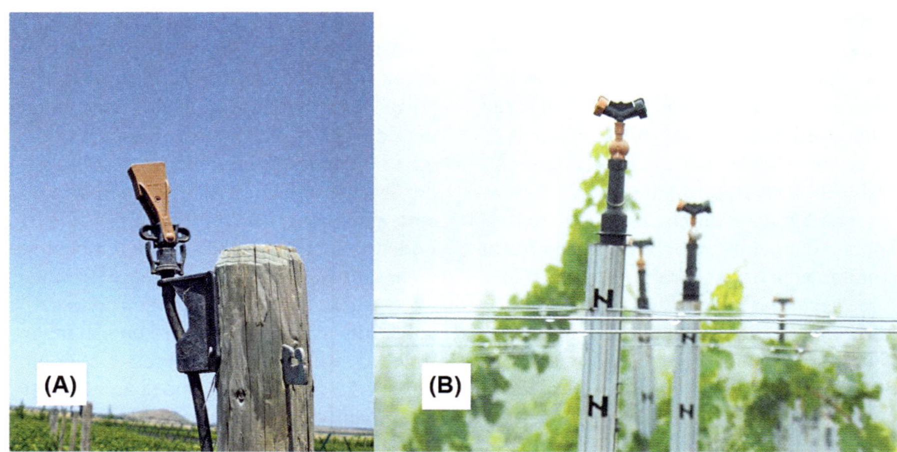

Abb. 52 Mikrosprinkler zur Frostabwehr: (A) NaanDanJain Bügeldüse, Typ Flipper in einer Rebanlage im Norden von Israel, (B) NETAFIM PulsarTM mit StripNet in einer Rebanlage in Chile.

Schädigungen an den Reben durch Strahlungsfröste (Inversionswetterlagen) wiederum können durch eine Frostschutzberegnung sehr gut abgewehrt werden. Als Voraussetzung für den Einsatz einer Frostschutzberegnung sollten bereits 2–4 Blätter der jungen Triebe entfaltet sein (BBCH 12 bis BBCH 14). Befindet sich die Rebanlage bzgl. dem physiologischen Entwicklungsstadium in der Phase BBCH 07 (Beginn des Knospenaufbruchs) bis BBCH 11 (erstes Blatt ist entfaltet und vom Trieb abgespreizt) ist der Einsatz einer Frostschutzberegnung unwirksam. Für diesen Fall ist die zu schützende Oberfläche zur Freisetzung der Kristallisationswärme noch zu gering. Denn genutzt wird bei der Frostschutzberegnung der Effekt, dass beim Gefrieren von Wasser Kristallisationswärme entsteht. Die dabei freiwerdende Wärmeenergie beträgt 80 kcal/kg bzw. 332,5 kJ/kg Wasser und entfaltet mit Blick auf die Frostabwehr eine direkte und eine indirekte Wirkung. Ein Teil der Kristallisationswärme wird beim Gefrieren am Rebtrieb durch den entstandenen Eispanzer nach innen dem Pflanzengewebe zugeleitet. Dies führt dazu, dass die Temperatur im Pflanzengewebe nicht unter –0,5 °C absinkt. Die indirekte Wirkung wird durch die Wärmeabgabe aus dem Eispanzer an die umgebende Luft erzielt. Durch diese Wärmeabgabe nach außen kann je nach Rahmenbedingungen die Lufttemperatur in der Anlage um bis zu 2 °C erhöht werden.

Um die Wärmeentwicklung bzw. den Wärmestrom aufrecht zu erhalten, ist eine ständige Wasserzufuhr und damit ständige Gewährleistung des Kristallisationsprozesses notwendig und die Effizienz der Frostschutzberegnung insgesamt ist stark korreliert mit der ausgebrachten Wassermenge. Mit der Steigerung der ausgebrachten Wassermenge um 5 m^3/h je Hektar kann jeweils ein Minusgrad mehr abgewehrt werden. Bei optimalen Einsatzbedingungen können somit bei einer Ausbringungsmenge von 35 m^3/h je Hektar Wasser Fröste bis –6 °C und bei 40 m^3/h je Hektar Fröste bis –7 °C abgewehrt werden.

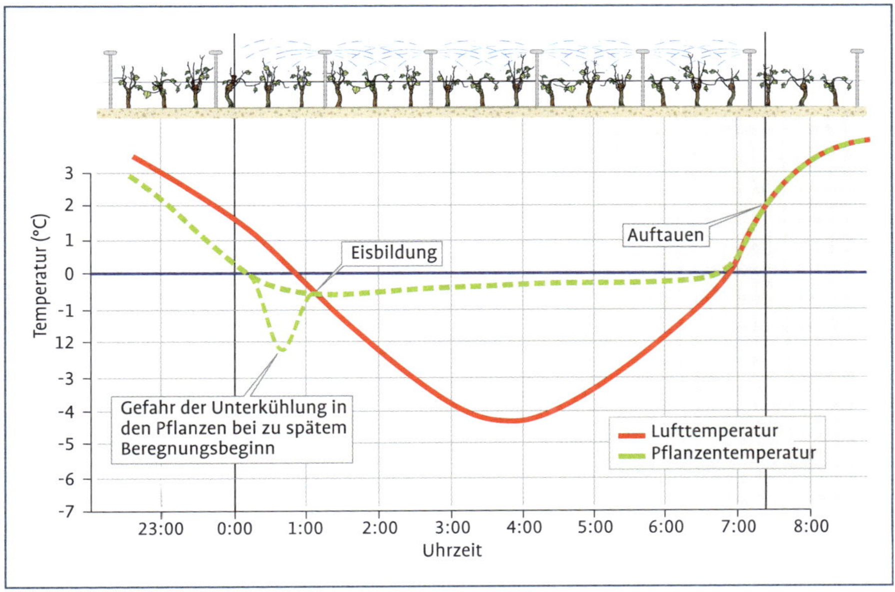

Abb. 53 Zeitlicher Ablauf, Temperaturverlauf der Umgebungsluft sowie Temperatur des Pflanzengewebes im Inneren des Eiskörpers im Verlauf einer Frostabwehr mit einer Frostschutz-Bewässerung (Paschold 2010).

Für die Ausbringung des Wassers können bei der Frostschutzberegnung zwei unterschiedliche Techniken zum Einsatz kommen:

- über eine Reihenregneranlage (siehe Kap. 3.2.1.3.1),
- mit Einsatz von Mikrosprinklern (NaanDanJain Bügeldüse, Typ Flipper oder einen Sprinkler PulsarTM mit StripNet), wo das Wasser nur in einem rechteckigen Bereich in Richtung der Rebzeile versprüht wird. Abbildung 52 zeigt verschieden Ausführungen von Mikrosprinklern für den Einsatzbereich einer Frostschutz-Beregnung.

Die Mikrosprinkler sind dabei auf einem dünnen PE-Schlauch montiert, welcher entlang dem Drahtrahmen in der Rebzeile verlegt wird.

Da ein gewisser Teil der Fläche der Rebanlage nicht angefeuchtet wird, kann ca. 30 % Wassermenge eingespart werden.

Der zeitliche Ablauf einer Frostabwehr ist von dem spezifischen Temperaturverlauf in der bevorstehenden Frostnacht abhängig. Ist Frostgefahr gemeldet, muss der Temperaturverlauf in der zu schützenden Rebanlage genau beobachtet werden. Sinkt die Temperatur auf einen Wert zwischen +2,0 und +1,0 °C ab, wird die Bewässerungsanlage eingeschaltet und der schützende Eispanzer auf den Pflanzen baut sich auf. Von da an muss dann solange eine kontinuierliche und gleichmäßige Wasserzufuhr über die Beregnungsanlage sichergestellt werden, bis die Temperatur der Umgebungsluft in der Rebanlage wieder ein Niveau von mindestens +2 °C erreicht hat. Zu diesem

Zeitpunkt kann dann die Bewässerung abgeschaltet werden, wenn der Großteil des Eises geschmolzen ist. Sowohl bei zu spätem Einschalten der Bewässerung als auch bei zu frühem Abschalten der Bewässerung besteht die Gefahr der Unterkühlung des Pflanzengewebes. Abbildung 53 zeigt den zeitlichen Ablauf, den Temperaturverlauf der Umgebungsluft sowie die Temperatur des Pflanzengewebes im Inneren des Eiskörpers im Verlauf einer Frostabwehr mit einer Frostschutz-Bewässerung.

Bei der Planung einer Frostschutzberegnung sind folgende Punkte zu beachten:

- Möglichst geringe Druckunterschiede im System, da die gleichmäßige Wasserabgabe der einzelnen Regner bzw. Sprinkler druckabhängig ist.
- Bei Anwendung des Reihenregnerverfahrens: Verwendung von frostsicheren Regnern mit mindestens 1 Umdrehung/60 Sek. (besser 1 U/40 Sek.).
- Anordnung der Regner im Dreiecks- oder Vierecksverband (je nach Auswahl der Regner und Zuschnitt der Anlage).
- Gleichmäßige Wasserverteilung, 20 % Überschneidung einplanen, 3,5–4,2 mm/h Beregnungsdichte.

6 Planung von Bewässerungsanlagen

Die Planung und der Aufbau einer Bewässerungsanlage ist von einer Vielzahl von Einflussgrößen abhängig. Um beim Aufbau und dem späteren Einsatz einer Bewässerungsanlage nicht mit Problemen konfrontiert zu werden, die sich von vorneherein vermeiden ließen, sollte für die Planung ausreichend Zeit veranschlagt werden. Unter Umständen kann auf regionale Erfahrungen zurückgegriffen werden. In jedem Fall ist es ratsam, sich bei den einzelnen Planungsschritten fachlich beraten zu lassen.

6.1 Planungsgrundlagen

Aus einzelbetrieblicher Sicht gilt es zunächst zu klären bzw. festzulegen, welches Qualitäts- und Ertragsziel bei der betrachteten Kultur verfolgt wird. Weiterhin sollten die standortspezifischen Gegebenheiten erfasst und ausgewertet werden. Diese sind:

- Summe und zeitliche Verteilung der Jahresniederschläge
- Summe und Verteilung der Niederschläge in der Vegetationsperiode
- Bodenart (siehe Kap. 2.3)
- Bodengefüge (siehe Kap. 2.3)
- durchwurzelbarer Bodenhorizont
- Art der Bodenbewirtschaftung
- Topographie (Hangneigung, Exposition)
- wasserrechtliche Bedingungen

Ausgehend vom Produktionsziel kann anhand dieser Parameter für den betrachteten Standort eine Wasserbilanz erstellt werden (siehe Kap. 3.2.2.1.2). Die Wasserbilanz zeigt dann für das gegebene Produktionsziel und das Bewirtschaftungssystem den zusätzlichen Wasserbedarf im Verlauf der Vegetationszeit an.

Wichtig ist es auch, die Anforderungen und/oder Beschränkungen aufgrund der Weinberglage und der Kulturführung (Bewirtschaftungssystem) zu klären. Befindet sich die betrachtete Weinbergfläche z. B. in einer kleinstrukturiert terrassierten Weinberganlage mit Trockensteinmauern, so stellt dies andere Anforderungen an den Aufbau als eine Bewässerungsanlage in einer flurbereinigten Weinberglage. Die Wegeführung ist dort viel komplexer, was erheblichen Einfluss auf eine mögliche Verlegung der wasserführenden Bauteile einer Bewässerungsanlage hat. Oft ist es nur bedingt möglich, in solchen Anlagen die Zuleitungen unterirdisch zu verlegen, da durch derartige Baumaßnahmen unter Umständen die Stabilität der Terrassierung beeinträchtigt wird. Bei oberirdischer Verlegung der Zuleitungen ist die Begehbarkeit der Anlage zu beachten, weshalb je nach Bewässerungsverfahren oft eine sehr aufwändige Leitungsführung gewählt werden muss. Aber nicht nur die Anforderungen der verschiedenen Weinberglagen unterscheiden sich, auch die Möglichkeiten sind sehr unterschiedlich. So ist beispielsweise der Aufbau von ortsnahen Wasserspeichern aufgrund der eingeschränkten Platzverhältnisse bei kleinstrukturierten terrassierten Weinberglagen meist nur bedingt möglich.

Jedoch auch in flurbereinigten Weinberglagen gilt es genau die vorhandenen Gegebenheiten zu analysieren. Der Wegeverlauf und die Bodenbeschaffenheit können auch hier unter Umständen die Möglichkeit zur Verlegung der Zuleitungen stark beeinträchtigen. Ebenso kann hier partiell anstehendes Gestein begrenzend auf den Aufbau einer Bewässerungsanlage einwirken. Die Analyse der topographischen Gegebenheiten ist hinsichtlich der Druckverhältnisse und der dadurch stark beeinflussten Verteilgenauigkeit der späteren Bewässerungsanlage von Bedeutung. Vor allen Dingen bei der Planung und dem Aufbau von ortsfesten Bewässerungsanlagen (siehe Kap. 3.2.1.3) sollte nach Möglichkeit auf entsprechend hochauflösendes Kartenmaterial (Maßstab 1 : 250 oder 1 : 500) zurückgegriffen werden, um in jedem Fall Senken im Leitungssystem zu vermeiden und damit das Risiko von Schädigungen durch Frost ausschließen zu können.

Sind an dem betrachteten Standort schon bewässerungstechnische Anlagen oder Anlagenteile vorhanden, muss geprüft werden, inwieweit diese für das geplante Vorhaben genutzt werden können.

Eine der wichtigsten Fragen, die es zu klären gilt, ist die Wasserverfügbarkeit am jeweiligen Standort. In der Regel bieten sich unterschiedliche Möglichkeiten für die Wasserquelle an. Wichtige Kriterien für die Bewertung der Wasserquellen sind:

- die verfügbare Menge
- die Amplitude der Wasserverfügbarkeit
- die Wasserqualität (siehe Kap. 3.3)
- der Wasserdruck
- die Kosten je Liter Wasser

Je nach Standortbedingungen kann es durchaus sinnvoll sein, einen Mix aus verschiedenen Wasserquellen vorzusehen, um den reibungslosen Einsatz der Bewässerungsanlage zu gewährleisten. Darauf aufbauend kann die Auswahl des Bewässerungsverfahrens erfolgen. Im Anschluss daran wird die technische Auslegung der Anlage bezüglich Pumpstation, Zuleitungen, Verteiler, Anordnung der Wasseraustrittsstellen etc. festgelegt. Hierfür gibt es in der Regel eine Vielzahl unterschiedlicher Lösungen, die sich auch bezüglich der Kosten zum Teil deutlich unterscheiden können.

Aus diesem Grund, und da für die Abarbeitung der genannten Planungsschritte ein relativ hoher Zeitaufwand beansprucht wird, ist es unter Umständen ratsam, eine beratende Fachkraft mit der Erstellung unterschiedlicher Lösungsvarianten unter Nennung der jeweiligen Vor- und Nachteile zu beauftragen, um dann auf dieser Grundlage eine Investitionsentscheidung treffen zu können.

6.2 Planung von Gemeinschaftsanlagen

Die Anbauflächen in den Weinbauregionen liegen, trotz vielerorts durchgeführter Flurbereinigungsverfahren, aufgrund der jeweiligen Besitzverhältnisse oft sehr verstreut. Für den Einsatz einiger Bewässerungsverfahren wäre aber ein gemeinschaftlicher Aufbau und Betrieb einer Bewässerungsanlage sinnvoll. Auch bei einer Bewässerungsanlage als Gemeinschaftsanlage sollten zunächst die oben genannten (Kap. 6.1) Planungsschritte durchgeführt werden.

Da jedoch mehrere Betriebe mit zum Teil ganz unterschiedlichen Produktionszielen, finanziellen Möglichkeiten und Personalstrukturen zu berücksichtigen sind, gilt es die betrieblichen Strukturen, die Gemeinsamkeiten und die Befindlichkeiten der jeweiligen (potenziellen) Projektbeteiligten genau zu analysieren. Es sollte erst mit einer detaillierten Planung einer Gemeinschaftsanlage begonnen werden, wenn sich unter den potenziellen Projektbeteiligten eine solide Struktur mit einem hohen Grad an gemeinsamen Produktionszielen entwickelt hat – auch um die Ausgabe evtl. unnötiger Kosten zu vermeiden.

Bei der Planung von Gemeinschaftsanlagen sollte in jedem Fall eine Fachkraft als neutraler Projektbeteiligter hinzugezogen werden. Neben den pflanzenbaulichen und technischen Hinweisen ist von dieser Fachkraft vor allen Dingen gefordert, die Funktion des Moderators zu übernehmen, um einen gerechten Interessensausgleich der möglichen Projektbeteiligten zu gewährleisten. Weiterhin ist zu beachten, dass bei der Planung und dem Aufbau von Gemeinschaftsanlagen auch der rechtliche Rahmen und die Organisation der Gemeinschaft geklärt werden muss. Hier wird in der Regel ein Wasser- und Bodenverband als Organisationsform gewählt. Aber auch die Gesellschaftsform der Genossenschaft kann je nach örtlichen Gegebenheiten und betrieblichen Voraussetzungen eine gute Möglichkeit sein. Ein sehr wichtiger Punkt im Zusammenhang mit dem Aufbau und dem Betrieb einer Gemeinschaftsanlage ist die Institutionalisierung der Wartungsarbeiten sowie die Institutionalisierung der Entscheidungsfindung über Einsatzzeitpunkte der Bewässerungsanlage. Je nachdem, wie individuell der einzelne Betrieb noch den Einsatz der Bewässerung in seinen Weinbergen beeinflussen kann, sind auch Haftungsfragen zu klären. Nicht zuletzt gestaltet sich die Abwicklung der Finanzierung der Investition in der Regel etwas schwieriger, da aufgrund des oft sehr hohen Investitionsbedarfs überbetriebliche Finanzierungskonzepte entwickelt werden müssen, bei denen auch steuerrechtliche Aspekte Berücksichtigung finden.

Für die Planung von Gemeinschaftsanlagen sollte in jedem Fall ein Zeitrahmen von Beginn der Konzepterarbeitung bis zur Inbetriebnahme einer Anlage von mindestens 4–5 Jahren kalkuliert werden. Aufgrund der Notwendigkeit, die Bewirtschaftungssysteme in den Weinbauregionen relativ kurzfristig an die veränderten klimatischen Standortbedingungen aufgrund des Klimawandels anzupassen, kann sowohl für die Konzeptentwicklung als auch die Umsetzung von Wassernutzungs- und Bewässerungskonzepten ggf. auch staatliche Förderung in Anspruch genommen werden. Hier sollte bei den entsprechend zuständigen Landwirtschaftsbehörden bzw. Ministerien nachgefragt werden.

7 Bewässerung im Weinbau – Arbeitsaufwand, Kosten, Effizienz

In den letzten Jahren war aufgrund der bereits eingetretenen klimatischen Veränderungen der intensivere Einsatz von Bewässerung notwendig und wurde in vielen Weinanbaugebieten auch praktiziert –

- um trotz ausbleibender Niederschläge und dadurch stark reduzierter Bodenwasserverfügbarkeit (z. B. Vegetationsperiode 2015 und 2018) Neupflanzungen und Junganlagen zu einer angemessenen Fotosyntheseleistung für den Aufbau des Holz- und Wurzelkörpers zu verhelfen und
- um in Ertragsanlagen die quantitative und qualitative Ertragsleistung der Rebanlage so gut wie möglich zu sichern.

Da derzeit in Deutschland nur vereinzelt ortsfeste Bewässerungsanlagen im Weinbau existieren, kamen überwiegend bewegliche Bewässerungsanlagen oder auch teilortsfeste Bewässerungsanlagen zum Einsatz.

Die in den genannten, durch Trockenperioden geprägten Jahre 2015 und 2018 sicherlich am häufigsten eingesetzten Verfahren zur Bewässerung von Neupflanzungen, Junganlagen aber auch Ertragsanlagen, waren die technisch relativ einfachen beweglichen (mobilen) Bewässerungsverfahren (siehe Kap. 3.2.1.1). Die grundlegenden Investitionskosten für diese Bewässerungsverfahren sind vergleichsweise gering. Entweder kann direkt mit vorhandenen Gerätschaften (Maischewagen) gearbeitet werden – für den Fall, dass eine Neupflanzung bewässert werden muss – oder es sind kleinere Investitionen in Wassertanks, Verteilerleitung und Tropfleitungen für die Rebzeilen notwendig (mobile Tropfbewässerungsanlage).

Die begrenzenden Faktoren dieser Verfahren sind die relativ geringe Flächenleistung und der hohe Arbeitsaufwand sowie die damit verbundenen Arbeitskosten. In der Regel sind in den Weinbergsarealen keine Hydranten oder Brunnenanlagen vorhanden, von denen aus auf relativ kurzem Weg das Bewässerungswasser bezogen werden könnte. Für gewöhnlich muss beim Einsatz der einfachen beweglichen (mobilen) Bewässerungsverfahren das Bewässerungswasser über relativ weite Distanzen mit dem Wasserfass bzw. Tankwagen von der Wasserquelle (oft an der Hofstelle/am Weingut) zum Weinberg transportiert werden. Um in einem Trockenjahr wie 2015 oder 2018 durch Bewässerung einen pflanzenbaulichen Effekt (z. B. Wachstumssicherung bei Neupflanzungen oder Junganlagen, Ertragsstabilisierung und Vermeidung von Qualitätseinbußen bei Ertragsanlagen) erzielen zu können, sind je nach Standort, Rebsorte und Begrünungssystem zusätzliche Wassermengen von 40 l/m^2 u. Jahr bis zu 60 l/m^2 u. Jahr notwendig. Bezogen auf 1 ha zu bewässernder Rebfläche entspricht dies einer Wassermenge zwischen 400 m^3/a und 600 m^3/a.

Wird in einem Trockenjahr wie 2015 oder 2018 für den Transport des Bewässerungswassers von der Wasserquelle bis zum Weinberg z. B. ein 10 m^3-Tankwagen genutzt, wären für den Wassertransport zwischen 40 und 60 Fahrten hin und zurück

Tab. 29 Beispielhafte Kostenkalkulation für die Bewässerung mit beweglichem (mobilem) Bewässerungsverfahren (Bewässerungsmenge 40–60 l/m²; Wasserquelle = eigener Brunnen am Hof; Wasserquelle(Hof)-Feld-Entfernung = 1 km; Transport mit Zugfahrzeug und 10 m³-Tankwagen; Nutzungsdauer für Bewässerungsequipment = 10 Jahre)

Kostenart	Kostenspanne	
	Kosten (min.) [€/ha]	Kosten (max.) [€/ha]
Fixkosten Bewässerungsanlage je Jahr (Anschaffungs-/Erstellungskosten ca. 5 050,– €, Abschreibung = 10 % AfA)	505	505
Zinsanspruch eingesetztes Kapital für Bewässerungsanlage (4 %)	152	152
Kosten für Wassertransport von der Wasserquelle(Hof) zu der zu bewässernden Rebfläche (8–12 Akh; Fahrer + Zugfahrzeug + 10 m³-Tankwagen; Bewässerungsmenge 40–60 l/m²)	464	696
Kosten für Befüllung des 10 m³-Tankwagens (Dauer in Abhängigkeit von der Quellschüttung [1,5–3,0 l/s] = 37–111 Akh; Bewässerungsmenge 40–60 l/m²)	647	1 942
Gesamtsumme	1 769	3 296

notwendig. Bei einer Wasserquelle(Hof)-Feld-Entfernung von 1 km ergibt dies eine zu erbringende Fahrleistung von 80–120 km. Bei einer durchschnittlichen Fahrgeschwindigkeit von 10 km/h wären somit für die Bewässerung von 1 ha Rebfläche allein für den Transport des Bewässerungswassers von der Wasserquelle (Hof) bis zum Weinberg 8–12 Arbeitskraftstunden (Akh) erforderlich. Weiterhin ist der Zeitaufwand für die Befüllung des 10 m³-Tankwagens zu berücksichtigen. Je nach Quellschüttung (QS) sind für einen Befüllvorgang zwischen 20 und 40 Min. zu kalkulieren (unterstellte QS = 1,5 l/s bzw. 3,0 l/s). Bei 40–60 notwendigen Füllungen ergibt sich für die Befüllvorgänge für die Bewässerung ein notwendiger Zeitaufwand zwischen 37 und 111 Akh. Auch die Ausbringung des Bewässerungswassers in der zu bewässernden Rebfläche selbst nimmt noch Zeit in Anspruch: Wird das Bewässerungswasser aus dem 10 m³-Tankwagen über eine Tropfbewässerung in der zu bewässernden Rebfläche (1 ha) verteilt, ist bei einem üblichen Reihenabstand von 2 m, einer Zeilenlänge von 80 m, einer vorausgesetzten Durchflussrate der Tropferelemente von 1,6 l/h sowie einem Abstand der Tropferelemente in der Rebzeile von 0,5 m ein Zeitbedarf von ca. 40 Min. bis 1 Stunde je Bewässerungsdurchgang (Tankwagenleerung) notwendig. Bei insgesamt 40–60 erforderlichen und auszubringenden Tankwagenfüllungen ergibt sich somit ein Zeitaufwand für die Ausbringung des Bewässerungswassers zwischen 40 und 60 Stunden.

Um 1 ha Rebfläche in einem Trockenjahr wie 2015 oder 2018 auf diese Art und Weise mit Hilfe eines beweglichen (mobilen) Bewässerungsverfahrens mit den dann notwendigen 40–60 l/m² zusätzlichen Wassers zu versorgen, ist insgesamt ein Zeitaufwand zwischen 77–171 Stunden erforderlich. Bezogen auf 1 l/m² ausgebrachten Wassers ist ein Arbeitsaufwand von 1,3–4,3 Stunden notwendig, sodass eine Arbeitskraft in einem Betrieb bei einem 8-Stunden-Arbeitstag 1 ha Rebfläche mit maximal 1,5–5,5 l/m² bewässern kann. Tabelle 29 zeigt beispielhaft eine Kostenkalkulation für die Bewässerung von 1 ha Rebfläche mit beweglichem (mobilem) Bewässerungsverfahren (Tropfbewässerung; Bewässerungsmenge 40–60 l/m²; Wasserquelle(Hof)-Feld-Entfernung = 1 km; Transport mit Zugfahrzeug und 10 m³-Tankwagen; Nutzungsdauer für Bewässerungsequipment = 10 Jahre).

Unter Berücksichtigung eines allgemein üblichen Lohnansatzes je Akh sowie einem entsprechend üblichen Maschinenstundensatz ergeben sich bei dieser Art und Weise der Bewässerung von 1 ha Rebfläche Lohn- und Maschinenkosten von ca. 1 769–3 296 €.

Kann das Bewässerungswasser nicht kostenfrei über einen hofeigenen Brunnen bezogen werden und wird alternativ das öffentliche Versorgungsnetz genutzt (ca. 1,80 €/m³ Wasser; Bezug ohne Abwassergebühr), erhöhen sich die Kosten nochmals um ca. 720–1 080 €. Unter dieser Voraussetzung ergeben sich dann für die Bewässerung von 1 ha Rebfläche Lohn-, Maschinen- und Wasserkosten zwischen 2 489–4 376 €.

Berücksichtigt man weiterhin, dass nicht in jedem Weinbergareal die Infrastruktur (Zufahrtmöglichkeiten, Belastbarkeit Fahrwege, Wendemöglichkeit) gegeben ist, um – wie in der Beispielrechnung (siehe Tab. 29) unterstellt – noch relativ effizient mit einem 10 m³-Tankwagen das Bewässerungswasser von der Wasserquelle (Hof) zum Weinberg verbringen zu können, sind meist noch deutlich höhere Kosten je Hektar zu kalkulieren.

In der Praxis werden häufig kleinere Behälter wie IBC-Container (4–6 m³ Fassungsvermögen), kleinere Tanks (ca. 1–2 m³ Fassungsvermögen) oder Traubentransportwagen (ca. 2–3 m³ Fassungsvermögen) mit hofeigenem Wasser gefüllt und diese zum jeweiligen Weinbergareal gefahren. Bei Verwendung der kleineren Wasserbehälter verdoppeln (3 538–6 592 €) oder verfünffachen (8 845–16 480 €) sich die Kosten für die mobile Bewässerung von je 1 ha Rebfläche sogar.

Die Kalkulationen zeigen sehr deutlich die Grenzen der mobilen Bewässerung von Rebflächen. Kleinere Flächen (<1 ha) können so bewässert werden, bei größeren Rebflächen sind diese Bewässerungsverfahren relativ schnell sehr kostenintensiv. Einigermaßen effizient kann auf diese Art und Weise nur bewässert werden, wenn für den Transport des Bewässerungswassers von der Wasserquelle (Hof) bis zur Rebanlage entsprechend große Tankwagen (10 m³ Fassungsvermögen und mehr) genutzt werden können. Doch dabei gilt es aufgrund der Größe und des Gewichts der Fahrzeuge sowie der Häufigkeit der Fahrten immer auch den Aspekt der Sicherheit beim Transport zu beachten. Denn nicht alle Zufahrtswege zu den Weinbergsarealen sind für derartige Fahrzeuggrößen und -gewichte und den daraus sich ergebenden Belastungen aufgrund häufiger Überfahrten ausgelegt.

Ist es aufgrund der örtlichen Situation möglich, einen in der Nähe der Weinberge befindlichen Brunnen, Hydranten oder Oberflächengewässer als Wasserquelle zu nutzen, kann durch den Einsatz teilortsfester Bewässerungsverfahren (Beregnungsmaschinen – Kap. 3.2.1.2.1, Reihenregnerverfahren – Kap. 3.2.1.2.2) oder ortsfester Bewässerungsverfahren (Überkronenberegnungsanlage – Kap. 3.2.1.3.1, Tropfbewässerungsanlage – Kap. 3.2.1.3.2) der Arbeitsaufwand und die Kosten für eine Bewässerung deutlich reduziert werden. In Tabelle 30 sind die monetären Kenn-

Tab. 30 Monetäre Kenndaten verschiedener Bewässerungsverfahren

	Bewässerungsverfahren			
	Tropfbewässerung	**Reihenregner ortsfest**	**Reihenregner mobil**	**Mobile Beregnungsmaschine**
Arbeitszeit (h/ha × Gabe)	5 (0,2)	5 (0,3)	40	2
Kapitalbedarf (€/ha)	2 250....5 000	1 000....1 500	1 000....1 500	500....1 000
Verfahrenskosten (€/ha*)	500–700	316	600–800	335

* überbetriebliche Wasserbereitstellung, 40 ha Bewässerungsfläche

daten für die verschiedenen Bewässerungsverfahren zusammengestellt; diese können jedoch nur als Anhaltspunkte für die Kalkulation des passenden Bewässerungsverfahrens vor Ort dienen.

Bei der Planung und der Entscheidung für das passende Bewässerungssystem sollte für den jeweiligen Betrieb eine individuelle Kosten-Nutzen-Analyse erstellt werden. Ob diese Analyse positiv ausfällt, hängt auch sehr stark von der einzelbetrieblichen Verwendung der Bewässerung ab: dies kann den sporadischen Einsatz ausschließlich in Trockenjahren bis hin zu mehreren Bewässerungseinsätzen pro Jahr bedeuten. Die Einsparungen, die sich durch die Bewässerung in anderen Bereichen der Bewirtschaftung (Bodenbearbeitung, Düngung) ergeben, fließen ebenfalls in die Kosten-Nutzen-Analyse mit ein.

Derzeit kann davon ausgegangen werden, dass in ca. drei von zehn Jahren stärkere Trockenheit auftritt und durch den Einsatz der Bewässerung eine Ertrags- und Qualitätssicherung erreicht werden kann. Unterstellt man diese Bedingung und setzt voraus, dass durch den Einsatz der Bewässerung auch die Langlebigkeit der Rebanlage positiv beeinflusst wird, so könnte eine Kosten-Nutzen-Analyse wie in Tabelle 31 dargestellt aussehen.

Die neueren Trends hinsichtlich der klimatischen Entwicklung deuten jedoch darauf hin, dass man durchaus mit noch häufigerem Auftreten von Trockenjahren rechnen kann. Geht man davon aus, dass jedes zweite Jahr ein Trockenjahr ist, so ergeben sich wesentlich stärker ansteigende Mehrerlöse durch eine entsprechende Bewässerung. Und dies trotz der dann wahrscheinlich zunehmenden Kosten für die Bereitstellung des Wassers.

In der Regel ist in den Weinbergsarealen aber weder ein nutzbarer Brunnen oder Hydrant noch ein nahegelegenes nutzbares Oberflächengewässer vorhanden. Um Bewässerung als Produktionsfaktor nutzen zu können, wären deshalb in den allermeisten Fällen erhebliche Investitionen in Strukturen für die Wasserbereitstellung notwendig. Diese zunächst erforderlichen Investitionskosten gestalten sich je nach örtlichen Gegebenheiten sehr variabel und können trotz der genannten Vorteile einer Ertrags- und Qualitätssicherung von den Weinbaubetrieben allein nicht aufgebracht werden. Hier bedarf es einer überbetrieblichen Projektierung und Planung des technisch Notwendigen sowie einer langfristigen überbetrieblichen Finanzierung (mindestens über einen Zeitraum von 30–40 Jahren) und ggf. staatlicher Förderung. Letztere ist insofern

Tab. 31 Beispielhafte Kosten-Nutzen-Analyse für verschiedene Bewässerungsverfahren

Alle Angaben in € Tropfbewässerung		Bewässerungsverfahren			
		Tropf-bewässerung	Reihenregner ortsfest	Reihenregner mobil	Mobile Beregnungs-maschine
Erlös	Ertragssicherung*	498–1 245	498–1 245	498–1 245	498–1 245
	Qualitätssicherung	333	333	333	333
	Längere Nutzungsdauer	78	78	78	78
Summe		909–1 656	909–1 656	909–1 656	909–1 656
Kosten	Verfahrenskosten	700	316	700	335
Differenz	Erlösüberschuss	209–956	593–1 340	209–956	574–1 321

* Spannweite der Ertragssicherung ergibt sich aus der Annahme einer Spannweite beim Erlös je kg Trauben von 0,60–1,50 €

gerechtfertigt, da der Weinbau in den entsprechenden Regionen als kulturlandschaftsprägendes Element, Wirtschaftsfaktor und Tourismus-Anziehungspunkt von großer Bedeutung ist. Wenn aufgrund des Klimawandels der Weinbau in diesen Weinbauregionen in den nächsten Jahren hinsichtlich Ertragsleistung und Qualität der Weine zunehmend unter betriebswirtschaftlichen Druck gerät und ggf. mehr und mehr Rebflächen aufgegeben werden bzw. brach fallen, wird sich dies auch auf die Wirtschaftlichkeit der Zulieferbetriebe und die auf dem Weinbau aufbauenden Tourismusbereiche auswirken (siehe Kap. 1.3.2).

Vor dem Hintergrund dieser Zusammenhänge wurden bereits erste Förderprogramme aufgestellt. So besteht z. B. in Bayern für Kommunen/Gemeinden sowie Wasser- und Bodenverbände die Möglichkeit der staatlichen Förderung für

- das Erstellen von Wassernutzungs- und Bewässerungskonzepten für bewässerungswürdige Kulturen (u. a. Wein-, Obst-, Gemüse- und Hopfenanbau) sowie
- die Umsetzung der Wassernutzungs- und Bewässerungskonzepte in den genannten Kulturen.

Grundlage dieses Förderprogramms ist die Wasserrahmenrichtlinie (RZWAS). Dabei sind nur solche Wassernutzungs- und Bewässerungskonzepte förderfähig, die auch aus wasserwirtschaftlicher Sicht nutzbringend sind. Die Förderquote des genannten Förderprogramms beträgt 50 % der Gesamtsumme, die maximal mögliche Fördersumme beläuft sich auf 10 Mio. €.

8 Ökologische Aspekte der Bewässerung im Weinbau

Jede Form der Landbewirtschaftung durch den Menschen bedeutet unweigerlich einen Eingriff in natürliche Abläufe. Man geht davon aus, dass Ökosysteme, die sich vom Menschen unbeeinflusst entwickeln, kurzgeschlossene Wasserkreisläufe sowie weitestgehend geschlossene Stoff- und Energiekreisläufe ausbilden. Durch die über die Zeit ablaufenden Sukzessionsprozesse entsteht nach und nach eine stabile, stand-

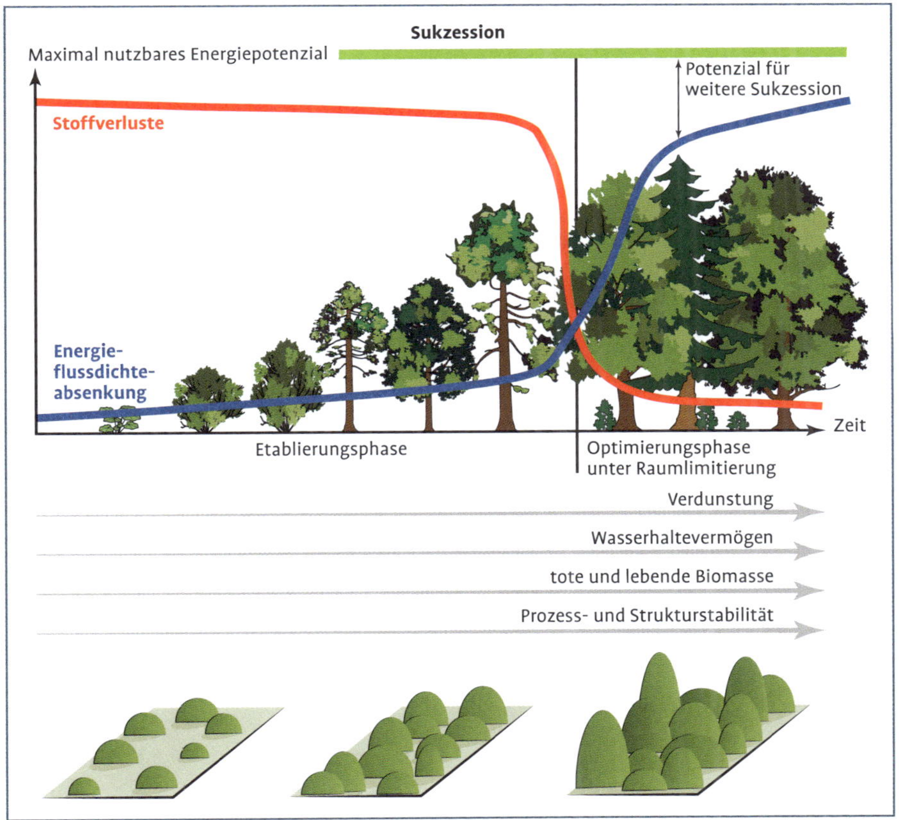

Abb. 54 Sukzession als thermodynamische Notwendigkeit; Entwicklung der Energieflussdichteabsenkung und der Stoffverluste im Verlauf des Sukzessionsprozesses (Ripl et al. 2008).

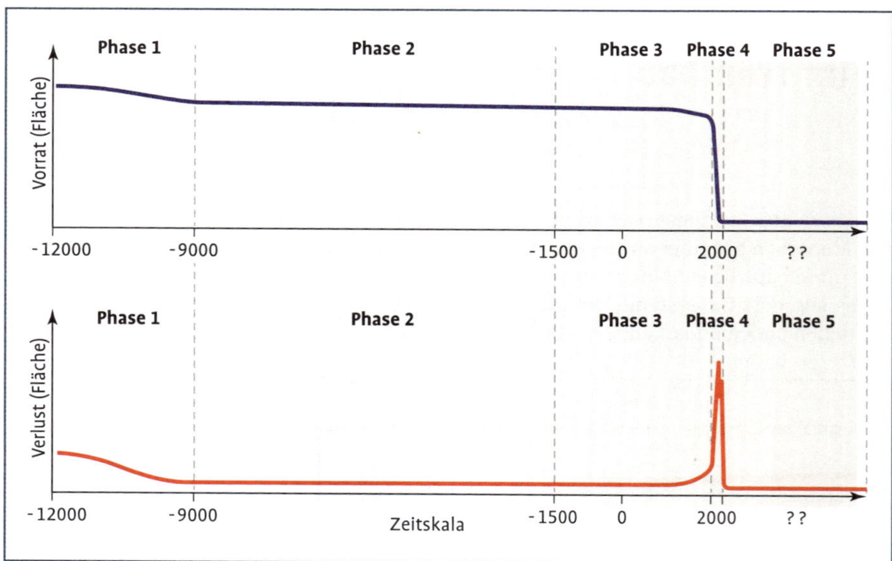

Abb. 55 Vorrat und Verlust an Basen und Nährstoffen als Folge der Landschaftsentwicklung und menschlicher Landbewirtschaftung (Ripl/Hildmann 1994)

ortangepasste Klimaxgesellschaft (siehe Kap. 3, Abb. 25). Wesentliche Eigenschaft eines stabilen Ökosystems mit hoher stofflicher Integrität und langfristiger nachhaltiger Nutzbarkeit ist eine hohe Energieflussdichteabsenkung.

Durch Inkulturnahme einer Fläche werden die Systemeigenschaften des betrachteten Ökosystems in erheblichem Maße verändert. Die Landbewirtschaftung durch den Menschen wirkt dem Sukzessionsprozess entgegen, die Optimierungsphase wird zurückgesetzt. Durch die Entfernung großer Teile der Vegetation wird die ursprünglich hohe Energieflussdichteabsenkung eines stabilen Ökosystems stark reduziert. Infolge dessen kommt es zur Dynamisierung des Wassers im Boden. Dadurch entsteht eine mächtigere (tiefere) wasserungesättigte Bodenschicht im Oberbodenbereich, mit der Folge höherer Mineralisierung aber auch höherer Temperaturschwankungen und höherer Stoffverluste. Anhand von Sedimentuntersuchungen konnten derlei Entwicklungsprozesse sehr gut nachvollzogen werden. Beispielhaft sind in Abbildung 55 Vorrat und Verlust an Basen und Nährstoffen als Folge der Landschaftsentwicklung und menschlicher Landbewirtschaftung nach der letzten Eiszeit (12 000 v. Chr.) bis heute dargestellt.

Wie Abbildung 55 zeigt, nahmen die Verluste an Basen und Nährelementen vor allen Dingen seit der industriellen Entwicklung sehr stark zu.

Die dargelegte Entwicklung hat auch in den Landschaftsarealen der Weinbaugebiete seine Spuren hinterlassen. Nach der ursprünglichen Inkulturnahme waren die weinbaulich genutzten Landschaftsareale meist noch geprägt durch kleinere abgegrenzte Flächen zwischen Hecken- und

Baumstrukturen. In steileren Hanglagen waren kleinstrukturierte Terrassenflächen die Regel. Die Bewirtschaftung und vor allen Dingen die Bodenbearbeitung erfolgte überwiegend von Hand oder mit leichten Bodenbearbeitungsgeräten und tierischer Zugkraft (Pferd, Rind). Stoffverluste durch Wasserabfluss und Bodenerosion wurden dadurch noch auf einem relativ niedrigen Niveau gehalten. Im Zuge der industriellen Entwicklung wurde dann jedoch die Struktur und Bewirtschaftung in den weinbaulich genutzten Landschaftsarealen gravierend verändert. Der Einsatz von Maschinen hielt Einzug in den Weinbau und im Zuge von Flurbereinigungsverfahren wurde die Struktur der weinbaulich genutzten Landschaftsareale den Anforderungen der eingesetzten Maschinen angepasst. Hecken- und Baumstrukturen wurden in großem Umfang entfernt und die einzelnen Anbauflächen vergrößert. Damit wurde der Wasserhaushalt der weinbaulich genutzten Landschaftsareale negativ verändert, der Wasserabfluss und die Bodenerosion (Stoffverluste) haben deutlich zugenommen.

Mit der intensiv mechanisierten Dauerkultur, wie sie heutzutage im Weinbau üblich ist, sind die Weinbergböden einer hohen mechanischen Belastung ausgesetzt – durch häufiges Überfahren und intensive Bodenbearbeitung. Letztere wird auch durchgeführt, um den Wasserhaushalt der Rebe zu sichern. Das Problem der Wasserkonkurrenz zwischen Kulturpflanze und Begleitflora ist so zwar kurzfristig gelöst, jedoch ergeben sich durch die intensive Bodenbearbeitung Probleme, die erst bei mittel- bis langfristiger Betrachtung deutlich werden.

Intensive Bodenbearbeitung bedeutet Humusabbau, Nährelementverlust und Erosion und damit Reduzierung des Puffervermögens für Niederschläge.

Der intensive mechanische Eingriff in das System Boden leistet dem Humusabbau Vorschub, die Mineralisierung von Nährelementen wird forciert und es kann zu vermehrtem Nährelementverlust durch Auswaschung und Erosion kommen. Der Aufwand für Arbeiten zur „Wiedergutmachung" dieser Prozesse ist mancherorts erheblich (siehe Abb. 56).

Weiterhin ist der Nitrataustrag (Stoffverlust) der offenen Böden höher, was letztlich eine erhöhte Nitratfracht in das Grundwasser bedeutet. Ein Umstand, der für die Unternehmen der Trinkwasserversorgung ein Problem darstellt.

Langfristig betrachtet wird durch die Veränderungen aufgrund der Intensivierung der Bodenbearbeitung das Wasser-Puffervermögen des Bodens herabgesetzt. Dies bedeutet mehr Starrheit des Systems bei sich ändernden Rahmenbedingungen. Die Folge dessen ist mittel- bis langfristig eine zunehmende Austrocknung, also genau das, was mit der durchgeführten Maßnahme eigentlich verhindert werden sollte.

Der Niederschlag ist die wichtigste Nachlieferungsgröße für den Wasserhaushalt der Reben. Die Weinbergböden zeigen aufgrund der hohen Belastung in aller Regel ein gering entwickeltes Bodengefüge. Aufgrund des dadurch herabgesetzten Puffervermögens kommt es vergleichsweise früh zu einem Abfluss in die Vorfluter. Dadurch werden einem bestimmten Weinbergareal von der durch Niederschläge dargebotenen Wassermenge ganz beträchtliche Mengen Wasser entzogen (siehe Kap. 2.4). Dieses ist dadurch für die Bewirtschaftung und für die Pufferung der Temperaturschwankungen durch Verdunstung nicht mehr nutzbar. Eine deutliche Veränderung der Artenzusammensetzung hinsichtlich Flora und Fauna ist die Folge.

Abb. 56 Versuch zur „Wiedergutmachung“ von Erosion: Bodenmaterial, das sich aufgrund des Bewirtschaftungssystems im Laufe der Jahre am unteren Ende des Weinbergs abgelagert hatte, wurde mit Frontlader und Anhänger wieder an das obere Ende verbracht. Die Bodenstruktur geht dabei verloren.

Darüber hinaus führt das auf diese Weise abgeführte Oberflächenwasser in den nachgelagerten Bächen und Flüssen oft zu erheblichen Problemen, wie z. B. zu Sedimentation und Hochwasser bei Starkniederschlagsereignissen. Durch die Sedimentation wird die sonstige Nutzung der Gewässer beeinträchtigt, wodurch für die Wasserwirtschaft in nicht unerheblichem Umfang Kosten entstehen, um diese Nutzung aufrecht zu erhalten.

> **Ziel muss es sein, dass das Niederschlagswasser von den Böden der Rebkulturflächen vollständig aufgenommen und gut gespeichert werden kann.**

Wäre dieses Wasser für die Bewirtschaftung nutzbar, wären die Jahresniederschläge in den meisten Weinbergsarealen ausreichend, um die Rebkulturen und eine entsprechende Begrünung der Rebgassen aus mehrjährigen krautigen Pflanzen mit Wasser versorgen zu können.

Die Voraussetzungen dafür sind in den heutzutage meist flurbereinigten Weinbergsarealen günstig. Der Oberflächenabfluss wird in diesen Anlagen in der Regel in entsprechend einfachen wasserbaulichen Systemen zunächst gefasst und dann in kontrollierter Form relativ schnell dem Vorfluter zugeführt. Anstatt das Wasser dem Vorfluter zuzuführen, könnte es auch in Speicherbecken gesammelt und zwischengespeichert werden und im Anschluss bei Wasserbedarf der Rebanlage eine Bewässerungsanlage speisen. Bei entsprechender Dimensionierung der Wasserspeicher könnten auf diese Weise auch Niederschläge aus der vegetationsfreien Zeit für die Vegetationszeit nutzbar gemacht werden. Sehr oft müssten diese Speicherbecken nicht einmal komplett neu erstellt werden. Denn vor Ort sind in aller Regel aus Gründen des Hochwasserschutzes bereits Pufferspeicher vorhanden. Sie sind bisher so gestaltet, dass sie die bei Starkniederschlägen in sehr kurzer Zeit anfallenden Abflussmengen aufnehmen können, um sie dann nach und nach abzuleiten. Diese können jedoch mit relativ einfachen Mitteln modifiziert werden, sodass sie ihre Funktion hinsichtlich des Hochwasserschutzes weiterhin behalten, gleichzeitig aber auch die Möglichkeit besteht, Oberflächenabfluss in Zwischenspeicher umzuleiten und diesen dadurch für eine spätere Bewässerung nutzbar machen zu können.

> **Die Zwischenlagerung von Niederschlagswasser in Speicherbecken, gekoppelt mit einer Bewässerungsanlage, kann Perioden mit Trockenzeiten abpuffern.**

Bei flussnahen Rebflächen wäre es mit Blick auf die prognostizierte Klimaentwicklung auch sinnvoll, während der Zeiten höherer Wasserstände – welche fast in jedem Frühjahr zu verzeichnen sind – durch Rückführung des Wassers in den Wasserspeicher Boden und zusätzlich erstellte Wasserspeicher zu verbringen, damit das Wasser in trockeneren Perioden zur Verfügung steht. Bei Rebflächen, die sich an Flüssen befinden, wäre eine kontinuierliche ressourceneffiziente Rückführung von Wasser auf die angrenzenden Flächen denkbar. An den Staustufen befinden sich jeweils Schleusen, über die die Staustufe für Schiffe passierbar gehalten wird. Die Niveaudifferenz beträgt je nach Schleuse zwischen 2,50 m bis 3,00 m. Aus dieser Niveaudifferenz ergibt sich potenzielle Energie, die sich unter Umständen nutzen lässt, um bei jedem Schleusenvorgang Wasser vom tieferen Niveau in Wasserspeicher einer nahegelegenen Weinberganlage zu pumpen. Ein Effekt einer solchen Konzeption wäre, dass das Wasser länger in der jeweiligen Region zurückgehalten wird bzw. der Entwässerung der Region und den damit einhergehenden Folgen entgegengewirkt wird.

> In stabilen, der Klimaxgesellschaft ähnlichen, kleinräumigen Ökosystemen stellt sich nach und nach wieder eine artenreiche Flora und Fauna ein. Damit kann eine gezielte Bewässerung auch ein Beitrag zum Erhalt der Artenvielfalt sein.

Das durch diese ganz unterschiedlichen Strategien nutzbar gemachte Wasser vergrößert den Spielraum und die Möglichkeiten der Bestandslenkung und Qualitätsförderung in den Weinbergsarealen mithilfe der Bewässerung. Mit einem entsprechend angepassten Begrünungsmanagement ist das Risiko für Erosionserscheinungen und der Nitrataustrag deutlich geringer. Das Pilotprojekt des VINAQUA-Wassermanagementsystems am Standort Volkach (siehe Kap. 3.3.1) greift diese Methoden auf und steht der Öffentlichkeit zur Verfügung. Die Kontaktadresse ist: VINAQUA e. G., Benedikt-Mahlmeister-Str. 5, 97332 Volkach, www.vin-aqua.de.

8.1 Recycling gebrauchter PE-Tropfschläuche

Tröpfchenbewässerung ist hinsichtlich der Ressource Wasser sicher die ressourceneffizienteste Bewässerungsart. Die verwendeten PE-Tropfschläuche können über viele Jahre hinweg problemlos genutzt werden. Verschiedene Händler geben für die Funktionsweise der innenliegenden Tropfelemente eine Händlergarantie von bis zu 10 Jahren. Bei entsprechender Pflege und Sorge um eine optimale Wasserqualität des Bewässerungswassers können die Tropfschläuche im Weinbau in der Regel weit über die 10 Jahre Händlergarantie (oft über 20 Jahre) hinweg genutzt werden. Doch irgendwann einmal müssen die Tropfschläuche auch erneuert werden und dann stellt sich unweigerlich die Frage, was mit den alten Tropfschläuchen passieren soll. Bisher mussten sie die Anbauer selbst und oft sogar teuer entsorgen. Doch inzwischen wurde von einem Hersteller ein Recyclingprozess entwickelt, der eine bundesweite Sammlung und vollständige Wiederverwertung gebrauchter PE-Tropfschläuche ermöglicht.

Anhang

Checkliste für die Planung und Umsetzung von Bewässerungsprojekten

Innerbetriebliche Schritte

- Analyse der betriebsspezifischen Gegebenheiten (z. B. Weinberglagen, Niederschläge, Bodenverhältnisse).
- Festlegen der betrieblichen Qualitäts- und Ertragsziele.
- Entscheidungsfindung, ob und wie ein Bewässerungseinsatz für das Erreichen der betrieblichen Qualitäts- und Ertragsziele sinnvoll ist (z. B. einzelbetriebliche Lösung, überbetriebliche Lösung).

Überbetriebliche Schritte

- Suche von nutzbaren Wasserquellen.
- Suche nach möglichen Kooperationspartnern innerhalb der Winzergemeinschaft.
- Breite Information der Winzerkollegen und -kolleginnen innerhalb der betroffenen Winzergemeinde(n) und Weinbergslage(n) über Technik und Kosten sowie pflanzenbauliche Aspekte der Bewässerung im Weinbau.
- Festlegen der Rahmenbedingungen für die weitere Planung.
- Suche nach Kooperationspartnern außerhalb der Winzergemeinschaft (z. B. Wasserwirtschaft, Trinkwasserversorger, Gemeinde).
- Prüfen von Fördermöglichkeiten.
- Prüfen von steuerlichen Belangen der potenziellen Investition.
- Ausarbeitung von Planungsgrundlagen für die Bewässerungsanlage und die institutionelle Organisation der beteiligten Personen/Betriebe.
- Planung und Aufbau der institutionellen Organisation der beteiligten Personen/Betriebe.
- Detailplanung der Bewässerungsanlage unter Einbeziehung von Fachpersonal.
- Schrittweiser Aufbau der Bewässerungsanlage.
- Inbetriebnahme der Anlage und Aufbau einer Datenbank für die Qualitätssicherung und Optimierung des Einsatzes der Bewässerungsanlage unter Einbeziehung von Fachpersonal.

Häufig gemachte Fehler

- Unterschätzen des Zeit-/Personalaufwandes für die Planung.
- Unterschätzen von soziologischen Aspekten (z. B. Kommunikationsstruktur, persönliche Befindlichkeiten einzelner Beteiligter) bei überbetrieblichen Projekten.
- Lückenhafte oder qualitativ nicht ausreichende Informationen.
- Ungenügende Zieldefinition (Qualitätsziele, Ertragsziele).
- Fehleinschätzung der standortspezifischen Bedingungen (geologisch, klimatisch) aufgrund zu grober Rasterung der Betrachtung → Fehlerpotenzial für die Planung des Aufbaus und den Einsatz der Bewässerungsanlage.

Literaturverzeichnis

Abrisqueta, I.; Ayars, E. (2018): Effect of Alternative Irrigation Strategies on Yield and Quality of Fiesta Raisin Grapes Grown in California, Water 2018, 10, 583, doi:10.3390/w10050583

Achtinich, W. (1980): Bewässerungslandbau, Verlag Eugen Ulmer, Stuttgart

AG Bodenkunde (2005): Bodenkundliche Kartieranleitung. – 5. Auflage, Hannover

Agam, N.; Kustas, W. P.; Alfieri, J. G.; Gao, F.; McKee, L. M.; Prueger, J. H.; Hipps, L. E. (2019): Micro-scale spatial variability in soil heat flux (SHF) in a wine-grape vineyard, Irrigation Science (2019), 37, p. 253–268, https://doi.org/10.1007/s00271-019-00634-6

Alfieri, J. G.; Kustas, W. P.; Prueger, J. H.; McKee, L. G.; Hipps, L. E.; Gao, F. (2019): A multi-year intercomparison of micrometeorological observations at adjacent vineyards in California's Central Valley during GRAPEX, Irrigation Science (2019), 37, p. 345–357, https://doi.org/10.1007/s00271-018-0599-3

Alsina, M. M.; De Herralde, F.; Aranda, X; Save, R.; Biel, C. (2007): Water relations and vulnerability to embolism are not related: experiments with eight grapevine cultivars. Vitis, 46, p. 1–6

Alsina, M. M.; Smart, D. R.; Bauerle, T.; de Herralde, F.; Biel, C.; Stockert, C.; Negron, C.; Save, R. (2011): Seasonal changes of whole root system conductance by a drought-tolerant grape root system. Journal of Experimental Botany, 62, p. 99–109

Allen, M.F (2007) 'Mycorrhizal fungi: highways for water and nutrients in arid soils', Soil Science Society of America, Vadose Zone Journal Vol. 6 (2), pp. 291–297, www.vadosezonejournal.org

Alleweldt, G.; Eibach, R.; Rühl, E. (1982 a): Untersuchungen zum Gaswechsel der Rebe. I. Einfluss von Temperatur, Blattalter und Tageszeit auf die Photosynthese und Transpiration, Vitis 21, S. 93–100

Alleweldt, G.; Eibach, R.; Rühl, E. (1982 b): Untersuchungen zum Gaswechsel der Rebe. II. Einfluss von langanhaltender Bodentrockenheit auf die Leistungsfähigkeit verschiedener Rebsorten, Vitis 21, S. 313–324

Alteneder, K. (1980): Beregnung: AID-Heft Nr. 28, Bonn

Améglio, T.; Archer, P.; Cohen, M.; Valancogne, C.; Daudet, F.-A.; Dayau, S.; Cruiziat, P. (1999): Significance and limits in the use of predawn leaf water potential for tree irrigation. Plant and Soil, 207, p. 155–167

Avidan, A.; Hazan, A.; Kopyt, M.; Ton, Y.; Phytech, L. (2005): Application of the phytomonitoring technique for table grapes, In: Proceedings of the International Workshop on Advances Ingrapevine and Wine Research, Venosa, Italy, 15–17 September 2005

Ayres, R. S.; Westcot, D. W. (1985). Water quality for agriculture, Irrigation and Drainage Paper No. 29, FAO

Azorín, P. R.; García, J. G. (2020): The productive, economic, and social efficiency of vineyards using combined drought-tolerant rootstocks and efficient low water volume deficit irrigation techniques under mediterranean semiarid conditions, Sustainability 2020, 12, 1930; doi:10.3390/su12051930

Amann, R.; Krebs, H. (2004): Säuerung von Most und Wein, Der Badische Winzer (1), S. 24–27

Atroosh, K. B.; Mukred, A. W. O.; Moustafa, A. T. (2013): Water requirement of grape (*Vitis vinifera*) in the northern highlands of Yemen. Journal of Agriculture Science 2013, 5, p. 136–145

Balmer, M. (2004): Wartung und Pflege von Tropfbewässerungsanlagen, in: Reuther, H.; Rebholz, F.; Ziegler, B.; Eder, J.; Simonis, A.; Treis, F.; Rupp, D.; Prior, B.; Balmer, M. (2004): Bewässerung, Meininger Verlag, Neustadt Weinstraße, ISBN 3-87524-152-5

Baluja, J.; Diago, M. P.; Balda, P.; Zorer, R.; Megiio, F.; Morales, F.; Tardaguila, J. (2012): Assessment of vineyard water status variability by thermal and multispectral imagery using an unmanned aerial vehicle (UAV), Irrigation Science (2012), 30, p. 511–522, doi 10.1007/s00271-012-0382

Barbagallo, M. G.; Vesco, G.; Di Lorenzo, R.; Lo Bianco, R.; Pisciotta, A. (2021): Soil and regulated deficit irrigation affect growth, yield and quality of 'Nero d' Avola' grapes in a semi-arid environment, Plants 2021, 10, 641, https://doi.org/10.3390/plants10040641

Barrios-Masias, F. H.; Knipfer, T.; McElrone, A. J. (2015): Differential responses of grapevine rootstocks to water stress are associated with adjustments in fine root hydraulic physiology and suberization, Journal of Experimental Botany, 66, p. 6069–6078

Bassoi, L. H.; Correia, J. D.; dos Santos, A. R. L.; Silva, J. A.; Costa, B. R. S. Deficit Irrigation in grapevine cv. Syrah during two growing seasons in the brazilian semiarid, Engenharia Agricola, 35 (3), p. 430–441

Bassoi, L. H.; de Melo Chaves, A. R.; Teixeira, R. P. (2021): Responses of Syrah grapevine to deficit irrigation in the Brazilian semi-arid region, Agricultural Water Management, https://doi.org/10.1016/j.agwat.2021.107186

Becker, N. J.; Klein, R. (1981): Transpiration und Blatttemperatur von Reben in hochsommerlichem Kleinklima dreier Standorte im Kaiserstuhl, Mitt. Klosterneuburg 31, S. 190–199

Bellvert, J.; Marsal, J.; Mataa, M.; Girona, J. (2012): Identifying irrigation zones across a 7.5-ha 'Pinot noir' vineyard based on the variability of vine water status and multispectral images, Irrigation Science (2012), 30, p. 499–509, doi 10.1007/s00271-012-0380-y

Bengough, A. G.; McKenzie, B. M.; Hallett, P. D.; Valentine, T. A. (2011): Root elongation, water stress and mechanical impedance: a review of limiting stresses and benefical root trp traits, Journal of Experimental Botany, Vol. 62, No. 1, p. 59–68

Benzler, J.H.; Finnern, H.; Müller, W.; Roeschmann, G.; Will, K. H.; Wittmann, O. (1982): Bodenkundliche Kartieranleitung, AG Bodenkunde Hannover

Beran, N. (1982): Die Transpiration der Rebe (*Vitis vinifera*) in Abhängigkeit von der Blatttemperatur unter besonderer Berücksichtigung des Bodenwassergehaltes, Wein-Wiss. 37, S. 291–309

Bergamini A.; Giulivo C.; Ponchia G.; Tinkhauser, L. (1977): Versuchsbericht über klimatisierende Beregnung im Suedtiroler Weinbau, Obstbau Weinbau (Bozen) 14, S. 360–362

Bernard, A. C.; Dallas, J. P.; Adheran, F. (1981): Observation sur le nombre de stomates des baies de varétés de *Vitis vinifera* L. Relation avec leur comportement à l'égard de la Pourriture grise (*Botrytis cinerea* Pers.), Progr. Agric. Vitic. (Motpellier) 98, p. 230–232

Bernardo, S.; Dinis, L.-T.; Machado, N.; Moutinho-Pereira, J. (2018): Grapevine abiotic stress assessment and search for sustainable adaptation strategies in Mediterranean-like climates. A review, Agronomy for Sustainable Development

(2018) 38: 66, https://doi.org/10.1007/s13593-018-0544-0

Bierhiuzen, J. F.; De Vos, N. M. (1959): "The Effect of soil moisture on the growth and yield of vegetable crops." Techn. bull. Institute for land and water management research. Wageningen. 11

Bittelli, M. (2010): Measuring soil water potential for water management in agriculture: A review, Sustainability 2010, 2, p. 1226–1251

Bogart, K. (2000): Measuring wine grape status using a pressure chamber. Date of access: 24/01/2003 zit. In: Wynboer (2006) The effect of plant water status on Sauvignon blanc, http://www.wynboer.co.za/recentarticles/0410blanc.php3

Bondada, B. R.; Matthews, M. A.; Shackel, K. A. (2005): Functional xylem in the post-veraison grape berry, Journal of Experimental Botany, Vol. 56, No. 421, p. 2949–2957

Bonte, J.; De Cormis, L.; Louguet, P. (1975): Influence d'une pollution par le dioxyde de soufre sur le degré d'ouverture des stomates du *Pelargonium* x *hortorum*, C. R. hebd. Seanc. Acad. Sci. Ser. D, Seanc. Nat. 280, 2377

Brandweiner, U. (2016) : Suppressivität, Mykorrhizierung, Wachstum – Ein Vergleich von 23 Ackerböden des Walserfeldes bei Salzburg, mit biologischer und konventioneller Landwirtschaft, Masterarb., Department für Nutzpflanzenwissenschaften, Abteilung für Pflanzenschutz, Universität für Bodenkultur (BOKU), Wien

Bravdo, B.-A.; Lavee, S.; Samisch, R. M. (1972): Analysis of water consumption of various grapevine cultivars, Vitis 10, S. 279–291

Bravdo, B.-A.; Hepner, Y. (1987): Irrigation Management and Fertigation to optimize grape composition and vine performance. 22nd International Horticultural Congress, Symposium on Grapevine Canopy and Vigor Management, Acta Horticulturae 206: p. 49–67

Brunold Ch., Rüegsegger A. und Brändle R. (1996): Stress bei Pflanzen, Verlag Paul Haupt, Bern, Stuttgart, Wien

Bundesministerium für Umwelt, Naturschutz und Reaktorsicherheit (BMU) (2008): Grundwasser in Deutschland, www.bmu.de

Bundesprogramm Ökologischer Landbau (BÖL): Phosphat-Mobilisierung durch Haupt- und Zwischenfrüchte nach Düngung von weicherdigem Rohphosphat im ökologischen Landbau, Institut für Pflanzenernährung und Professur für Ökologischen Landbau Fachbereich Agrarwissenschaften, Ökotrophologie und Umweltmanagement, Justus-Liebig-Universität Gießen, Projektabschlussbericht, Projektnummer: 020E424

Buckley, T. N. (2005): The control of stomata by water balance. The New Phytologist, 168, p. 275–292

Bund für Umwelt und Naturschutz Deutschland (BUND) – Region Hannover; Interessengemeinschaft gesunder Boden (2018): Humusaufbau – Chance für Landwirtschaft und Gartenbau gegen den Klimawandel, Tagung am 23. November 2018 in Hannover, Tagungsband

Bund/Länder-Arbeitsgemeinschaft Wasser (LAWA), Ministerium für Umwelt, Klima und Energiewirtschaft Baden-Württemberg (2017): Auswirkungen des Klimawandels auf die Wasserwirtschaft, Bestandsaufnahme, Handlungsoptionen und strategische Handlungsfelder, LAWA Klimawandel-Bericht 2017

Busch, J.; Lösch, R. (1998): Stomatal behaviour in gas exchange of sedges (*Carex* spp.) under different soil moisture regimes, Phys. Chem. Earth 23, p. 443–448

Busch, J.; Lösch, R. (1999): The gas exchange of *Carex* species from eutrophic wetlands and its dependence on microclimatic and soil wetness conditions, Phys. Chem. Earth 24, p. 117–120

Calo, A.; Giorgessi, F.; Sansone, L.; Tomasi, D.; Zerbi, G. (1999): Recherches sur le rapport entre la flux de sève, la transpiration et la vigueur dans la vigne selon le monde de conduite, Vitis 38, S. 7–13

Carbonneau, A. (1985): The early selection of grapevine rootstocks for resistance to drought conditions, American Journal of Enology and Viticulture, 36, p. 195–198

Carrasco-Benavides, M.; Ortega-Farias, S. Lgos, L. O.; Kleissl, J.; Morales, L.; Poblete-Echeverria, C.; Allen, R. G. (2012): Crop coefficients and actual evapotranspiration of a drip-irrigated Merlot vineyard using multispectral satellite images, Irrigation Science (2012), 30, p. 485–497, doi 10.1007/s00271-012-0379-4

Carter, L. J.; Garman, C. D.; Ryan, J.; Dowle, A.; Bergström, E.; Thomas-Oates, J.; Boxall, A. B. A. (2014): Fate and Uptake of Pharmaceuticals in Soil–Earthworm Systems, Environmental Science & Technology 2014, 48, p. 5955–5963, dx.doi.org/10.1021/es500567w

Carvalho, P. N.; Brix, H.; Almeida, C. M. R. (2014): A review of plant-pharmaceutical interactions: From uptake and effects in crop plants to phytoremediation in constructed wetlands, Environmental Science and Pollution Research, January 2014, doi: 10.1007/s11356-014-2550-3

Centeno, A.; Baeza, P.; Lissarrague, J. R. (2010): Relationship between soil and plant water status in wine grapes under various water deficit regimes, HortTechnology 2010, 20, p. 585–593

Chaboussou, F. (1996) : Pflanzengesundheit und ihre Beeinträchtigung, Stiftung Ökologie & Landbau und C. F. Müller Verlag, Bad Dürkheim–Heidelberg

Chalmers, Y. M. (2007): Influence of sustained deficit irrigation on physiology and phenolic compounds in winegrapes and wine, School of Agriculture and Wine Discipline of Wine and Horticulture, The University of Adelaide, Australia

Charrier, G.; Delzon, S.; Domec, J. C.; Zhang, L.; Delmas, C. E. L.; Merlin, I.; Corso, D.; Ojeda, H.; Ollat, N.; Prieto, J. A.; Scholach, T.; Skinner, P.; Van Leeuwen, K.; Gambetta, G. A. (2018): Drought will not leave your glass empty: Low risk of hydraulic failure revealed by long-term drought observations in world's top wine regions, Science Advances 2018, 4(1), doi: 10.1126/sciadv.aao6969

Chatelet, D. S.; Rost, T. L.; Matthews, M. A.; Shackel, K. A. (2008): The peripheral xylem of grapevine (*Vitis vinifera*) berries. 2. Anatomy and development, Journal of Experimental Botany 2008, 59, p. 1997–2007

Chaves, M. M.; Zarrouk, O.; Francisco, R.; Costa; J. M.; Santos, T.; Regalado, A. P.; Rodrigues, M. L.; Lopes, C. M. (2010): Grapevine under deficit irrigation: hints from physiological and molecular data. Annals of Botany, 105, p. 661–676

Chen, G.; Weil, R. R. (2009): Penetration of cover crop roots through compacted soils, Plant and Soil, 331 (1), p. 31–43

Chouzouri, A.; Schultz, H. R. (2005): Hydraulic anatomy, cavitation susceptibility and gas-exchange of several grapevine cultivars of different geographic origin. Acta Horticulturae, 689, p. 325–331

Christmann, A.; Hoffmann, T.; Teplova, I.; Grill, E.; Müller, A. (2005): Generation of active pools of abscisic acid revealed by in vivo imaging of water-stressed Arabidopsis. Plant Physiology, 137, p. 209–219

Christmann, A.; Weiler, E. W.; Steudle, E.; Grill, E. (2007): A hydraulic signal in root-to-shoot signalling of water shortage. Plant Journal, 52, p. 167–174

Cifre, J.; Bota, J.; Escalona, J. M.; Medrano, H.; Flexas, J. (2005): Physiological tools for irrigation scheduling in grapevine (*Vitis vinifera* L.): An open gate to improve water use efficiency?, Agriculture, Ecosystems & Environment, Vol. 106, Issues 2–3, 2 April 2005, p. 159–170

Comas, L.; H.; Bauerle, T. L.; Eissenstat, D. M. (2010): Root dynamics and function, Australian Journal of Grape and Wine Research, 16, p. 131–137

Combe, B. G. (1960): Relationship of growth and development to changes in sugars, auxins and gibberelins in seeded and seedless varieties of *Vitis vinifera*, Plant. Physiol. 35, p. 241–250

Conesa, M. R.; Dodd, I. C.; Temnani, A.; De la Rosa, J. M.; Pérez-Pastor, A. (2018): Physiological response of post-veraison deficit irrigation strategies and growth patterns of table grapes (cv. Crimson Seedless), Agriculture Water Management 2018, 208, p. 363–372

Coupel-Ledru, A.; Lebon, E.; Christophe, A.; Doligez, A.; Cabrera-Bosquet, L.; Péchier, P.; Hamard, P.; This, P.; Simonneau, T. (2014): Genetic variation in a grapevine progeny (*Vitis vinifera* L. cvs Grenache × Syrah) reveals inconsistencies between maintenance of daytime leaf water potential and response of transpiration rate under drought. Journal of Experimental Botany, 65, p. 6205-6218

Coupel-Ledru, A. (2015): Physiological and genetic determinisms of water use in grapevine. PhD Dissertation, Montpellier SupAgro, Montpellier

Cramer, G. R.; Ergül, A.; Grimplet, J.; Tillett, R. L.; Tattersall, E. A.; Bohlman, M. C.; Vincent, D.; Sonderegger, J.; Evans, J.; Osborne, C.; Quilici, D.; Schlauch, K. A.; Schooley, D. A.; Cushman, J. C. (2007): Water and salinity stress in grapevines: early and late changes in transcript and metabolite profiles. Functional and Integrative Genomics, 7, p. 111–134, doi: 10.1007/s10142-006-0039-y

Cramer, G. R.; Van Sluyter, S. C.; Hopper, D. W.; Pascovici, D.; Keighley, T.; Haynes, P. A. (2013): Proteomic analysis indicates massive changes in metabolism prior to the inhibition of growth and photosynthesis of grapevine (*Vitis vinifera* L.) in response to water deficit. BMC Plant Biology, 13, 49, https://doi.org/10.1186/1471-2229-13-49

Currle, O; Bauer, O.; Hofäcker, W.; Schumann, F.; Frisch, W. (1983): Biologie der Rebe. Meininger Verlag, Neustadt an der Weinstraße

De Beer, D.; Joubert, E. ; Gelderblom, W. C. A.; Manley, M. (2002): Phenolic compounds: A review of their possible role as in vivo antioxidants of wine, S. Afr. J. Enol. Vitic. 23, p. 48–61

Deloire, A. (2003): Grapevine and water: Influence of water deficit on skin phenolic compounds and on sugar loading during berry growth of *Vitis vinifera* L. Consequences for vineyard cultural practices. Proc. 27th SAWWV Congress, November 2003, Somerset West, South Africa

Deluc, L. G.; Quilici, D. R.; Decendit, A.; Grimplet, J.; Wheatley, M. D.; Schlauch, K. A.; Mérillon, J.-M.; Cushman, J. C.; Cramer, G. R. (2009): Water deficit alters differentially metabolic pathways affecting important flavor and quality traits in grape berries of Cabernet Sauvignon and Chardonnay. BMC Genomics, 10, 212, https://doi.org/10.1186/1471-2164-10-212

Deutsches Klima-Konsortium, Deutsche Meteorologische Gesellschaft, Deutscher Wetterdienst (2020): Was wir heute übers Klima wissen, Basisfakten zum Klimawandel, die in der Wissenschaft unumstritten sind, Extremwetterkongress Hamburg, Helmholtz-Klima-Initiative, klimafakten.de

Drew, M. C. (1990): Root function, development, growth and mineral nutrition, in: Lynch, J. M. (ed.): The Rhizosphere, John Wiley & Sons Ltd. England, p. 35–57

Duchêne, E.; Huard, F.; Dumas, V.; Schneider, C.; Merdinoglu, D. (2010): The challenge of adapting grapevine varieties to climate change. Climate Research, 41, p. 193–204

Düring, H. (1976): Untersuchungen zur Umweltabhängigkeit der stomatären Transpiration bei Reben, I. Beleuchtungsstärke und Luftfeuchtigkeit, Vitis 15, S. 82–87

Düring, H. (1979): Wirkungen der Luft- und Bodenfeuchtigkeit auf das vegetative Wachstum und den Wasserhaushalt der Reben, Vitis 18, S. 211–220

Düring, H. (1980): Stomatafrequenz bei Blättern von Vitis-Arten und Sorten, Vitis 19, S. 91–98

Dzionara, K. (2001): Der Garten im alten Ägypten, in: Sakowicz, H., Die Geschichte der Gärten und Parks, Insel Verlag, ISBN 9783458168973

Eder, J. (2004): Woher das Wasser nehmen?, Das Deutsche Weinmagazin 5/6, S. 21–23

Eder, R. (2019): Kellertechnische Aspekte im Hinblick auf den Klimawandel, Arbeitsgemeinschaft für Lebensmittel-, Veterinär- und Agrarwesen (ALVA), Bericht ALVA – Jahrestagung 2019 „Weinbau und Klima“, 74. ALVA-Tagung, HBLAuBA für Wein- und Obstbau, Technikum Klosterneuburg, S. 29–33, ISSN 1606-612X

Eibach, R. (1981): The relationship between gas exchange, yield and must quality of the grape, Diss. Inst. Obstbau Gemüsebau Weinbau, Univ. Hohenheim, 104 pp.

Eibach, R.; Alleweldt, G. (1983): Einfluß der Wasserversorgung auf Wachstum, Gaswechsel und Substanzproduktion traubentragender Reben. I. Das vegetative Wachstum, Vitis 22, S. 231–240

Eibach, R.; Alleweldt, G. (1984): Einfluß der Wasserversorgung auf Wachstum, Gaswechsel und Substanzproduktion traubentragender Reben. II. Der Gaswechsel, Vitis 23, S. 11–20

Eibach, R.; Alleweldt, G. (1985): Einfluß der Wasserversorgung auf Wachstum, Gaswechsel und Substanzproduktion traubentragender Reben. III. Die Substanzproduktion, Vitis 24, S. 183–198

Emde, K. (1992): Experimentelle Untersuchungen zu Oberflächenabfluß und Bodenaustrag in Verbindung mit Starkregen bei verschiedenen Bewirtschaftungssystemen in den Weinbergsarealen des oberen Rheingaus, Diss. Johannes-Gutenberg-Universität, Mainz, Geisenheimer Berichte Band 12

Erlenwein, H. (1964): Einfluß von Klimafaktoren, der Ernährung und des Profppartners auf das Wurzelwachstum von Vitisarten und -sorten, Diss. Universität Bonn

Engineer, C. B.; Ghassemian, M.; Anderson, J. C.; Peck, S. C.; Hu, H.; Schroeder, J. I. (2014): Carbonic anhydrases, EPF2 and a novel protease mediate CO_2 control of stomatal development, Nature, 11. September 2014, 513(7517), p. 246–250, doi:10.1038/nature13452

Eschrich, W. (1995): Funktionelle Pflanzenanatomie, Springer Verlag Berlin-Heidelberg-New York

Esteban, M. A.; Villanueva, M. J.; Lissarrague, J. R. (2001): Effect of irrigation on changes in the anthocyanin composition of the skin of cv Tempranillo (*Vitis vinifera* L.) grape berries during ripening, Journal of the Science of Food and Agriculture, Volume 81, 4, p. 409–420

Eyletters, M.; Bitaud, C.; Benomar, A.; Brou, C.; Mellas, C.; Lannoye, R. (1997): Identification of Fe, Mn and Mg deficiencies by chlorophyll flourescence technique, Proc. First Balkan Botanical Congress

Fellenberg, G. (1985): Ökologische Probleme der Umweltbelastung, Springer Verlag, Berlin

Fereres, E.; Goldhamer, D. A.; Parsons, L. R. (2004): Irrigation water management of horticultural crops, Hortscience 2004, 38, p. 1036–1042

Ferreira, M. I.; Silvestre, J.; Conceição, N.; Malheiro, A. C. (2012): Crop and stress coefficients in rainfed and deficit irrigation vineyards using sap flow techniques, Irrigation Science (2012), 30, p. 433–447, doi 10.1007/s00271-012-0352-2

Flexas, J.; Escalona, J. M.; Medrano, H. (1999): Water stress induces different levels of photosynthesis and electron transport rate regulation in grapevines, Plant, Cell and Environment 22 (1), p. 39–48

Flexas, J.; Escalona, J. M.; Evain, S.; Gul as, J.; Moya, I.; Osmond, C. B.; Medrano, H. (2002): Steady-stade chlorophyll flourescence (Fs) as an indicator of leaf photosynthesis and stomatal conductance under drought conditions, p. 1–4, www.publish.csiro.au/?act=view_file&file_id=SA0403572.pdf

Forneck, A.; Herrera, J. C. (2019): Physiologische Hintergründe und Strategien bei Trockenstress im Weinbau in den „Cool Climates“, Arbeitsgemeinschaft für Lebensmittel-, Veterinär- und Agrarwesen (ALVA), Bericht ALVA – Jahrestagung 2019 „Weinbau und Klima“, 74. ALVA-Tagung, HBLAuBA für Wein- und Obstbau, Technikum Klosterneuburg, S. 34–37, ISSN 1606-612X

Forneck, A.; Herrera, J. C.; Griesser, M.; Dostal, J.; Savoi, S.; Savi, T. (2019): Klimawandel: physiologische Hintergründe & Strategien bei Trockenstress, Fachtag Weinwirtschaft UFT Tulln, 30.1.2019

Foßen, M. (1994): CO_2-Gaswechsel von Wurzeln bei Kernobstsorten und Weinreben, Diss. Universität Bonn

Fox, R. (1998): Begrünungspflege in der Gasse sowie Bewuchslenkung im Unterstockbereich, in: ATW-Arbeitspapier 256 (1998): Gesunder Boden durch Begrünung, Kuratorium für Technik und Bauwesen in der Landwirtschaft (KTBL), S. 89–100

Franks, P. J.; Drake, P. L.; Froend, R. H. (2007): Anisohydric but isohydrodynamic: seasonally constant plant water potential gradient explained by a stomatal control mechanism incorporating variable plant hydraulic conductance. Plant, Cell and Environment, 30, p. 19–30.

Freeman, B. M. (1983): Effects of Irrigation and Pruning of Shiraz Grapevines on Subsequent Red Wine Pigments. Am. J. Enol. Vitic. 34, p. 23–26

Fuchs, D. J. (2016): „Der Durst des Weines“: Zusammenhang zwischen Bodenwasserstatus und Wasserpotential von Weinreben im Kremstal und in der Wachau, Masterarbeit, Universität für Bodenkultur (BOKU), Wien, Universitätsbibliothek URN:
urn:nbn:at:at-ubbw:1-20064, https://permalink.obvsg.at/bok/AC13265249

Füri, J.; Kozma, F. (1977): Der Wasserverbrauch und -bedarf der Reben während der Vegetationsperiode. Wein-Wiss. 32, S. 103–121

Galbignani, M.; Merli, M. C.; Magnanini, E.; Bernizzoni, F.; Talaverano, I.; Gatti, M.; Tombesi, S.; Palliotti, A.; Poni, S. (2015): Gas exchange and water-use efficiency of cv. Sangiovese grafted to rootstocks of varying water-deficit tolerance, Irrigation Science (2016), 34, p. 105–116, doi 10.1007/s00271-016-0490-z

Gambetta, G. A.; Fei, J.; Rost, T. L.; Knipfer, T.; Matthews, M. A.; Shackel, K. A.; Walker, M. A.; McElrone, A. J. (2013): Water uptake along the length of grapevine fine roots: developmental anatomy, tissue-specific aquaporin expression, and pathways of water transport. Plant Physiology, 163, p. 1254–1265

Garcia, J. G.; Martinez-Cutillas, A.; Romera, P. (2012): Financial analysis of wine grape production using regulated deficit irrigation and partial-root zone drying strategies, Irrigation Science (2012), 30, p. 179–188, doi 10.1007/s00271-011-0274-4

Gärtel, W. (1970): Untersuchungen über den Chlorophyllgehalt reifender Weinbeeren, Weinberg und Keller 17, S. 67–78

Geisler, G. (1961 a): Untersuchungen zum Propfeinfluß auf die Transpiration im Zusammenhang mit der Unterlagenzüchtung bei Reben, Der Züchter 31, S. 8–14

Geisler, G. (1961 b): Untersuchungen zur Transpiration, CO_2-Assimilation, Atmung und Blattstruktur an spontanen tetraploiden Mutanten von *Vitis vinifera* im Vergleich zu den diploiden Ausgangsstöcken, Der Züchter 31, S. 98–106

Geisler, G. (1961 c): Transpirationsuntersuchungen an Reben-Arten im Vergleich zu einer Kultursorte, Z. f. Pflanzenzüchtung 44, S. 321–347

Gibberd, M. R.; Walker, R. R.; Blackmore, D. H.; Condon, A. G. (2001):Transpiration efficiency and carbon-isotope discrimination of grapevines grown under well-watered conditions in either glasshouse or vineyard, Austr. J. o. Gr. a. W. Res. 7, p. 110–117

Graham, J. S.; Running, S. W. (1984): Relative control of air temperature and water status on seasonal transpiration of *Pinus contorta*, Can. J. For. Res. 14, p. 833–838

Gratacós, E. G.; Gurovich, L. (2003): Phytomonitoring in Kiwifruit orchards as a plant water status indicator and its use in irrigation scheduling. International Journal of Agriculture and Natural Resources, 30(2), p. 114–138

Greenspan, M. D.; Schultz, H.-R.; Matthews, M. A. (1996): Field evaluation of water transport in grape berries during water deficits. Physiol. Plant. 97, p. 55–62

Griebel, T. (1996): Untersuchung über die Anteile der Transpiration der Rebe und der Evaporation in begrünten Rebbeständen an der Gesamtverdunstung, Diss., Geisenheimer Berichte Nr. 28, Forschungsanstalt Geisenheim, ISBN 3-9803937-8-X

Grimmich, A.; Löhnertz, O.; Muskat, S. (2004): Fertigation im Weinbau – eine Möglichkeit zur Qualitätsverbesserung?, in: KTBL: 7. Intern. ATW-Symposium: Qualitätsmanagement im Obst- und Weinbau, 10.–11. Mai 2004, Stuttgart, 421, S. 143–149; ISBN 3-7843-3-2163-1

Gruber, B. R.; Schultz, H. R.; Steinberg, B. (2004): Bewässerung: Steuerungskonzept zur Beeinflussung der Inhaltsstoffbildung und Sensorik in: Bericht der 40. Weinbau-Tagung, Band 8, Geisenheim

Gutiérrez-Gamboa, G.; Pérez-Donoso, A. G.; Pou-Mir, A.; Acevedo-Opazo, C.; Valdés-Gómez, H. (2018): Hydric behaviour and gas exchange in different grapevine varieties (*Vitis vinifera* L.) from the Maule Valley (Chile), South African Journal of Enology and Viticulture, Vol. 40, No. 2, 2019, https://doi.org/10.21548/42-2-3224

Gutlérrez, S.; Fernández-Novales, J.; Diago, M.-P.; Iñiguez, R.; Tardaguila, J. (2021): Assessing and mapping vineyard water status using a ground mobile thermal imaging platform, Vol.:(0123456789)1 3Irrigation Science (2021) 39:457–468, https://doi.org/10.1007/s00271-021-00735-1

Haas, H. (2005): Mittelalterlicher Weinbau in der „villa Randersacker" und dem südlichen Maindreieck, Verlag Königshausen & Neumann, Würzburg, ISBN 3-8260-3169-5

Hajdu, E. (1999): Die Bedeutung der Dürretoleranz der Rebsorten in trockenen Jahren, Deutsches Weinbau-Jahrbuch, 50, S. 93–98

Harb, J. B.; Keller, M. (2018): Isohydric and anisohydric winegrape varieties and stomatal response to water availability, Viticulture & Enology Program, Washington State University

Harris, J. M.; Kriedemann, P. E.; Possingham, J. V. (1968): Anatomical aspects of grape berry development, Vitis 7, p. 106–119

Hasan, Md M.; Bae, H. (2016): An Overview of Stress-Induced Resveratrol Synthesis in Grapes: Perspectives for Resveratrol-Enriched Grape Products, Molecules Feb. 2017, 22(2): 294, Published online 2017 Feb 14. doi: 10.3390/molecules22020294

Haynes, J. L.; Robbins, W. R. (1948) : Calcium and boron as essential factors in the root environment, J. Amer. Soc. Agron. 40, p. 795–803

Hein, W.; Waschl, H. (2018): Unbekannte Leguminosen: Esparsette, *Galega orientalis* und Andenlupinen – Erste Erfahrungen, Höhere Bundeslehr- und Forschungsanstalt für Landwirtschaft, Raumberg-Gumpenstein, Österreichische Fachtagung für Biologische Landwirtschaft 2018, ISBN 978-3-902849-61-8

Helbig, A. (2003): Niederschlag und Verdunstung im Raum Trier, in: Chmielewski, F.-M.; Foken, Th. (Hrsg.): Beiträge zur Klima- und Meeresforschung, Berlin und Bayreuth, S. 69–77

Hessisches Landesamt für Naturschutz, Umwelt und Geologie, Fachzentrum Klimawandel und Anpassung Hessen (2019): FACE-Experimente: Freiland-CO_2-Anreicherung in Grünland, Weinberg und Gemüsebau

Hirschke, H.; Busch, R. (2003): Bewässerung im ökologischen Gemüse- und Obstbau, Bundesministerium für Verbraucherschutz, Ernährung und Landwirtschaft, AID, Informationsmaterialien über den ökologischen Landbau (Landwirtschaft einschl. Wein-, Obst- und Gemüsebau) für den Unterricht an landwirtschaftlichen Berufs- und Fachschulen

Hochberg, U.; Degu, A.; Rachmilevitch, S. (2013): Near isohydric grapevine cultivar displays higher photosynthetic efficiency and photorespiration rates under drought stress as compared with near anisohydric grapevine cultivar, Physiologia Plantarum, Vol. 147, p. 443–452

Hochberg, U.; Herrera, J. C.; Degu, A.; Castellarin, S. D.; Peterlunger, E.; Alberti, G.; Lazarovitch, N. (2016): Evaporative demand determines the relative transpirational sensitivity of deficit-irrigated grapevines, Irrigation Science (2017), 35, p. 1–9, doi 10.1007/s00271-016-0518-4

Hochberg, U.; Bonel, A. G.; David-Schwartz, R.; Degu, A.; Fait, A.; Cochard, H.; Peterlunger, E.; Herrera, J. C. (2017): Grapevine acclimation to water deficit: the adjustment of stomatal and hydraulic conductance differs from petiole embolism vulnerability, Planta 2017, 245(6), p. 1091-1104, doi: 10.1007/s00425-017-2662-3

Hofäcker, W. (1974) Einfluß von Umweltfaktoren auf Ertrag und Mostqualität der Rebe. Ein Beitrag zur methodischen Ermittlung der optimalen Standortbedingungen im Weinbau, Diss. Universität Hohenheim

Hofer, R.-M. (1991): Root hairs. In: Waisel, Y.; Eshel, A.; Kafkafi, U. (eds.): Plant roots – the hidden half, p. 129–148, New York-Basel-Hongkong (M. Dekker)

Horney, G. (1969): Ein Beitrag zur Frage der Wassererosion im Weinbau, Weinberg und Keller, 16, S. 629–652

Hühn, T. (2003): Freisetzung und Bildung von Aromastoffen aus natürlichen Vorstufen durch Hefen, Diss. Johann-Wolfgang-Goethe Universität, Frankfurt

Hüster, H. (1993): A long-term simulation of the soil water budget in tilled and grass covered vineyards, Wein-Wissenschaft 48, S. 127–129

Hugalde, I.; Vila, H. (2014): Isohydric or anisohydric behaviour in grapevine …, a never-ending controversy?, RIA, Vol. 39, No. 1, https://www.researchgate.net/publication/259851065

Intrigliolo, D. S:; Castel, J. R. (2011): Interactive effects of deficit irrigation and shoot and cluster thinning on grapevine cv. Tempranillo. Water relations, vine performance and berry and wine composition, Irrigation Science (2011), 29, p. 443–454, doi 10.1007/s00271-010-0252-2

Intrieri, C.; Poni, S.; Rebucci, B.; Magnanini, E. (1998): Row orientation effects on whole-canopy gas exchange of potted and field-grown grapevines, Vitis 37, S. 147–154

Intrigliolo, D. S.; Pérez, D.; Risco, D.; Yeves, A.; Castel, J. R. (2012): Yield components and grape composition responses to seasonal water deficits in Tempranillo grapevines, Irrigation Science (2012), 30, p. 339–349, doi 10.1007/s00271-012-0354-0

Jackson, R. S. (2020): Wine Science, Elsevier Academic Press, ISBN: 9780128161180

Jagoutz, H. (2006): Bewässerungsbedarf von Reben in der Vergangenheit und in der Zukunft, Deutsches Weinbau-Jahrbuch 57, S. 43–49

Jensen, A. B.; Busk, P. K.; Figueras, M.; Mar Albà, M.; Petracchia, G.; Messeguer, R.; Goday, A.; Pagès, M. (1996): Drought signal transduction in plants, Plant Growth Regul. 20 p. 105–110

JOANNEUM RESEARCH Forschungsgesellschaft mbH, LIFE – Zentrum für Klima, Energie und Gesellschaft (2018): Klimarisiko Landwirtschaft, Fachtagung am 16. Februar 2018, Tagungsunterlage

Junquera, P.; Lissarrague, J. R.; Jiménez, L.; Linares, R.; Baeza, P. (2012): Long-term effects of different irrigation strategies on yield components, vine vigour, and grape composition in cv. Cabernet-Sauvignon (*Vitis vinifera* L.), Irrigation Science (2012), 30, p. 51–361, doi 10.1007/s00271-012-0348-y

Kahnt, G. (1995): Minimalbodenbearbeitung, Ulmer Verlag, Stuttgart, ISBN 3-8001-3068-8

Kausch, W.; Ehrig, H. (1959): Beziehungen zwischen Transpiration und Wurzelwerk, Planta 53, S. 434–448

Kiefer, W.; Weber, M. (1986): Einfluss unterschiedlicher Standweiten auf die Ausbreitung der Rebwurzeln, Wein-Wissenschaft, 41, S. 404–412

Kiefer, W.; Schultz, H.-R. (1986): Anbautechnik im integrierten Anbau, in: KTBL-Schrift 310, Qualitätsbewußter und ökologisch orientierter Weinbau, S. 87–105

Kolb, W.; Mansourie, P. (1985) : Erschließungswege in Weinbergen – Versickerung von Oberflächenwasser, Der Deutsche Weinbau, 4, S. 158–160

Konukcu, F.; Gowing, J.W.; Rose, D.A. Dry drainage: A sustainable solution to waterlogging and salinity problems in irrigation areas?, Agriculture Water Management 2006, 83, p. 1–12, doi:10.1016/j.agwat.2005.09.003

Kopyt, M.; Ton, Y. (2005): Chardonnay trunk diameter growth and microvariations: four-year trial results and outlook for irrigation control. The Australian & New Zealand Grapegrower and Winemaker, (493), p. 23–25

Korkutal, I.; Carbonneau, A.; Bahar, E. (2011): Effects of early water stress levels on berry set and berry development in Merlot cv. (*Vitis vinifera* L.), African Journal of Biotechnology Vol. 10(71), p. 15921–15932

Kramer, P. J. (1983): Water relations of plants, New-York-London (Academic Press)

Krato, Th. (2012): Identifizierung und Quantifizierung von Trockenstressreaktionen an ausgewählten Zierpflanzenkulturen, Diss., Fakultät Agrarwissenschaften, Institut für Kulturpflanzenwissenschaften, Universität Hohenheim

Kriebitzsch, W.-U. (1985): Über den H_2O-Gaswechsel von *Mercurialis perennis* im submontanen Kalkbuchenwald., II. Der Jahresgang der Transpiration in Abhängigkeit von steuernden Parametern, Flora 177, 351–368

Kriedemann, P. E. (1968): Observation on gas exchange in the developing Sultana berry, Austral. J. Biol. Sci. 21, p. 907–916

Kriedemann, P. E.; Smart, R. E. (1971): Effects of irradiance, temperature, and leaf water potential on photosynthesis of vine leaves, Photosynthetica 5, S. 6–15

Krug, H.; Sourell, H. (1991): Bewässerung, in: Krug, H. (1991): Gemüseproduktion, Paul Parey Verlag, 2. Aufl., Berlin-Hamburg

Krüger, N.; Beyer, M.; Feldmann, F. (2020): Two water worlds: Mykorrhiza und ökohydrologische Separation, TU Braunschweig und Julius Kühn-Institut, Braunschweig

Krüger, N. (2020): Ökohydrologische Separation: Pflanzen als Transportmedium zwischen Boden und Atmosphäre (in Verbindung mit arbuskulären Mykorrhizen), Bachelorarbeit, Technische Universität Braunschweig, Institut für Geoökologie, https://doi.org/10.24355/dbbs.084-202011161431-0

Krumbiegel, A.; Kästner, A. (1993): Sekundäres Dickenwachstum von Sproß und Wurzel bei annuellen Dicotylen, Biosystematics and Ecology Series No. 4, Verlag der Österreichischen Akademie der Wissenschaften, herausgegeben von Wilfried Morawetz, Forschungsstelle für Biosystematik und Ökologie, A-1030 Wien, Kegelgasse 27/2, Austria, ISBN 3-7001-2116-4

Kumar, D. S.; Sharma, R.; Brar, A. S. (2021): Optimising drip irrigation and fertigation schedules for higher crop and water productivity of oilseed rape (*Brassica napus* L.), Irrigation Science (2021) 39, p. 535–548, https://doi.org/10.1007/s00271-020-00714-y

Kustas, W. P.; Alfieri, J. G.; Nieto, H.; Wilson, T. G.; gao, F.; Anderson, M. C.

(2019): Utility of the two-source energy balance (TSEB) model in vine and interrow flux partitioning over the growing season, Irrigation Science (2019) 37:375–388, https://doi.org/10.1007/s00271-018-0586-8

Kustas, W. P.; Agam, N.; Alfieri, J. G.; McKee, L. G.; Prueger, J.H.; Hipps, L. E.; Howard, A. M.; Heltman, J. L. (2019): Below canopy radiation divergence in a vineyard: implications on interrow surface energy balance, Irrigation Science (2019), 37, p. 227–237, https://doi.org/10.1007/s00271-018-0601-0

Lang, C. P.; Merkt, N.; Geilfus, Ch.-M.; Graeff-Hönninger, S.; Simon, J.; Rennenberg, H.; Zörb, Ch. (2019): Interaction between grapevines and trees: effects on water relations, nitrogen nutrition, and wine, Archives of Agronomy and Soil Science, 65, 2., S. 224–239, https://dx.doi.org/10.1080/03650340.2018.1493197

Larcher, W. (2001): Ökophysiologie der Pflanzen, Ulmer Verlag, Stuttgart, 6. Auflage

Larqué-Saavedra, A. (1978) : The antitranspirant effect of acethylsalicyl acid on *Phaseolus vulgaris*, Physiol. Plant. 43, 126–128

Lavoie-Lamoureux, A.; Sacco, D.; Risse, P.-A.; Lovisolo, C. (2017): Factors influencing stomatal conductance in response to water availability in grapevine: a meta-analysis, Physiologia Plantarum, Vol. 159, p. 468-482, https://doi.org/10.1111/ppl.12530

Leake, J. R.; Johnson, D.; Donnelly, D. P.; Muckle, G. E.; Boddy, L.; Read, D. J. (2004): Networks of power and influence: the role of mycorrhizal mycelium in controlling plant communities and agroecosystem functioning, Canadian Journal of Botany, 82, p. 1016–1045, doi:10.1139/B04-060

Levin, A. D.; Williams, L. E.; Matthews, M. A. (2019): A continuum of stomatal responses to water deficits among 17 wine grape cultivars (*Vitis vinifera*), Functional Plant Biology, https://doi.org/10.1071/FP19073

Lilienthal, H.; Schnug, E. (2008): Hochwasserschutz durch ökologische Bodenbewirtschaftung. Klimawandel und Ökolandbau, KTBL-Schrift 472, S. 123–130

Liu, W. T.; Wenkert, W.; Allen L. H. jr. (1978): Soil-plant water relations in a New York vineyard: Resistances to water movement, J. Amer. Soc. Hort. Sci. 103, pp. 226–230

Lobos, T. E.; Retamales, J. B.; Ortega-Farias, S.; Hanson, E. J.; López-Olivari, R.; Mora, M. L. (2018): Regulated deficit irrigation effects on physiological parameters, yield, fruit quality and antioxidants of *Vaccinium corymbosum* plants cv. Brigitta, Irrigation Science (2018), 36, p. 49–60, doi 10.1007/s00271-017-0564-6

Lopes, C.; Monteiro, A.; Rückert, F. E.; Gruber, B.; Steinberg, B.; Schultz, H. R. (2004): Transpiration of grapevines and co-habitating cover crop and weed species in a vineyard. A „snapshot“ at diurnal trends, Vitis 43 (3), S. 111–117

Löhnertz, O. (1988): Untersuchungen zum zeitlichen Verlauf der Nährstoffaufnahme bei *Vitis vinifera* (c. v. Riesling), Dissertation, Justus-Liebig-Universität Gießen

Löpmeier, F.-J. (2003): Das Trockenjahr 2003 aus agrarmeteorologischer Sicht, Deutscher Wetterdienst, Klimastatusbericht, S. 163–169

Lösch, R. (1977): Responses of stomata to environmental factors – Experiments with isolated epidermal strips of *Polypodium vulgare*. I. Temperature and humidity, Oecologia 29, 85–97

Lösch, R. (1978): Veränderungen im stomatären Kaliumgehalt bei Änderung von Luftfeuchte und Umgebungstemperatur, Ber. Deutsch. Bot. Ges. 91, 645–656

Lösch, R. (1979): Responses of stomata to environmental factors – Experiments with isolated epidermal strips of *Polypodium vulgare*. II. Leaf bulk water potential, air humidity, and temperature, Oecologia 39, 229–238

Lovisolo, C.; Perrone, I.; Hartung, W.; Schubert, A. (2008): An abscisic acid-related reduced transpiration promotes gradual embolism repair when grapevines are rehydrated after drought. New Phytolologist, 180(3), p. 642–651, doi:10.1111/j.1469-8137.2008.02592.x

Maaß, U.; Schwab, A. (2011): Klimawandel und Sortenwahl, Der Huglin-Index und der Wärmeanspruch von Rebsorten, Das deutsche Weinmagazin 10/2011

Mäder, P.; Fließbach, A.; Dubois, D.; Gunst, L.; Fried, P.; Niggli, U. (2002): Bodenfruchtbarkeit und ökologische Vielfalt im ökologischen Landbau, Ökologie & Landbau124, 4, S. 12–16

Majernik, O.; Mansfield, T. A. (1970): Direct effects of SO_2 pollution on the degree of opening of stomata, Nature 227, 377–378

Majernik, O.; Mansfield, T. A. (1971): Effects of SO_2 pollution on stomatal movements in *Vicia faba*, Phytopathol. Zeitschr. 71, 123–128

Materechera, S. A.; Dexter, A. R.; Alston, A. M. (1991): Penetration of very strong soils by seedling roots of different plant species, Plant and Soil, 135, p. 31–41

Matthews, M. A.; Anderson, M. M. (1988): Fruit ripening in *Vitis vinifera* L.: Responses to seasonal water deficits, Am. J. Enol. Vitic. 39, S. 313–320

Matthews, M. A.; Nuzzo, V. (2007): Berry size and yield paradigms on grapes and wines quality, Acta Horticulturae 2007, 754, p. 423–435

McKenzie, B. M.; Dexter, A. R. (1988): Radial pressures generated by the earthworm *Aporrectodea rosea*, Biology and Fertility of Soils, 5, p. 328–332

McKersie, B. D.; Leshem, Y. Y. (1994): Stress and stress coping in cultivated plants. Dordrecht (Kluv.)

McCarthy, M. G.; Coombe, B. G. (1985): Water status and winegrape quality. 1st Intern. Symposium on Water Relations in Fruit Crops, Pisa Acta Horticulturae 171, pp. 447–456

McClymont, L.; Goodwin, I.; Mazza, M.; Baker, N.; Lanyon, D. M.; Zerihun, A.; Chandra, S.; Downey, M. O. (2012): Effect of site-specific irrigation management on grapevine yield and fruit quality attributes, Irrigation Science (2012), 30, p. 461–470, doi 10.1007/s00271-012-0376-7

Medrano, H.; Bota, J.; Escalona, J. M.; Flexas, J. (2003): A ten-year study on the physiology of two Spanish grapevine cultivars under field conditions: Effects of water availability from leaf photosynthesis to grape yield and quality, Functional Plant Biology, 30 (6), p. 607–619

Mengel, K. (1991): Ernährung und Stoffwechsel der Pflanze, Gustav Fischer Verlag, Jena, ISBN 3-334-00310-8

Meurs, C.; Basra, A. S.; Karssen, C. M.; van Loon, L. C. (1992): Role of abscisic acid in the induction of desiccation tolerance in developing seeds of *Arabidopsis thaliana*, Plant Physiol. 98, pp. 1484–1493

Mohr, H. (1996): Verteilung und Mykorrhizierung von Rebwurzeln bei unterschiedlicher Bodenpflege, Obstbau – Weinbau, Mitteilungen des Südtiroler Beratungsringes, Bozen, 33 (7–8), S. 204–205

Mohr, H. D. (1978): Die Durchwurzelung von Böden in Abhängigkeit von wichtigen Bodeneigenschaften, Kali-Briefe (Bütenhof) 14 (2), S. 103–113

Mohr, H. D. (1996): Verteilung der Mykorrhizierung von Rebwurzeln bei unterschiedlicher Bodenpflege, XI. Kolloquium Internationaler Arbeitskreis Begrünung im Weinbau, 28.–31. August, Kaltern–Südtirol

Moratiel, R.; Martinez-Cob, A: (2012): Evapotranspiration of grapevine trained to a gable trellis system under netting and black plastic mulching, Irrigation Science (2012), 30, p. 167–178, doi 10.1007/s00271-011-0275-3

Morison, J. I. L. (1987): Intercellular CO_2 concentration and stomatal response to CO_2, in: Zeiger, E.; Farquhar, G. D.; Cowan, I. R. (eds.): Stomatal Function, Stanford, pp. 229–252

Mosch, G.; Bäcker, G. (2001): DLG-Prüfbericht 4943, Deutsche Landwirtschafts-Gesellschaft e. V., Groß-Umstadt

Mosch, G.; Bäcker, G. (2001): DLG-Prüfbericht 5125, Deutsche Landwirtschafts-Gesellschaft e. V., Groß-Umstadt

Mosch, G.; Bäcker, G. (2001): DLG-Prüfbericht 4944, Deutsche Landwirtschafts-Gesellschaft e. V., Groß-Umstadt

Mossad, A.; Scalisi, A.; Lo Bianco, R. (2018): Growth and water relations of field-grown 'Valencia' orange trees under long-term partial rootzone drying, Irrigation Science (2018), 36, p. 9–24, doi 10.1007/s00271-017-0562-8

Mullet, J. E.; Whitsitt, M. S. (1996): Plant cellular responses to water deficit. Plant Growth Regul. 20, pp. 119–124

Mullins, M. G.; Bouquet, A.; Williams, L. E., (1992): Biology of the Grapewine. Cambridge University Press, Cambridge

Munitz, S.; Netzer, Y.; Schwarz, A. (2016): Sustained and regulated deficit irrigation of field-grown Merlot grapevines, Australian Journal of Grape and Wine Research 2016, Australian Society of Viticulture and Oenology Inc., doi: 10.1111/ajgw.12241

Mutschmann, J. (2002): Taschenbuch der Wasserversorgung, 13. Aufl., Vieweg Verlag, Braunschweig-Wiesbaden

Naef, A. (1994): Bewässerung von hochalpinen Trockengebieten im Wallis, in: Historische Wasserwirtschaft im Alpenraum und an der Donau, Deutscher Verband für Wasserwirtschaft und Kulturbau e. V. (Hrsg.), Verlag Konrad Wittwer, Stuttgart, ISBN 3-87919-174-3

Netafim Deutschland GmbH (2004): The Wine line – Kontrollierte Bewässerung für optimales Weinrebenwachstum und Weinrebenqualität, (unveröffentlicht)

Netzer, Y.; Shenker, M. Schwartz, A. (2013): Effects of irrigation using treated wastewater on table grape vineyards: dynamics of sodium accumulation in soil and plant, Irrigation Science (2014), 32, p. 283–294, doi 10.1007/s00271-014-0430-8

Niewind, Jens (2021): Vulnerabilitätsstudie: Klimawandel und Weinbau an der Mittelmosel, Mosel-AdapTiV Ergebnisbericht 2. Governance and Sustainability Lab. Universität Trier, Trier, https://doi.org/10.25353/ubtr-xxxx-5e14-6f3d

Ojeda, H.; Deloire, A.; Carbonneau, A. (2001) : Influence of water deficits on grape berry growth, Vitis 40, S. 141–145

Pagay, V. (2021): Evaluating a novel microtensiometer for continuous trunk water potential measurements in field-grown irrigated grapevines, Irrigation Science, https://doi.org/10.1007/s00271-021-00758-8

Parry, Ch. K.; Shapland, Th. M.; Williams, L. E.; Calderon-Orellana, A.; Snyder, R. L.; Paw, K. T.; McElrone, A. J. (2019): Comparison of a stand-alone surface renewal method to weighing lysimetry and eddy covariance for determining vineyard evapotranspiration and vine water stress, Irrigation Science (2019), 37, p. 737–749, https://doi.org/10.1007/s00271-019-00626-6

Patakas, A.; Noitsakis, B.; Stavrakas, D. (1997): Adaptation of leaves of "*Vitis vinifera*" L. to seasonal drought as affected by leaf age, Vitis 36, S. 11–14

Patakas, A.; Noitsakis, B.; Chouzouri, A. (2005): Optimization of irrigation water use in grapevines using the relationship between transpiration and plant water status, Agriculture, Ecosystems and Environment, 106, p. 253–259

Patzwahl, W. (1999): Materialintensitätsanalyse für die Traubenerzeugung anhand eines Modellbetriebs, Diss. Justus-Liebig-Universität Gießen, Wissenschaftlicher Fachverlag Dr. Fleck, Niederkleen, ISBN 3-933303-03-6

Patzwahl, W. (2004): Vom Winzer zum Wasserwirt, Das Deutsche Weinmagazin (9–10), S. 16–18

Patzwahl, W.; Lanz, S. (2005): Detektion und Quantifizierung von Trockenstress bei Reben mittels Floureszenzmessungen, Deutsches Weinbau-Jahrbuch (56. Jahrgang), Ulmer Verlag, S. 26–33

Patzwahl, W. (2007): Bewässerung im Weinbau, Ulmer Verlag, ISBN 978-3-8001-4944-5

Patzwahl, W. (2009): Ökologische Aspekte der Bewässerung im Weinbau, S.146-152, (Hrsg.) Schultz, R.; Stoll, M., Ulmer Verlag, ISBN 978-38001-5673-3

Patzwahl, W. (2012): Vom Winzer zum Wasserwirt – zukunftsweisendes Wassermanagementsystem am Volkacher Kirchberg, Rundschreiben Weinbauring Franken 06/2012, S. 6–7

Patzwahl, W. (2016): Weinbau – Klimawandel erfordert Anpassungskonzepte, Naturland Nachrichten – Fachinformationen für den Öko-Landbau, 01/2016, S. 37–38

Patzwahl, W. (2016): Wassersparendes Bodenpflegesystem durch flexibles Begrünungsmanagement, Naturland Nachrichten – Fachinformationen für den Öko-Landbau, 05/2016, S. 28–29

Patzwahl, W.; Hermann, J. V.; Gilge, U.; Gessner, M.; Adelhardt, M.; Huth, R.; Haller, B.; Pyka, W. (2016) Klimawandel schreitet fort und erfordert dringend großflächige Anpassung der Bewirtschaftungssysteme im Weinberg, Deutsches Weinbau Jahrbuch 2016, S. 85–95, (Hrsg.) Schultz, R.; Stoll, M., Ulmer Verlag, ISBN 978-38001-0318-8

Patzwahl, W. (2016): Wassersparendes Bodenpflegesystem durch flexibles Begrünungsmanagement, Naturland Nachrichten – Fachinformationen für den Öko-Landbau, 05/2016, S. 28–29

Patzwahl, W. (2018): Das VINAQUA-Wassermanagementsystem, Arbeitstagung des Juliusspital Würzburg (Bereich Weingut) in Volkach am 13.12.2018

Patzwahl, W. (2020): Ansätze für den Umgang mit Wassermangel in der Landnutzung, Sächsische Landesstiftung Natur und Umwelt, Fachtagung zum Schutz der Flussperlmuschel am 07. Oktober 2020

Patzwahl, W. (2019): Klimawandel und mögliche Anpassungsstrategien – Wasser im Boden und in der Rebe – Lösung Bewässerung?, Bioland-Praktikertag am 16.11.2020

Patzwahl, W. (2021): Gemeinschaftliche Bewässerungskonzepte – Ansätze für den Umgang mit Wassermangel in der Landnutzung, Webinar der Landtagsfraktion Bündnis90/Die Grünen am 16. Juni 2021

Patzwahl, W. (2021): Klimawandel und mögliche Anpassungsstrategien – Wasser im Boden und in der Rebe – Lösung Bewässerung?, Arbeitskreis „Weinbau und Umwelt“ des Deutschen Weinbauverband e. V. am 25. August 2021

Papilloud, J.-H. (2000) : Das Epos der Suonen, in: Die Suonen des Wallis, Rotten Verlag, Schweiz, ISBN 2-907816-55-2

Pantanelli, E. (1921): Contribution à la biologie du miliou de la Vigne, Prog. Agric. Et vitic., LXXV, 87, III, 161

Pearson, M.; Mansfield, T. A. (1993): Interacting effects of ozone and water stress on the atomatal resistance of beech (*Fagus sylvatica* L.), New Phytol. 123, 351–358

Pemadasa, M. A. (1977): Stomatal responses to high temperature in darkness, Ann. Bot. 41, 969–976

Pereira, J. S.; Kozlowski, T. T. (1977): Variation among woody angiosperms in response to flooding. Physiol. Plant. 41, pp. 167–234

Perkons, U. K. (2018): Bioporengenese durch homo- und allorhize Kulturpflanzen: Einfluss auf das Wurzelwachstum der Nachfrüchte, Diss., Institut für organischen Landbau, Fakultät Landwirtschaft, Rheinische Friedrich-Wilhelms-Universität Bonn

Perrone, I.; Gambino, G.; Chitarra, W.; Vitali, M.; Pagliarani, C.; Riccomagno, N.; Balestrini, R.; Kaldenhoff, R.; Uehlein, N.; Gribaudo, I.; Schubert, A.; Lovisolo, C. (2012): The grapevine root-Specific Aquaporin VvPIP2; 4N controls root hydraulic conductance and leaf gas exchange under well-watered conditions but not under water stress, Plant Physiology 2012, 160(2), p. 965–977

Peternel, M. (1977): Alginure als Bodenfestiger, Der Deutsche Weinbau, 15, S. 577–579

Peternel, M.; Schwab, A. (2004): Nährstoffaustrag aus Weinbergsböden, Rebe & Wein 1, S. 27–30

Peterson, R. L.; Farquhar, M. L. (1996): Root heirs: Specialized tubular cells extending root surfaces, Bot. Rev. 62, 1–40

Petgen, M. (2015): Zur Biologie der Rebe: Was passiert bei Wasserstress?, Seminar „Wasser im Weinberg“ am 28.07.2015 am DLR Rheinpfalz

Petroll, G.; Raifer, B. (2011): Bewässerungssteuerung im Weinbau, Obstbau – Weinbau, 5, S. 168–172

Pitts, D. j.; Bianchi, M. L.; Peterson, K. S. (1995): Irrigation sheduling of Wine Grapes under Conditions of limited Canopy, Proceedings of the annual meeting of the Florida State Horticultural Society, 108, pp. 329–333

Poni, S.; Bernizzoni, F.; Civardi, S.; Gatti, M.; Porro, D.; Camin, F. (2009): Performance and water use efficiency (single-leaf vs. whole-canopy) of well-watered and half-stressed split-root Lambrusco grapevines grown in Po Valley (Italy), Agriculture Ecosystems & Environment 2009, 129, p. 97–106

Pou, A.; Medrano, H.; Tomàs, M.; Martorell, S.; Ribas-Carbó, M.; Flexas, J. (2016): Anisohydric behaviour in grapevines results in better performance under moderate water stress and recovery than isohydric behaviour, Plant and Soil, ISSN 0032-079X, doi10.1007/s11104-012-1206-7

Pour Nikfardjam, M. (2001): Polyphenole in Weissweinen und Traubensäften und ihre Veränderung im Verlauf der Herstellung, Dissertation, Justus-Liebig-Universität Gießen

Prichard, T. L.; Verdegaal, P. S. (2001): Effects of Water Deficits Upon Winegrape Yield and Quality. Web-Site: Department of Land, Air and Water Resources, University of California

Raifer, B. (2019): Chancen und Herausforderungen des Klimawandels für den

Weinbau; Arbeitsgemeinschaft für Lebensmittel-, Veterinär- und Agrarwesen (ALVA), Bericht ALVA – Jahrestagung 2019 „Weinbau und Klima", 74. ALVA-Tagung, Höhere Bundeslehranstalt und Bundesamt (HBLAuBA) für Wein- und Obstbau, Technikum Klosterneuburg, S. 38–41, ISSN 1606-612X

Rana, G.; Ferrara, R. M.; Cona, F.; de Lorenzi, F. (2021): Actual transpiration and canopy resistance in a Mediterranean vineyard irrigated with saline water, Irrigation Science (2021), 39, p. 469–481, https://doi.org/10.1007/s00271-021-00723-5

Rebholz, F. (2004 a): Technik der Bewässerung, in: Bewässerung, Planung & Umsetzung: Was ist zu beachten?, Tipps für die Praxis, Der Deutsche Weinbau, Meininger Verlag, Neustadt/Weinstraße

Rebholz, F. (2004 b): Lohnt sich die Installation einer Tröpfchenbewässerungsanlage, in: Bewässerung, Planung & Umsetzung: Was ist zu beachten?, Tipps für die Praxis, Der Deutsche Weinbau, Meininger Verlag, Neustadt/Weinstraße

Redl, H. (1984): Das Wasserpotenzial von Blättern der Rebsorten Grüner Veltliner und Rheinriesling und mögliche Beziehungen zur Stiellähme der Weintrauben. Die Bodenkultur, 35, 127–138

Redl, H. (1984): Der Einfluß der Erziehungshöhe auf das Blattwasserpotenzial bei der Rebsorte Grüner Veltliner. Mitt. Klosterneuburg, 34, 47–50

Redl, H. (1984): Orientierende Untersuchungen über das Wasserpotenzial von gesunden und stiellahmen Trauben. Der Winzer, 40, 7, 13–15

Redl, H. (2004): Tropfbewässerung im Weinbau – Mehrjährige Erfahrungen in Niederösterreich (bei Weißweinsorten) und im Burgenland (bei Rotweinsorten). In: KTBL: 7. Intern. ATW-Symposium: Qualitätsmanagement im Obst- und Weinbau, 10.–11. Mai 2004, Stuttgart, 421, S. 132–142; ISBN 3-7843-3-2163-1

Reimers, H.; Steinberg, B.; Kiefer, W. (1994): Ergebnisse von Wurzeluntersuchungen an Reben bei offenem und begrüntem Boden, Wein-Wissenschaft, 49, S. 136–145

Reuther, H.; Rebholz, F.; Ziegler, B.; Eder, J.; Simonis, A.; Treis, F.; Rupp, D.; Prior, B.; Balmer, M. (2004): Bewässerung, Meininger Verlag, Neustadt Weinstraße, ISBN 3-87524-152-5

Reynolds, A. G.; Baker, L.; Zhang, L.; Jasinski, M.; Di Profio, F.; Kogel, S.; Pickering, G. (2017): Impacts of natural yield variances on wine composition and sensory attributes of *Vitis vinifera* cvs. Riesling and Cabernet franc, Canadian Journal of Plant Science 27 March 2018, https://doi.org/10.1139/cjps-2017-0190

Rhodes, M. J. C. (1998): Physiological roles of phenolic compounds in plants and their interaction with microorganisms and humans, in: Vercauteren, J.; Cheze, C., and Triaud, J. (Eds.): Polyphenols 96, Bordeaux, July 15–18, Editions INRA, Paris, 12–30

Richter, G. (1998): Bodenerosion – Analyse und Bilanz eines Umweltproblems, Wissenschaftliche Buchgesellschaft, Darmstadt

Riedel, M.; Schies, W. (2004): Bewässerung im Weinbau, Landinfo 5, S. 21–25

Ripl, W.; Hildmann, C. (1995): Wasserhaushalt und Basenverluste aus der Landschaft: Ein zentrales ökologisches Problem, in: Altner, G., Mettler-Meibom, B., Simonis, U. E., von Weizsäcker, E. U. (Hg.): Jahrbuch Ökologie, 129–138, München

Ripl, W.; Splechtna, K.; Brande, A.; Wolter, K. D.; Janssen, T.; Ripl jun., W.; Ohmeyer, C. (2004): Funktionale Landschaftsanalyse im Albert Rothschild Wildnisgebiet Rothwald, Endbericht, Jänner 2004, im Auftrag des Vereins zur Förderung der Landentwicklung und intakter Lebensräume (LIL)

Ripl, W.; Trillitzsch, F.; Backhaus, R.; Blume, H.-P.; Widmoser, P.; Janssen, Th.; Hildmann, Ch.; Otto, I. (2008): Entwicklung eines Land-Gewässer Bewirtschaftungskonzeptes zur Senkung von Stoffverlusten an Gewässer (Stör-Projekt I und II) im Auftrag des Bundesministeriums für Bildung, Wissenschaft, Forschung und Technologie (BMBF) und des Landesamtes für Wasserhaushalt und Küsten Schleswig-Holstein, Förderkennzeichen: 0339310A und 0339538, Endbericht, (Redaktionelle Überarbeitung 2008)

Rogasik, J.; Lilienthal, H.; Schnug, E. (200%: Versuch macht klug – Dauerversuch macht klüger!, Forschungsreport 2/2005, Bundesministerium für Verbraucherschutz, Ernährung und Landwirtschaft, S. 14–17

Rogers, C. A.; Powell, R. D.; Sharpe, P. L. H. (1979): Relationship of temperature to stomatal aperture and potassium accumulation in guard cells of *Vicia faba*, Plant. Physiol. 63, 388–391

Ruffner, H. P. (1997): Zuckerakkumulation in Trauben – eine neue Hypothese, Schweizerische Zeitschrift für Obst- und Weinbau, 133 (9), S. 222

Rühl, E.-H. (1981): Einfluß der Wasserversorgung auf Photosynthese, Transpiration und vegetatives Wachstum verschiedener Rebsorten, Diss. Universität Hohenheim

Ruehl, E.; Savelkouls, J. (1986): Einfluss der Wasserversorgung auf die Trockensubstanzproduktion, den Wasserverbrauch und den Transpirationskoeffizienten verschiedener Rebsorten, Wein-Wissenschaft 41, S. 3–13

Rupp, D. (2002): Bewässerung im Weinbau gezielt einsetzen. Rebe und Wein 8: 29–30

Rupp, D. (2004): Qualitätssicherung durch gezielte Bewässerung – Einsatzplanung per Internet, in: Reuther, H.; Rebholz, F.; Ziegler, B.; Eder, J.; Simonis, A.; Treis, F.; Rupp, D.; Prior, B.; Balmer, M. (2004): Bewässerung, Meininger Verlag, Neustadt Weinstraße, ISBN 3-87524-152-5

Rupp, D. (2019): Die Böden im Klimawandel – Gefährdungen und Gegenmaßnahmen, AgriAdapt am 18./19.11.201, Staatliche Lehr- und Versuchsanstalt für Wein- und Obstbau, Weinsberg

Saayman, D.; Van Hyssteen, L. (1980): Soil Preparation Studies: I. The Effect of Depth and Method of Soil Preparation and of Organic Material on the performance of *Vitis vinifera* (var. Chenin Blanc) on Hutton/Sterksspruit Soil, S. Afr. J. Enol. Vitic. 1 (2), pp. 107–116

Saidov, M. Yu.; Rakhmanina, K. P.; Saifullaev, T. Kh. (1989): Grapevine water consumption according to the mode of irrigation, Izvestiya Akademii Nauk Tadzhiskoi SSR, Otdelenie Biologicheskikh Nauk (114), 54–57

Santos, T. P.; Lopes, C. M.; Rodrigues, M. L.; de Souza, C. R.; Ricardo-da-Silva, J. M.; Maroco, J. P.; Pereira, J. S.; Chaves, M. M. (2007): Effects of deficit irrigation strategies on cluster microclimate for improving fruit composition of Moscatel field-grown grapevines, Scientia Horticulturae 2007, 112, p. 321–330

Schaller, K.; Jagoutz, H.; Berthold, G.; Emde, K.; Löhnertz, O.; Hoppmann, D. (1994): Bewirtschaftungssysteme und Nitratbildung in Rebflächen Teil I und II, Geisenheimer Berichte 16 a, b

Schanderl, H. (1930): Untersuchungen über die Photosynthese einiger Rebsorten, speziell des Rieslings, unter natürlichen Verhältnissen, Wiss. Arch. Landwirtsch., Abt. A., Pflanzenbau, 3, 529–560

Schanderl, H. (1956): Untersuchungen über die Geschwindigkeit des Transpirationsstromes in den jüngsten Gefäßen der Reben, Mitt. Klosterneuburg 6, S. 269–286

Scheffer, F.; Schachtschabel, P. (2002): Lehrbuch der Bodenkunde, Spektrum Akademischer Verlag GmbH, Heidelberg–Berlin

Schmid, J. (1997): Xylemflußmessungen an Reben, Diss. Friedrich-Wilhelms-Universität, Bonn, Geisenheimer Berichte, Band 33

Schmid, E.-A. (2010): Ultraschallemissionen als Wasserstress-Signale an gärtnerischen Kulturpflanzen, Diss., Institut für Pflanzenbau und Pflanzenzüchtung, Justus-Liebig-Universität Gießen

Schönwiese, C. D.; Bader, S.; Böhm, R.; Claussen, M.; Cubasch, U.; Fischer, H.; Gärtner, H.; Graßl, H.; Rahmstorf, S.; Sündermann, J.; Kromp-Kolb, H.; Richner, H. (2003): Klimastatement, Deutsche Meteorologische Gesellschaft (DMG), Österreichische Gesellschaft für Meteorologie (ÖGM), Schweizerische Gesellschaft für Meteorologie (SGM)

Schreiber, A. T. (2001): Reaktionen der Rebe auf Wasser-, Stickstoffstress und Begrünung. Verlag Grauer, Beuren, Stuttgart

Schwab, A., Peternel, M., Köhler, J., Heigel, K.-P. (1996): Die Untypische Alterungsnote im Wein, IV: Beeinflussung durch weinbauliche Maßnahmen, Rebe & Wein, 6, S. 181–187

Schwab, A. L.; Peternel, M. (1997): Untersuchung der Auswirkungen einer langjährigen Dauerbegrünung auf die Most- und Weinqualität unter fränkischen Boden- und Klimaverhältnissen Wein-Wissenschaft 52 (1), S. 20–26

Schwab, A. L.; Christoph, N.; Köhler, H. J.; Geßner, M.; Simat, T. (1999): Einfluß weinbaulicher Maßnahmen auf die Ausprägung der Untypischen Alterungsnote bei Weißweinen, Teil 1: Einfluß des Lesezeitpunktes, Wein-Wissenschaft, 54 (4), S. 114–120

Schwab, A. et.al. (1996): Die Untypische Alterungsnote im Wein, Rebe und Wein 6: 181–187

Schwab, A.; Schickler, J. (2012): Mehr Humus durchs Grün, Einfluss von Begrünungen auf den Rebstock, Rebe & Wein, 8, S. 16–18

Schwappach, P. (2012): „Frostabwehr im Weinbau“, Vortrag am 21. November 2012, https://hagel.at/site/files/Frostabwehr_im_Weinbau.pdf

Schultz, H.-R. (1998): Der Wasserhaushalt der Rebe, Obstbau-Weinbau, Fachblatt des Südtiroler Beratungsringes 35, S. 339–341

Schultz, H.-R.; Steinberg, B., (2002 a): Wasserhaushalt der Rebe und Möglichkeiten der Tropfbewässerung, Teil 1. Das deutsche Weinmagazin 21: 30–35

Schultz, H.-R.; Steinberg, B., (2002 b): Wasserhaushalt der Rebe und Möglichkeiten der Tropfbewässerung, Teil 2. Das deutsche Weinmagazin 22: 16–21

Schultz, H.-R. (2004): Möglichkeiten und Ergebnisse der Bewässerung in Steillagen, Steillagenforum in Bernkastel-Kues, 16. September im weinkulturellen Zentrum Bernkastel-Kues

Schultz, H.-R. (2005): Physiologische Veränderungen im Wasserhaushalt der Rebe und der Traube bei Trockenheit, XV. Kolloquium Internationaler Arbeitskreis Begrünung im Weinbau, 14.–17. September, Weinsberg

Schultz, H. R.; Stoll, M. (2010): Some critical issues in environmental physiology of grapevines: Future challenges and current limitations, Australian Journal of Grape and Wine Research 2010, 16, p. 4–24

Schultz, H.-R.; Hoppmann, D.; Hofmann, M. (2012): Der Einfluss klimatischer Veränderungen auf die phänologische Entwicklung der Rebe, die Sorteneignung sowie Mostgewicht und Säurestruktur der Trauben, Beitrag zum Integrierten Klimaschutzprogramm des Landes Hessen (InKlim 2012) des Fachgebiets Weinbau der Forschungsanstalt Geisenheim

Shellie, K.; Bowen, P. (2014): Isohydrodynamic behavior in deficit-irrigated Cabernet Sauvignon and Malbec and its relationship between yield and berry composition, Irrigation Science (2014), 32, p. 87–97, doi 10.1007/s00271-013-0416-y

Shinozaki, K.; Yamaguchi-Shinzaki, K.; Mizoguchi, T. et al. (1998): Molecular responses to water stress in Arabidopsis thaliana, J. Plant Res. 111, pp. 345–351

Sij, J. W.; Swanson, C. A. (1974) : Short-term kinetics on the inhibition of photosynthesis by sulphur dioxide, J. Environ. Qual. 3, 103–107

Skriver, K.; Mundi, J. (1990): Gene expression in response to abscisic acid and osmotic stress, Plant Cell 2, pp. 503–512

Soar, C. J.; Speirs, J.; Maffei, S. M.; Penrose, A. B.; McCarthy, M. G.; Loveys, B. R. (2006): Grape vine varieties Shiraz and Grenache differ in their stomatal response to VPD: apparent links with ABA physiology and gene expression in leaf tissue, Austr. J. Of Grape And Wine Research, 12, pp. 2–12

Sonnewald, U. (2014): Allelophysiologie/Symbiosen/Mykorrhiza. In: Kadereit, J. W. et al. (2014): Straßburger – Lehrbuch der Pflanzenwissenschaften, 37. Aufl., Springer Verlag Berlin-Heidelberg

Sourell (2003): Dürre 2003 – Wie geht es mit der Beregnung weiter?, Fachbereich Boden, Düngung, Beregnung, Landwirtschaftskammer Hannover

Spekat, A.; Enke, F.; Kreienkamp, F. (2007): Neuentwicklung von regional hoch aufgelösten Wetterlagen für Deutschland und Bereitstellung regionaler Klimaszenarios auf der Basis von globalen Klimasimulationen mit dem Regionalisierungsmodell WETTREG auf der Basis von globalen Klimasimulationen mit ECHAM5/MPI-OM T63L31 2010 bis 2100 für die SRESSzenarios B1, A1B und A2, Forschungsprojekt im Auftrag des Umweltbundesamtes FuE-Vorhaben, Förderkennzeichen 204 41 138

Spiegel-Roy, P.; Bravdo, B.-A. (1964): Le régime hydrique de la vigne, Bull. OIV 37, p. 113–140, p. 232–248

Sponholtz, W. R., Hühn, T., Engelmann, A., Siben, A. (1997) Mögliche Einflüsse weinbaulicher Parameter auf die Ausbildung des „Untypischen Alterungstons“ bei Rieslingweinen, Vitic. Enol. Sci., 52, 41–50

Spring, J.-L.; Verdenal, Th. (2017): Düngung im Weinbau, Grundlagen für die Düngung landwirtschaftlicher Kulturen in der Schweiz (GRUD), Agroscope, 1009 Pully, Schweiz (CH)

Stålfelt, M. G. (1929): Die Abhängigkeit der Spaltöffnungsreaktion von der Wasserbilanz, Planta 8, S. 287–340

Stehr, N.; von Storch, H. (2008): Eduard Brückner – Die Geschichte unseres Klimas: Klimaschwankungen und Klimafolgen, Edition: 40, Österreichische Beiträge zur Meteorologie und Geophysik, ISBN: 1016-6254, https://www.researchgate.net/publication/323389895_Eduard_Bruckner_-_Die_Geschichte_unseres_Klimas_Klimaschwankungen_und_Klimafolgen

Steinberg, B. (1973): Untersuchungen über die vertikale Verteilung der Wurzelspitzen auf verschiedenen Standorten, Weinwissenschaft 28, S. 57–83

Steinberg, B.; Bäcker, G. (2004) Tropfbewässerung im Weinbau, ATW-Bericht 126, Kuratorium für Technik und Bauwesen in der Landwirtschaft (KTBL), Darmstadt

Stoll, M., (2000): Effects of partial rootzone drying on grapevine physiology and fruit quality. Doctor Thesis, University of Adelaide

Stoll, M. (2005): Gezielt bewässern – bewusst stressen, Der Deutsche Weinbau (9), S. 24–25

Strasser, R. J.; Srivastava, A.; Tsimilli-Michael, M. (2000): The Flourescence Transient as a Tool to Characterize and Screen Photosynthetic Samples, in: Yunus, M.; Pathre, U.; Mohanty, P. (Hrsg): Probing Photosynthesis: Mechanisms, Regulation and Adaptation, Taylor & Francis, London

Suvočarev, K.; Blanco, O.; Faci, J. M.; Medina, E. T.; Martinez-Cob, A. (2013): Transpiration of table grape (*Vitis vinifera* L.) trained on an overhead trellis system under netting, Irrigation Science (2013), 31, p. 1289–1302, doi 10.1007/s00271-013-0404-2

Teixeira, A. H. D.; Scherer-Warren, M.; Hernandez, F. B. T.; Lopes, H. L. (2012): Water productivity assessment by using MODIS images and agrometeorological data in the Petrolina municipality, Brazil. Remote Sensing 2013, 5(11), p. 5783–580419, https://doi.org/10.3390/rs5115783

Teixeira, A. H. D.; Scherer-Warren, M.; Hernandez, F. B. T.; Andrade, R. G.; Leivas J. F. (2013): Large-Scale Water Productivity Assessments with MODIS Images in a Changing Semi-Arid Environment: A Brazilian Case Study, Remote Sensing 2013 5, p. 5783–5804; doi:10.3390/rs5115783

Teixeira, A. H. D.; Hernandez, F. B. T.; Lopes, H. L. (2014): Up scaling table grape water requirements in the low-middle Sao Francisco river basin, Brazil. Acta Horticulturae 2014, 1038, 655–662

Till, M. R. (1965): The sensitivity of fruit growth rate to water balance of the plant, Austr. J. Expt. Agr. And Anim. Husb. 5, pp. 85–86

Tomás, M.; Medrano, H.; Escalona, J. M.; Martorell, S.; Pou, A.; Ribas-Carbó, M.; Flexas, J. (2014): Variability of water use efficiency in grapevines. Environmental and Experimental Botany 2014, 103, p. 148–157

Tomás, M.; Medrano, H.; Pou, A.; Escalona, J.M.; Martorell, S.; Ribas-Carbó, M.; Flexas, J. Water use efficiency in grapevine cultivars grown under controlled conditions: Effects of water stress at the leaf and whole-plant level. Australian Journal of Grape and Wine Research 2012, 18, p. 164–172

Ton, Y.; Kopyt, M.; Zachs, I.; Ben-Ner, Z. (2004): Phytomonitoring technique for tuning irrigation of fruit trees, Acta Horticulturae 2004, 646, p. 127–132

Ton, Y.; Kopyt, M. (2004): Phytomonitoring in realization of irrigation strategies for wine grapes, Acta Horticulturae 2004, 652, p. 167–173

Torres, R.; Ferrara, G.; Soto, F.; Lopez, J. A.; Sanchez, F.; Mazzeo, A.; Perez-Pastor, A.; Domingo, R. (2017): Effects of soil and climate in a table grape vineyard with cover crops. Irrigation management using sensors networks, Ciência Técnica Vitivinicola 2017, 32, p. 72–81

Tortosa, I.; Douthe, C.; Pou, A.; Balda, P.;

Hernandez-Montes, E.; Toro, G.; Escalona, J- M. Medrano, H. (2019): Variability in Water Use Efficiency of Grapevine Tempranillo Clones and Stability over Years at Field Conditions, Agronomy 2019, 9, 701; doi:10.3390/agronomy9110701

Umweltbundesamt (UBA) (2016): Rahmenbedingungen für die umweltgerechte Nutzung von behandeltem Abwasser zur landwirtschaftlichen Bewässerung, ISSN 1862-4804, http://www.umweltbundesamt.de/publikationen/rahmenbedingungen-fuer-die-umweltgerechte-nutzung

Umweltbundesamt (UBA) (2019): Monitoringbericht 2019 zur Deutschen Anpassungsstrategie an den Klimawandel, Bericht der Interministeriellen Arbeitsgruppe Anpassungsstrategie der Bundesregierung, www.umweltbundesamt.de/publikationen/monitoringbericht-2019

Unsworth, M. H.; Biscoe, P. V.; Pinckney, H. (1972): Stomatal responses to sulphur dioxide, Nature 239, 458–459

Vargas, J. A.; Gil, P. M.; Meza, F. J.; Yáñez, G.; García-Gutiérrez, V.; Luque, A. J.; Poblete, F.; Figueroa, R.; Maringue, J.; Pérez-Esty, N.; Sanhueza, J. (2021): Soil electrical resistivity monitoring as a practical tool for evaluating irrigation systems efficiency at the orchard scale: a case study in a vineyard in Central Chile, Irrigation Science (2021), 39, p. 123–143, https://doi.org/10.1007/s00271-020-00708-w

Vérette, E.; Noble, A. C. ; Somers, T. C. (1988): Hydroxycinnamates of *Vitis vinifera*: Sensory assesment in relation to bitterness in white wines, J. Sci. Food Agric. 45, pp. 267–272

Vilanovaa, M.; Fandiñob, M.; Frutos-Puertoa, S.; Cancelab, J. J. (2019): Assessment fertigation effects on chemical composition of *Vitis vinifera* L. cv. Albariño, Food Chemistry 278 (2019) 636–643

v. Deffner, D. (1978): Morphologie, Dritter Abschnitt: Gewebelehre, S. 117–119 in: Strasburger, Lehrbuch der Botanik, VEB Gustav Fischer Verlag Jena

Vörösmarty, C. J.; McIntyre, P. B.; Gessner, M. O.; Dudgeon, D.; Prusevich, A.; Green, P.; Glidden, S.; Bunn, S. E.; Sullivan, C. A.; Liermann, C. R.; Davies, P. M. (2010): Global threats to human water security and river biodiversity. Nature 2010, 467, p. 555–561.

Vogt, E.; Schruft, G., (2000): Weinbau. Eugen Ulmer, Stuttgart

White, W. A.; Alsina, M. M.; Nieto, H.; McKee, L. G.; Gao, F.; Kustas, W. P. (2019): Determining a robust indirect measurement of leaf area index in California vineyards for validating remote sensing-based retrievals, Irrigation Science (2019), 37, p. 269–280, https://doi.org/10.1007/s00271-018-0614-8

Williams, L. E.; Araujo, F. J. (2002): Correlations among Predawn Leaf, Midday Leaf, and Midday Stem Water Potential and their Correlations with other Measures of Soil and Plant Water Status in *Vitis vinifera*, J. Am. Soc. Hort. Sci. Vol. 127 (3), pp. 448–454

Williams, L. E.; Grimes, D. W.; Phene, C. J. (2010): The effects of applied water at various fractions of measured evapotranspiration on water relations and vegetative growth of Thompson Seedless grapevines, Irrigation Science (2010), 28, p. 221–232, doi 10.1007/s00271-009-0173-0

Williams, L. E.; Grimes, D. W.; Phene, C. J. (2010): The effects of applied water at various fractions of measured evapotranspiration on reproductive growth and water productivity of Thompson Seedless grapevines, Irrigation Science (2010), 28, p. 233–243, doi 10.1007/s00271-009-0173-0

Williams, L. E. (2012): Interaction of applied water amounts and leaf removal in the fruiting zone on grapevine water relations and productivity of Merlot, Irrigation Science (2012) 30, p. 363–375, doi 10.1007/s00271-012-0355-z

Williams, L. E.; Baeza, P.; Vaughn, P. (2012): Midday measurements of leaf water potential and stomatal conductance are highly correlated with daily water use of Thompson Seedless grapevines, Irrigation Science (2012), 30, p. 201–212, doi 10.1007/s00271-011-0276-2

Williams, L. E. Fidelibus, M. W. (2016): Measured and estimated water use and crop coefficients of grapevines trained to overhead trellis systems in California's San Joaquin Valley, Irrigation Science (2016), 34, p. 431–441, doi 10.1007/s00271-016-0513-9

Winkler, A. J. (1974): General Viticulture, Univ. of California Press, Berkeley and Los Angeles, 3. Aufl.

Wilcox, L. V. (1948): The Quality of Water for Irrigation Use. U.S. Dep. Agr. Techn. Bull. 962; Washington

Wolf, M. (2012): Bewässerungssteuerung von Weinreben, Diplomarbeit, Universität für Bodenkultur, Wien, Universitätsbibliothek URN: urn:nbn:at:at-ubbw:1-3228, https://permalink.obvsg.at/bok/AC09041484

Zhang, Q. T.; Wang, S. P.; Inoue, M.; Moritani, S.; Tsuji, W.; Geng, S.; Qiu, G. Y.; Xie, Q. (2012): A new methodology for determining irrigation schedule of grapevines using photogrammetric measurement of berry diameter, Journal of Food, Agriculture and Environment. 2012, 10, p. 582–587

Zhang, Q.T.; Wang, S. P.; Li, L.; Inoue, M.; Xiang, J.; Qiu, G. Y.; Jin, W. B. (2014): Effects of mulching and sub-surface irrigation on vine growth, berry sugar content and water use of grapevines. Agriculture Water Management 2014, 143, p. 1–8

Zhang, Q.; Chen, Y.; Xiong, Y.; Moritani, S.; Wu, X.; Yan, Ch.; Chen, X. (2021): Which Is More Sensitive to Water Stress for Irrigation Scheduling during the Maturation Stage: Grapevine Photosynthesis or Berry Size?, Atmosphere 2021, 12, 845, https://doi.org/10.3390/atmos12070845

Zhang, L.; Marguerit, E.; Rossdeutsch, L.; Ollat, N.; Gambetta, G. A. (2016): The influence of grapevine rootstocks on scion growth and drought resistance. Theoretical and Experimental Plant Physiology. 2016, 28(2), 143–157

Zhang, L. (2017): Grapevine root growth under water stress and its relationship to root water uptake, Vegetal Biology. INRA Bordeaux, ISVV, Université de Bordeaux, https://tel.archives-ouvertes.fr/tel-02488828

Zufferey, V.; Cochard, H.; Ameglio, T.; Spring, J.-L.; Viret, O. (2011): Diurnal cycles of embolism formation and repair in petioles of grapevine (*Vitis vinifera* cv. Chasselas), Journal of Experimental Botany, Vol. 62, No. 11, p. 3885–3894

Zufferey, V.; Spring, J.-L.; Verdenal, T.; Dienes, A.; Belcher, S.; Lorenzini, F.; Koestel, C.; Rösti, J.; Gindro, K.; Spangenberg, J.; Viret, O. (2017): Influence of water stress on plant hydraulics, gas exchange, berry compositionand quality of Pinot noir wines in Switzerland, Oeno One, Vol. 51 No. 1 (2017), https://doi.org/10.20870/oeno-one.2017.51.1.1314

Zufferey, V.; Verdenal, Th.; Dienes, A.; Belcher, S.; Lornezini, F.; Koestel, C.; Blackford, M.; Bourdin, G.; Gindro, K.; Spangenberg, j. E.; Rösti, J.; Viret, O.; Carlen, Ch.; Spring, J.-L. (2020) The influence of vine water regime on the leaf gas exchange, berry composition and wine quality of Arvine grapes in Switzerland, OENO One 2020, 3, p. 553–568, doi:10.20870/oeno-one.2020.54.3.3106

Bildquellen

Arz Ingenieure und Patzwahl, Wolfgang: Vorlage für Abb. 47

Charit, Ziv; Fa. Netafim: Abb. 39, Vorlage für Abb. 52

Fa. Netafim: Abb. 38 oben rechts, 38 unten links, 44, 45, 50

Muth, Mathias: Abb. 34 oben

Patzwahl, Wolfgang: Abb. 1, 10, 12, 15, 28, 29, 31, 36 oben, 36 unten, 37 oben, 37 unten, 38 oben links, 38 oben rechts, 56 links, 56 rechts, Titelbild

Patzwahl Wolfgang und Patzwahl Friedericke: Vorlage für Abb. 25

Pilar von Pilchau, Katharina: Abb. 43 Mitte u. unten

Die Zeichnungen fertigte Helmuth Flubacher, Ulm, nach Vorlagen des Autors (wenn nicht anders angegeben).

Sachregister

Anmerkung zur Schreibweise (Gendering): Gendergerechtigkeit und Inklusion sind bei uns gelebte Praxis – bei der Auswahl unserer Themen, bei der Recherchearbeit, in der Gestaltung. Unsere Texte meinen alle. Damit unsere Inhalte jedoch gut lesbar bleiben, verzichten wir in diesem Werk auf die jeweilige Mehrfachnennung oder Anpassung der Schreibweise bestimmter Bezeichnungen an die weibliche, männliche oder diverse Form.

Bibliografische Information der Deutschen Nationalbibliothek
Die Deutsche Nationalbibliothek verzeichnet diese Publikation in der Deutschen Nationalbibliografie; detaillierte bibliografische Daten sind im Internet über http://dnb.d-nb.de abrufbar.

Wollgrasweg 41, 70599 Stuttgart (Hohenheim)
E-Mail: info@ulmer.de
Internet: www.ulmer.de
Projektleitung: Pia Fehrenbach
Lektorat: Anja Flehmig
Herstellung: Silke Reuter
Umschlaggestaltung: Verlag Eugen Ulmer
Satz: r&p digitale medien, Echterdingen
Reproduktion: time:ray, Jettingen
Druck und Bindung: Pustet, Regensburg
Printed in Germany

ISBN 978-3-8186-1271-9

HIER KÖNNEN SIE WEITERLESEN

Rebschnitt.
Weinreben und Tafeltrauben richtig schneiden. A. Becker, G. Götz, S. Hörsch, M. Petgen. 2., aktualisierte Auflage 2020. 304 S., 211 Farbfotos, 57 sw-Zeichnungen, 22 Tabellen, kart. ISBN 978-3-8186-0404-2.

Durch den Rebschnitt können Sie den Ertrag und die Qualität von Trauben entscheidend beeinflussen. In diesem Buch finden Sie alle wichtigen Schnittsysteme mit ihren Vor- und Nachteilen erklärt. Es werden Schnittmethoden verschiedener Erziehungssysteme dargestellt, die mit dem Wissen über pflanzenphysiologische Hintergründe untermalt sind. In allen Kapiteln ergänzen neueste Versuchsergebnisse die Ausführungen. Lesen Sie alles zu arbeitssparenden und extensiven Produktionsverfahren und zum „Sanften Rebschnitt". Zudem wird auf die Sanierung von durch holzzerstörende Pilze erkrankten Reben eingegangen.

NACHHALTIGES WIRTSCHAFTEN

Ganzheitliche Nachhaltigkeit in der Weinwirtschaft. Zukunftsfähige Lösungen für die gesamte Wertschöpfungskette. K. Ulrich (Hrsg.). 2022. 264 S., 22 Farbfotos, 48 Zeichnungen, 14 Tabellen, kart. ISBN 978-3-8186-1315-0.

Dieses Buch denkt Nachhaltigkeit ganzheitlich und zeigt Ihnen, wie sich die Weinwirtschaft umfassend in allen Bereichen Richtung Nachhaltigkeit entwickeln kann. Die Autoren sind mit wissenschaftlichem Hintergrund die jeweiligen Koryphäen auf ihrem Gebiet in Deutschland oder international. Die praxisnahen Fachbeiträge von führenden Winzern und Persönlichkeiten aus der Weinwirtschaft vermitteln Ihnen umfassendes Wissen zur Nachhaltigkeit im Weinbau. Dieses Buch beinhaltet vielfältige Beiträge nach aktuellem Stand der Forschung und Best-Practice-Beispiele und -Lösungen von führenden Praktikern.